房屋建筑工程专业技术管理人员培训系列教材

试验员专业知识与实务

（第二版）

本书编委会组织编写
王陵茜　主编

中国环境出版集团·北京

图书在版编目（CIP）数据

试验员专业知识与实务/王陵茜主编．—2 版．—北京：中国环境出版集团，2010.6（2018.10 重印）
（房屋建筑工程专业技术管理人员培训系列教材）
ISBN 978-7-5111-0270-6

Ⅰ.①试… Ⅱ.①王… Ⅲ.①建筑材料－材料试验－技术培训－教材 Ⅳ.①TU502

中国版本图书馆 CIP 数据核字（2010）第 087609 号

出 版 人 武德凯
责任编辑 高 峰
责任校对 刘凤霞
装帧设计 彭 杉

出版发行 中国环境出版集团
（100062 北京东城区广渠门内大街 16 号）
网 址：http://www.cesp.com.cn
电子邮箱：bjgl@cesp.com.cn
联系电话：010－67112765（编辑管理部）
发行热线：010－67125803，010－67113405（传真）
印 刷 北京市联华印刷厂
经 销 各地新华书店
版 次 2007 年 5 月第 1 版
2010 年 6 月第 2 版
印 次 2018 年 10 月第 8 次印刷
开 本 787×1092 1/16
印 张 14.5
字 数 344 千字
定 价 36.00 元

房屋建筑工程专业技术管理人员培训系列教材
编审委员会

出版说明

为进一步贯彻落实全国职业教育工作会议精神，促进建筑业发展，全面提升施工企业专业技术管理人员素质，在原建筑企业“十一大员”岗位培训的基础上，根据行业发展需要并结合我国研究建立职业水平认证制度的思路，受四川省建设厅委托、四川省建设系统岗位培训与建设执业资格注册中心和四川建筑职业技术学院组织编写了“房屋建筑工程专业技术管理人员培训系列教材”。

本套系列教材首批推出包括《房屋建筑工程专业基础知识》（属于各岗位公共教材）、《施工员专业知识与实务》、《材料员专业知识与实务》、《质量员专业知识与实务》、《安全员专业知识与实务》、《预算员专业知识与实务》、《资料员专业知识与实务》、《试验员专业知识与实务》共8本，主要用于房屋建筑工程专业技术管理人员培训使用。

本套教材以现行国家规范、标准为依据，从专业人员职业需要出发，力求体现行业特点，既重视专业基础理论，更注重职业能力培养，内容强调科学性、先进性和实用性。该系列教材主要作为房屋建筑工程施工、质检、安全、材料、预算、试验、资料管理等相关人员岗位培训及职业水平认证的培训用书，也可供高、中等职业院校实践教学使用和建筑行业专业技术管理人员自学。

由于时间紧，水平有限，本套教材还需在教学和实践中不断完善，敬请广大施工管理人员和教师提出宝贵意见。

本套教材经“房屋建筑工程专业技术管理人员培训教材”编审委员会审定，由中国环境科学出版社出版。

四川省建设系统岗位培训与建设执业资格注册中心
四川建筑职业技术学院
2007年3月

房屋建筑工程专业技术管理人员培训系列教材

第 二 版 说 明

《房屋建筑工程专业技术管理人员培训系列教材》自2007年出版以来，受到广大读者、特别是建筑施工一线的专业技术管理人员以及高、中职院校师生的欢迎和好评。

由于近几年相关部门将涉及建设行业的一些法律、法规做了相应的修订，废止了部分行政规章，并发布了新的行政规章。随着新的（或新版）国家或行业标准规范的相继发布并实施，本教材中的一些内容已不适应当前的培训要求。

鉴此，编委会组织原书编者对本系列教材进行了修订，修订除了充分体现法律法规、部门规章、以及标准规范的更新外，也对原教材中的一些遗误进行了相应的补正。

本书编委会

2010年6月

前　言

本书是依据行业岗位准入标准和试验员培训考试大纲编写的。全书共有十章，主要介绍建筑材料试验基础知识，水泥、钢材、砂石材料、混凝土、建筑砂浆、防水材料等常用建筑材料的主要品种、质量标准、主要技术性能、取样方法和检测方法，同时对无损检测和土工试验也做了介绍。

本书在编写时，应用了国家现行最新的材料标准和试验标准，同时力求框架新颖、体系完整、内容精练、文字流畅、图文并茂，帮助学习者充分理解所学的内容，通过学习使得学习者既具有试验员的基础专业知识，又掌握常用建筑材料的试验技能。

本书由四川建筑职业技术学院王陵茜主编（第一、三、八章），李兴奎（第二章）、李江华（第五、六章）、孔祥平（第四、七、九、十章）参编。全书由四川华西集团有限公司第三建筑工程公司总工程师、教授级高级工程师王小明审稿，编者们对主审的认真、负责表示衷心感谢。

本书主要作为从事建筑行业材料检测人员的岗位培训教材，同时也可作为高职高专院校、成人高等学校土建类专业学生教学用书。

由于时间仓促，水平有限，本书难免存在缺点和不妥之处，真诚欢迎广大读者给予指正，并提出宝贵意见。

作　者

2010 年 6 月

目　录

第一章　试验基础知识……1
　第一节　取样送样见证制度……1
　第二节　数据处理……2
　第三节　法定计量单位……6
　第四节　正确填写检测报告表……7
　第五节　试验仪器设备使用、校正、维护管理制度……14
第二章　水泥……15
　第一节　概述……15
　第二节　取样规定……19
　第三节　试验……22
　第四节　水泥验收及贮存……40
第三章　钢材……44
　第一节　概述……44
　第二节　取样规定……59
　第三节　钢材试验……64
第四章　砂石材料……72
　第一节　砂石分类……72
　第二节　建筑用砂石的质量标准……73
　第三节　取样规定……77
　第四节　建筑用砂的试验……79
　第五节　建筑用卵石、碎石的试验……88
第五章　混凝土……99
　第一节　混凝土配合比……99
　第二节　混凝土的主要技术性能……105
　第三节　混凝土取样规定及试块制作……109
　第四节　普通混凝土拌和物试验……112
　第五节　普通混凝土力学性能试验……119
　第六节　普通混凝土耐久性能试验……124
　第七节　混凝土质量评定……129
第六章　建筑砂浆……132
　第一节　概述……132
　第二节　建筑砂浆的主要技术性能……132
　第三节　建筑砂浆取样规定……134
　第四节　试验……134

第七章　墙体材料…………………………………………………………………… 139
第一节　概述……………………………………………………………………… 139
第二节　取样规定………………………………………………………………… 149
第三节　砌墙砖与砌块试验……………………………………………………… 150
第八章　防水材料…………………………………………………………………… 158
第一节　概述……………………………………………………………………… 158
第二节　沥青试验………………………………………………………………… 167
第三节　防水卷材试验…………………………………………………………… 171
第四节　防水涂料试验…………………………………………………………… 180
第九章　无损检测技术简介………………………………………………………… 186
第一节　概述……………………………………………………………………… 186
第二节　回弹法检测混凝土强度………………………………………………… 188
第三节　贯入法检测砌筑砂浆抗压强度………………………………………… 198
第四节　超声法检测混凝土缺陷………………………………………………… 201
第十章　土工试验…………………………………………………………………… 209
第一节　概述……………………………………………………………………… 209
第二节　土样和试样制备………………………………………………………… 209
第三节　试验……………………………………………………………………… 212
附录　试验员主要岗位职责………………………………………………………… 223
参考文献……………………………………………………………………………… 224

第一章　试验基础知识

第一节　取样送样见证制度

一、文件规定

根据建设部2000年9月26日颁布的建建【2000】211号文件：建设部关于印发《房屋建筑工程和市政基础设施工程实行见证取样和送检的规定》的通知的规定，见证取样和送检是指在建设单位或工程监理单位人员的见证下，由施工单位的现场试验人员对工程中涉及结构安全的试块、试件和材料在现场取样，并送至经过省级以上建设行政主管部门对其资质认可和质量技术监督部门对其计量认证的质量检测单位进行检测。

二、见证取样送样范围

涉及结构安全的试块、试件和材料见证取样和送检的比例不得低于有关技术标准中规定应取样数量的30%。实施见证取样和送检的范围如下：

（1）用于承重结构的混凝土试块；

（2）用于承重墙体的砌筑砂浆试块；

（3）用于承重结构的钢筋及连接接头试件；

（4）用于承重墙的砖和混凝土小型砌块；

（5）用于拌制混凝土和砌筑砂浆的水泥；

（6）用于承重结构的混凝土中使用的掺加剂；

（7）地下、屋面、厕浴间使用的防水材料；

（8）国家规定必须实行见证取样和送检的其它试块、试件和材料。

三、见证取样管理规定

（1）建设单位应向工程质量安全监督和工程检测中心递交“见证单位和见证人员授权书”，授权书上应写明本工程现场委托的见证人员姓名。

（2）施工单位取样人员在现场取样和制作试块时，见证人员应在旁见证。

（3）见证人员应对所取试样进行监护，并和施工单位取样人员一起将试样送至检测单位。

（4）检测单位在接受委托检测任务时，须由送检单位填写委托试验单，见证人员应在委托单上签名。各检测单位对无见证人签名的委托单以及无见证人伴送的试样，一律拒收。

（5）凡未注明见证单位和见证人的试验报告，不得作为质量保证资料和竣工验收资料。并由质量安全监督站重新指定法定检测单位重新检测。

四、见证人员职责

（1）取样时，见证人员必须旁站见证。

（2）见证人员必须对试样进行监护。

（3）见证人员必须和施工单位人员一起将试样送至检测单位，并在委托试验单上签名，出示“见证人员证书”。

（4）见证人员必须对试样的代表性和真实性负责。

第二节　数据处理

人们为了准确认识施工现场上各种材料的质量状况，会对其技术性能指标进行测量。在进行任何一次测量时，由于材质的不均匀性、人的认识能力以及测量设备、测量方法、环境等产生的误差，都会导致测量结果不能完全反映材料的客观实际状况。这时就必须通过增加受检对象的数量和增加测量的次数来保证测量结果的可靠性。通过测量，我们能获得充分的测量数据，利用这些数据，采用数理统计的方法就可以分析和判断材料的实际质量状况。

一、样本（试样）

在统计分析中，所要研究对象的全体称为总体，而所要研究全体对象中的一个单位，则称为个体。例如：某施工单位生产 C30 强度等级混凝土，其质量状况主要是通过检测试块立方体抗压强度来判断；施工单位生产的所有 C30 强度等级混凝土就是我们研究的全体，即总体；而每组试块的立方体抗压强度则是我们研究的个体。

要知道总体的质量状况，就首先需要知道各个个体的质量状况。但在技术上存在困难：一是总体中个体的数量繁多，甚至近似无限多，事实上不可能把总体中的全部个体都加以测量，如机械制造厂每天生产的机械零件；二是总体中个体的数量并不很多，但对个体某种性能的检测是破坏性的，如施工现场上使用的钢筋，虽然数量并不很多，但要检测其拉伸性能时，却不能将每根都进行检测，因为一经检测，这根钢筋就被拉断从而失去使用价值。

基于上述理由，我们通常采用在总体中抽取一部分个体的方法，通过对这一部分个体进行检测，从而推测出总体的质量状况。被抽取的个体的集合体就称为样本（材料检测中称为试样）。

二、有效数字

0、1、2、3、4、5、6、7、8、9 这十个数码称为数字。单一数字或多个数字组合起来就构成数值。在一个数值中每一个数字所占的位置称为数位。

测量结果的记录、运算和填写报告，都必须注意有效数字。由有效数字构成的数值与一般数字的数值在概念上是不同的，例如 46.5、46.50、46.500 这三个数值在数学上是看做同一数值，但如果用于表示测量数值，则这三个数值反映的测量结果的准确度是不同的。

有效数字即表示数字的有效意义。一个由有效数字构成的数值，从最后一位算起的第二位以上的数字应该是可靠的（确定的），只有末位数字是可疑的（不确定的）。即由有效数字构成的数值是由全部确定数字和一位不确定数字构成的。

记录和报告上的数据只应包含有效数字，对有效数字的位数不能随意删减。

数字“0”，当它用于表示小数点的位置，而与测量的准确程度无关时，不是有效数字；当它用于表示与测量准确程度有关的数值时，则为有效数字。这与“0”在数值中的位置有关。见表1-1所示。

表1-1 根据“0”在数值中的位置确定有效数字

	“0”在数值中的位置	举例	
1	第一个非零数字前的“0”不是有效数字	0.046 5 0.000 5	三位有效数字 一位有效数字
2	非零数字中的“0”是有效数字	4.006 5 4 605	五位有效数字 四位有效数字
3	小数中最后一个非零数字后的“0”是有效数字	4.650 0 0.460%	五位有效数字 三位有效数字
4	以“0”结尾的整数，有效数字的位数难以判断。在此情况下，应根据数值的准确程度改写成指数形式	4.65×10^4 $4.650\ 0\times10^4$	三位有效数字 五位有效数字

三、记数规则

试验过程中，数据的记录、运算和报告的填写，经常需要记录数据。在记录这些数据时，应遵循以下规则。

（1）记录数据时，只保留一位可疑数字。

（2）表示精密度时，通常只取一位有效数字，只有在测量次数很多时，才可取两位数字，且最多只取两位。

（3）在数据计算中，当有效数字的位数确定后，其余数字应按数字修约的规定一律舍去。

（4）在数据计算中，某些倍数、分数、不连续的物理量数值，以及不经测量而完全根据理论计算或定义得到的数值，其有效数字的位数可视为无限。这类数值在计算中需要几位就可以写几位。

（5）测量结果的有效数字所能达到的最后一位应与误差处于同一位上，重要的测量结果可以多记一位估读数。

四、数理统计方法

在实际施工中，要了解混凝土的质量状况，我们会抽取一部分混凝土制作成多组试块（样本），每组试块能测定得到一个立方体抗压强度值，多组试块就得到了多个测量数据：X_1、X_2、…、X_n。

（一）平均值（算术平均值、均方根平均值、加权平均值）

（1）算术平均值：用于反映混凝土总体的平均水平，其计算公式如下。

$$\overline{X}=\frac{X_1+X_2+\cdots+X_n}{n}=\frac{\sum X}{n}$$

式中 $\overline{X}$——算术平均值；

X_1、X_2、…、X_n——每个测量数据值；

$\sum X$——各个测量数据值的总和；

n——样本个数（试验数据个数）。

（2）均方根平均值：算术平均值只能反映混凝土总体的平均水平，对数据大小跳动反映不敏感，而均方根平均值对数据大小跳动反映较为敏感。其计算公式如下。

$$\xi=\sqrt{\frac{X_1^2+X_2^2+\cdots+X_n^2}{n}}=\sqrt{\frac{\sum X^2}{n}}$$

式中　ξ——均方根平均值；

X_1、X_2、…、X_n——每个测量数据值；

$\sum X^2$——各个测量数据值平方的总和；

n——样本个数（试验数据个数）。

（3）加权平均值：是各个试验数据和它对应数的算术平均值，其计算公式如下。

$$m=\frac{X_1g_1+X_2g_2+\cdots+X_ng_n}{g_1+g_2+\cdots+g_n}=\frac{\sum X_g}{\sum g}$$

式中　m——加权平均值；

X_1、X_2、…、X_n——每个测量数据值；

$\sum X_g$——各个测量数据值和它对应数值乘积的总和；

g_1、g_2、…、g_n——各个测量数据相对应的权值；

$\sum g$——各个对应权值的总和。

在等精度测量中是以算术平均值作为最终测量结果，而在不等精度测量中是以加权平均值作为最终测量结果。

（二）误差（范围误差、算术平均误差、标准差）

（1）范围误差：又称级差，是试验数据中的最大值和最小值。

（2）算术平均误差：计算公式如下。

$$\delta=\frac{|X_1-\overline{X}|+|X_2-\overline{X}|+\cdots+|X_n-\overline{X}|}{n}=\frac{\sum|X-\overline{X}|}{n}$$

式中　δ——算术平均误差；

X_1、X_2、…、X_n——每个测量数据值；

$\overline{X}$——算术平均值；

n——样本个数（试验数据个数）。

（3）标准差：要了解某工程混凝土的质量状况，仅仅知道其强度平均水平是不够的。有时，尽管平均水平达到要求，若强度数据波动太大，不满足所设计的强度等级的数据个数就有可能相当多。而要避免这种情况，就需要将平均水平提得比所设计的强度等级高得多。上述两种情况相比较，前者存在不安全因素，后者存在不经济因素。因此，要全面了解混凝土的质量状况，还需要知道其强度的波动情况。标准差就是一个能反映数据波动性（离散性）大小的指标，其计算公式如下：

$$\sigma=\sqrt{\frac{(X_1-\overline{X})^2+(X_2-\overline{X})^2+\cdots+(X_n-\overline{X})^2}{n}}=\sqrt{\frac{\sum_{i=1}^{n}X_i-n\overline{X}^2}{n}}$$

$$S = \sqrt{\frac{(X_1 - \overline{X})^2 + (X_2 - \overline{X})^2 + \cdots + (X_n - \overline{X})^2}{n-1}} = \sqrt{\frac{\sum_{i=1}^{n}(X_i - \overline{X})^2}{n-1}}$$

式中　σ——总体的标准差；

S——样本的标准差；

X_1、X_2、…、X_n——每个试验数据值；

$\overline{X}$——测量数据的算术平均值；

n——测量数据个数。

当样本数据个数很大时，采用 S 估计总体的标准差时，计算公式中的分母 n 应采用 $n-1$代替。因此，当采用样本结果推断总体的标准差时，两者的差别很小。

（三）变异系数

标准差是表示数据绝对波动大小的指标，当测量数据较小时，其绝对误差一般较小；当测量数据较大时，其绝对误差一般也较大。因此，当需要考虑数据相对波动的大小时，则采用变异系数来表达。其计算公式如下。

$$C_v = \frac{\sigma}{\overline{X}} \quad 或 \quad C_v = \frac{S}{\overline{X}}$$

式中　C_v——变异系数；

$\overline{X}$——试验数据的算术平均值；

σ——总体的标准差；

S——样本的标准差。

五、数字修约规则

GB 1.1—81“标准化工作导则——编写标准的一般规定”中对数字修约规则做了具体规定，见表 1-2 所示。

表 1-2　数字修约规则

1	在拟舍弃的数字中，保留数后边（右边）的第一个数小于5（不包括5）时，则舍去	15.340 8 保留小数一位 修约前 15.340 8 修约后 15.3
2	在拟舍弃的数字中，保留数后边（右边）的第一个数大于5（不包括5）时，则进一	15.360 8 保留小数一位 修约前 15.364 9 修约后 15.4
3	在拟舍弃的数字中，保留数后边（右边）的第一个数等于5 时，5 后边的数字并非全部为 0 时，则进一	15.350 8 保留小数一位 修约前 15.350 8 修约后 15.4
4	在拟舍弃的数字中，保留数后边（右边）的第一个数等于5 时，5 后边的数字全部为 0 时，修约分两种情况：若保留数的末位数字为奇数时，则进一；若保留数的末位数字为偶数（包括 0）时，则舍去	15.350 0 保留小数一位 修约前 15.350 0 修约后 15.4 15.250 0 保留小数一位 修约前 15.250 0 修约后 15.2
5	所拟舍弃的数字，若为两位以上的数字时，不得连续进行多次修约	

第三节　法定计量单位

我国计量法明确规定，国家实行法定计量单位制度。国家采用国际单位制，国际单位制计量单位和我国选定的其他计量单位，为国家法定计量单位。

国际单位制用符号 SI 表示。国际单位制的构成，见表 1-3 所示。

表 1-3　国际单位制的构成

国际单位制（SI）	SI 单位	SI 基本单位是 SI 的基础，其名称和符号见表 1-4
		SI 导出单位，见表 1-5
	SI 单位的倍数单位	

表 1-4　国际单位制（SI）的基本单位

量的名称	单位名称	单位符号	量的名称	单位名称	单位符号
长度	米	m	热力学温度	开［尔文］	K
质量	千克（公斤）	kg	物质的量	摩［尔］	mol
时间	秒	s	发光强度	坎［德拉］	cd
电度	安［培］	A			

表 1-5　国际单位制（SI）的导出单位

量 的 名 称	单 位 名 称	单 位 符 号	SI 基本单位和导出单位关系
［平面］角	弧度	rad	1rad = 1m/m = 1
立体角	球面度	sr	$1sr = 1m^2/m^2 = 1$
频率	赫［兹］	Hz	$1Hz = 1s^{-1}$
力	牛［顿］	N	$1N = 1kg \cdot m/s^2$
压力，压强，应力	帕［斯卡］	Pa	$1Pa = 1N/m^2$
能［量］，功，热量	焦［耳］	J	$1J = 1N \cdot m$
功率，辐［射能］通量	瓦［特］	W	1W = 1J/s
电荷	库［仑］	C	$1C = 1A \cdot s$
电压，电动势，电位	伏［特］	V	1V = 1W/A
电容	法［拉］	F	1F = 1C/V
电阻	欧［姆］	Ω	1Ω = 1V/A
电导	西［门子］	S	$1S = 1\Omega^{-1}$
磁通［量］	韦［伯］	Wb	$1Wb = 1V \cdot s$
磁通［量］密度、磁感应强度	特［斯拉］	T	$1T = 1Wb/m^2$
电感	亨［利］	H	1H = 1Wb /A
摄氏温度	摄氏度	℃	1℃ = 1K
光通量	流［明］	lm	$1lm = 1cd \cdot sr$
［光］照度	勒［克斯］	lx	$1lx = 1lm/m^2$

在日常生活和一些特殊领域中，还有一些使用广泛的、重要的非 SI 单位需要继续使用。因此，我国选定了若干非 SI 单位与 SI 单位一起使用，作为国家法定计量单位，它们与 SI 单位具有同等地位，见表 1-6。

表 1-6　国家选定的非国际单位制单位

量的名称	单位名称	单位符号	换算关系
时间	分 [小] 时 天	min h d	1min = 60s 1h = 60min = 3 600s 1d = 24h = 86 400s
平面角	[角] 秒，[角] 分，度	″ ′ °	1″ = （π/64 800） rad 1′ = 60″ = （π/10 800） rad 1° = 60′ = （π/180） rad
旋转速度	转每分	r/min	1r/min = （1/60） s^{-1}
长度	海里	n mile	1n mile = 1 852m（只用于航行）
速度	节	kn	1kn = 1n mile/h = （1 852/3 600） m/s（只用于航行）
质量	吨 原子质量单位	t u	1t = 10^3kg 1u ≈ 1.660 540 × 10^{-27}kg
体积	升	L (l)	1L = 1dm^3 = $10^{-3}$$m^3$
能	电子伏	eV	1eV ≈ 1.602 177 × 10^{-19}J
级差	分贝	dB	
线密度	特 [克斯]	tex	1tex = 1g/km
面积	公顷	hm^2	1hm^2 = 10 000m^2

第四节　正确填写检测报告表

一、几种常见建筑材料检测报告表

①水泥物理性能检测报告，见表 1-7。
②砂子物理性能检测报告，见表 1-8。
③石子物理性能检测报告，见表 1-9。
④混凝土配合比设计检测报告，见表 1-10。
⑤混凝土试件抗压强度检测报告，见表 1-11。
⑥钢筋性能检测报告，见表 1-12。

表 1-7　××××建设工程质量检测中心

水泥物理性能检测报告

报告编号：

检测号：　　　　　　　　报告日期：

委托单位		试验日期______年____月____日	
工程名称		工 程 号	
工程部位			
试验内容		试样情况	
来样编号	品种	强度等级	生产厂
检评依据	GB/T 17671—1999（ISO 法）	GB/T 1346—2001	GB 175—2007

试　验　结　果

检验项目	初　凝	终　凝	80μm 筛余量（%）	安定性		标准稠度用水量（%）
实测值				雷氏夹膨胀值	饼法沸煮	
国　标	≥45min	≤10h	≤10	≤5mm		

3 天抗折强度（MPa）国标≥	1	2	3	强度取值	28 天抗折强度（MPa）国标≥	1	2	3	强度取值

3 天抗压强度（MPa）　国标≥							28 天抗压强度（MPa）　国标≥						
1	2	3	4	5	6	强度取值	1	2	3	4	5	6	强度取值

结论		备注	来样按照国家标准的水泥检验标准方法试验。

签发：　　　　　　　　审核：　　　　　试验：　　　　　　试验单位（章）：

表 1-8　××××建设工程质量检测中心

砂子物理性能检测报告

CMA

报告编号：

检测号：　　　　报告日期：

<table>
<tr><td colspan="4">委托单位</td><td colspan="5">工 程 号</td></tr>
<tr><td colspan="4">工程名称</td><td colspan="5">工程部位</td></tr>
<tr><td colspan="4">样品产地</td><td colspan="5">砂子类别</td></tr>
<tr><td colspan="3">检验日期</td><td colspan="3">检评依据</td><td colspan="3">GB/T 14684—2001</td></tr>
<tr><td colspan="3" rowspan="2">项　　目</td><td colspan="3" rowspan="2">检验结果</td><td colspan="3">国　　标</td></tr>
<tr><td>Ⅰ 类</td><td>Ⅱ 类</td><td>Ⅲ 类</td></tr>
<tr><td colspan="3">表观密度　(kg/m³)</td><td colspan="3"></td><td colspan="3"></td></tr>
<tr><td colspan="3">堆积密度　(kg/m³)</td><td colspan="3"></td><td colspan="3"></td></tr>
<tr><td colspan="3">紧密密度　(kg/m³)</td><td colspan="3"></td><td colspan="3"></td></tr>
<tr><td colspan="3">含水率　(%)</td><td colspan="3"></td><td colspan="3"></td></tr>
<tr><td colspan="3">含泥量　(%)</td><td colspan="3"></td><td><1.0</td><td><3.0</td><td><5.0</td></tr>
<tr><td colspan="3">泥块含量　(%)</td><td colspan="3"></td><td>0</td><td><1.0</td><td><2.0</td></tr>
<tr><td colspan="3">轻物质含量　(%)</td><td colspan="3"></td><td><1.0</td><td><1.0</td><td><1.0</td></tr>
<tr><td colspan="3">云母含量　(%)</td><td colspan="3"></td><td><1.0</td><td><2.0</td><td><2.0</td></tr>
<tr><td colspan="3">筛孔尺寸</td><td>9.50mm</td><td>4.75mm</td><td>2.36mm</td><td>1.18mm</td><td>600μm</td><td>300μm</td><td>150μm</td><td></td></tr>
<tr><td colspan="3">分计筛余 (%)</td><td></td><td></td><td></td><td></td><td></td><td></td><td></td><td></td></tr>
<tr><td rowspan="4">累计筛余 (%)</td><td colspan="2">检验结果</td><td></td><td></td><td></td><td></td><td></td><td></td><td></td><td></td></tr>
<tr><td rowspan="3">国标值</td><td>Ⅰ 区</td><td>0</td><td>10 ~ 0</td><td>35 ~ 5</td><td>65 ~ 35</td><td>85 ~ 71</td><td>95 ~ 80</td><td>100 ~ 90</td><td></td></tr>
<tr><td>Ⅱ 区</td><td>0</td><td>10 ~ 0</td><td>25 ~ 0</td><td>50 ~ 10</td><td>70 ~ 41</td><td>92 ~ 70</td><td>100 ~ 90</td><td></td></tr>
<tr><td>Ⅲ 区</td><td>0</td><td>10 ~ 0</td><td>15 ~ 0</td><td>25 ~ 0</td><td>40 ~ 16</td><td>85 ~ 55</td><td>100 ~ 90</td><td></td></tr>
<tr><td colspan="3">结　论</td><td colspan="8"></td></tr>
<tr><td colspan="3">备　注</td><td colspan="8"></td></tr>
</table>

签发：　　　　审核：　　　　试验：　　　　试验单位（章）：

表 1-9　××××建设工程质量检测中心

石子物理性能检测报告

报告编号：

检测号：　　　　　　报告日期：

委托单位		工程号	
工程名称		工程部位	
样品产地		石子类别	
检验日期		检评依据	GB/T 14685—2001

项　　目		检验结果	国　　标		
			Ⅰ　类	Ⅱ　类	Ⅲ　类
表观密度	(kg/m^3)				
堆积密度	(kg/m^3)				
紧密密度	(kg/m^3)				
吸水率	(%)				
含泥量	(%)		<0.5	<1.0	<1.5
泥块含量	(%)		0	<0.5	<0.7
针片状颗粒含量	(%)		<5	<15	<25
压碎指标	碎石　(%)		<10	<20	<30
	碎石　(%)		<12	<16	<16

筛孔尺寸（mm）		90	75.0	63.0	53.0	37.5	32.5	26.5	19.0	16.0	9.50	4.75	2.36
分计筛余（%）													
累计筛余（%）	检验结果												
	国标值												
结　论													
备　　注													

签发：　　　　　　审核：　　　　试验：　　　　　　试验单位（章）：

表 1-10 ××××建设工程质量检测中心

混凝土配合比设计检测报告

报告编号：

检测号：　　　　报告日期：

委托单位			
工程名称			工程号
试件情况			检验日期
检评依据	JGJ 55—2000		
原材检验	水 泥	厂家	品种
		强度等级：　（MPa）	实检取值：　（MPa）
	砂	堆积密度（密度）：　（kg/m^3）	含泥量：　（%）
		细度模数：	含石量（泥块含量）：　（%）
	石	堆积密度（密度）：　（kg/m^3）	含泥量：　（%）
		级配范围：	最大粒径：　（mm）
	外加剂 1	生产厂家：	出厂日期：
		品种：	推荐掺入量：
	外加剂 2	生产厂家：	出厂日期：
		品种：	掺和料含水：
	掺和料	掺和料名：	推荐掺入量：
		生产厂家：	出厂日期：
设计强度等级：	种类：	坍落度：	（mm）
施工要求：	配合比适用温度（℃）	拌和及捣固方法：	
配合比设计条件	水灰比：　；砂率：　%；		$R_{配}=R_{标}+1.645\sigma$
配合比	材料名称：　水　水泥　砂　石　外加剂 1　外加剂 2　掺和料		
	每 m^3 用料（kg）：		
	重量比：		
备注			

签发：　　　　审核：　　　　试验：　　　　试验单位（章）：

表 1-11　××××建设工程质量检测中心

混凝土试件抗压强度检测报告

报告编号：

检测号：　　　　　　　　报告日期：

<table>
<tr><td colspan="6">委托单位</td></tr>
<tr><td colspan="3">工程名称</td><td colspan="3">工 程 号</td></tr>
<tr><td colspan="3">施工部位</td><td colspan="3">设计等级</td></tr>
<tr><td colspan="3">检评依据　GB 50081—2002　GBJ 107—87</td><td colspan="3">试块规格</td></tr>
<tr><td colspan="3">混凝土种类</td><td colspan="3">养护情况</td></tr>
<tr><td rowspan="6">材料情况</td><td rowspan="2">水　泥</td><td>生产厂</td><td colspan="3">品种、强度等级</td></tr>
<tr><td>出厂日期</td><td colspan="3">复检结果</td></tr>
<tr><td>砂</td><td>产地</td><td colspan="3">品种、规格</td></tr>
<tr><td>石</td><td>产地</td><td colspan="3">品种、规格</td></tr>
<tr><td></td><td></td><td colspan="3"></td></tr>
<tr><td></td><td></td><td colspan="3"></td></tr>
<tr><td colspan="3">理论配合比（重量比）</td><td colspan="3">配合比编号</td></tr>
<tr><td colspan="3">试件制作日期</td><td colspan="3">检测龄期（d）</td></tr>
<tr><td colspan="3">试件试压日期</td><td colspan="3"></td></tr>
<tr><td colspan="6">试件强度检测结果（MPa）</td></tr>
<tr><td colspan="2">1</td><td>2</td><td>3</td><td colspan="2">强 度 取 值</td></tr>
<tr><td colspan="2"></td><td></td><td></td><td colspan="2"></td></tr>
</table>

签发：　　　　　　审核：　　　　试验：　　　　　　试验单位（章）：

表 1-12　××××建设工程质量检测中心

热轧带肋钢筋性能检测报告

报告编号：

检测号：　　　　报告日期：

委托单位								试验日期		
工程名称								工 程 号		
使用部位										
检评依据　GB/T 228—2002　GB/T 232—1999　GB 1499—1998										
检测号	牌　号	规　格（mm）	面　积（mm^2）	屈服强度（MPa）	极限强度（MPa）	伸长率（%）	冷　弯			生产厂家炉批号
							直　径（mm）	角　度（°）	评　定	

签发：　　　　审核：　　　　试验：　　　　试验单位（章）：

二、报告表填写要求

（1）报告表是判定有关建筑材料的主要技术性能的依据，应严肃认真填写，并严格履行审核手续。

（2）试验员应按照规定的格式、文字填写报告表，做到字迹清晰、数据准确、内容真实。如有无须填写的栏目，应在空栏内打一横线或加以说明。

（3）试验员在完成试验任务后，必须在规定时间内将试验数据交有关检测负责人审核，经确认无误后立即填写报告表，并送审。

（4）试验员在发现数据有问题时，必须立即分析原因，必要时应进行复检。

（5）试验报告表经审核后，由检测部负责人签字，方可发出。

第五节　试验仪器设备使用、校正、维护管理制度

（一）每台仪器设备应有使用说明、操作规程和校验时间，有记录和保管人，并建立仪器设备档案。

（二）新购仪器设备必须进行全面检查，签署检查人姓名，合格后方可使用；正常使用的仪器设备应定期检查，并做好记录。

（三）仪器设备以及计量器具均应按国家标准计量部门的有关规定实行定期校验，凡没有校验合格证或超过校验有效期的仪器设备、计量器具，一律不准使用。

（四）在校验周期有效期内，仪器设备或计量器具出现失准现象时，经调整或修理后，应重新校验。

（五）仪器设备使用时，要做到用前检查，用后清洁，保持仪器设备整洁、润滑、安全。

（六）使用人员要遵守仪器设备操作规程，做到管好、用好，会保养、会使用、会检查、会排除一般性故障。

（七）仪器设备应由专人管理和使用，非试验人员一般不得独立操作，特殊情况下经部门主管同意方可使用。

第二章　水　　泥

第一节　概　　述

水泥在胶凝材料中占有突出的重要地位，是基本建设中最主要的材料之一。水泥是由石灰质原料、黏土质原料与少量校正原料，破碎后按比例配合、磨细并调配成为成分合适的生料，经高温煅烧（1 450℃）至部分熔融制成熟料，再加入适量的石膏、混合材料共同磨细而成的水硬性胶凝材料。水泥不仅可以在空气中凝结硬化，而且能更好地在水中硬化，并保持和发展其强度。因而广泛地应用于工业、农业、国防、交通、城市建设、水利以及海洋开发等工程建设中。

一、水泥分类

水泥按矿物组成可分为：硅酸盐水泥、铝酸盐水泥、少熟料或无熟料水泥等。

水泥按其用途及性能可分为：通用水泥、专用水泥及特性水泥，见表 2-1。

表 2-1　水泥按用途及性能分类

分　类	主　要　品　种
通用水泥	硅酸盐水泥、普通硅酸盐水泥、矿渣硅酸盐水泥、火山灰质硅酸盐水泥、粉煤灰硅酸盐水泥、复合硅酸盐水泥、石灰石硅酸盐水泥等
专用水泥	油井水泥、砌筑水泥、耐酸水泥、耐碱水泥、道路水泥等
特性水泥	白色硅酸盐水泥、快硬硅酸盐水泥、高铝水泥、硫铝酸盐水泥、抗硫酸盐水泥、膨胀水泥、自应力水泥等

二、通用硅酸盐水泥主要品种及质量标准

采用标准：GB 175—2007。

（一）通用硅酸盐水泥

（1）定义与分类

以硅酸盐水泥熟料和适量的石膏，及规定的混合材料制成的水硬性胶凝材料称为通用硅酸盐水泥。

通用硅酸盐水泥按混合材料的品种和掺量又分为硅酸盐水泥、普通硅酸盐水泥、矿渣硅酸盐水泥、火山灰质硅酸盐水泥、粉煤灰硅酸盐水泥和复合硅酸盐水泥。各品种水泥的组分和代号应符合表 2-2 的规定。

表 2-2　通用硅酸盐水泥的组分

单位/%

品种	代号	组分				
		熟料+石膏	粒化高炉矿渣	火山灰质混合材料	粉煤灰	石灰石
硅酸盐水泥	P·Ⅰ	100	–	–	–	–
	P·Ⅱ	≥95	≤5	–	–	–
		≥95	–	–	–	≤5
普通硅酸盐水泥	P·O	≥80 且<95	>5 且≤20[a]			–
矿渣硅酸盐水泥	P·S·A	≥50 且<80	>20 且≤50[b]	–	–	–
	P·S·B	≥30 且<50	>50 且≤70[b]	–	–	–
火山灰质硅酸盐水泥	P·P	≥60 且<80	–	>20 且≤40[c]	–	–
粉煤灰硅酸盐水泥	P·F	≥60 且<80	–	–	>20 且≤40[d]	–
复合硅酸盐水泥	P·C	≥50 且<80	>20 且≤50[e]			

（2）技术要求

1）凝结时间：凝结时间分初凝时间和终凝时间。初凝时间是从加水至水泥浆开始失去可塑性所需要的时间，终凝时间是从加水至水泥浆完全失去可塑性所需要的时间。

国家标准规定：硅酸盐水泥初凝不小于45min，终凝不大于390min；普通硅酸盐水泥、矿渣硅酸盐水泥、火山灰质硅酸盐水泥、粉煤灰硅酸盐水泥和复合硅酸盐水泥初凝不小于45min，终凝不大于600min。

2）安定性：安定性是指水泥浆体硬化后体积变化的稳定性。当水泥浆体硬化过程发生不均匀变化时，会出现膨胀、开裂、翘曲等现象，称为体积安定性不良。安定性不良的水泥用于工程中，会使混凝土构件出现膨胀裂缝，甚至崩溃，从而引起严重的工程事故。

国家标准规定：通用硅酸盐水泥的安定性经沸煮法检验必须合格。

3）强度：水泥强度是表征水泥力学性能的重要指标，也是确定水泥强度等级的依据。测定水泥强度时，根据《水泥胶砂强度检验方法》（GB/T17671—1999）（ISO 法），将水泥、标准砂、水按规定比例（水泥∶标准砂∶水 =1∶3.0∶0.5），采用规定方法，将其制成为规格 40mm×40mm×160mm 的标准试件，试件在标准条件下养护至规定龄期，测定其 3d、28d 的抗折强度和抗压强度，即为水泥的胶砂强度。

通用硅酸盐水泥按照 3d、28d 的抗折强度和抗压强度分不同强度等级。水泥强度等级采用 42.5、42.5R、52.5、52.5R、62.5、62.5R 表示，“R”代表早强型水泥，其 3d 的强度较高。

不同品种不同强度等级的通用硅酸盐水泥，其不同龄期的强度应符合表 2-3 的规定。

表 2-3　通用硅酸盐水泥各龄期强度

品种	强度等级	抗压强度/MPa		抗折强度/MPa	
		3d	28d	3d	28d
硅酸盐水泥	42.5	≥17.0	≥42.5	≥3.5	≥6.5
	42.5R	≥22.0		≥4.0	
	52.5	≥23.0	≥52.5	≥4.0	≥7.0
	52.5R	≥27.0		≥5.0	
	62.5	≥28.0	≥62.5	≥5.0	≥8.0
	62.5R	≥32.0		≥5.5	

续表

品种	强度等级	抗压强度/MPa		抗折强度/MPa	
		3d	28d	3d	28d
普通硅酸盐水泥	42.5	≥17.0	≥42.5	≥3.5	≥6.5
	42.5R	≥22.0		≥4.0	
	52.5	≥23.0	≥52.5	≥4.0	≥7.0
	52.5R	≥27.0		≥5.0	
矿渣硅酸盐水泥 火山灰硅酸盐水泥 粉煤灰硅酸盐水泥 复合硅酸盐水泥	32.5	≥10.0	≥32.5	≥2.5	≥5.5
	32.5R	≥15.0		≥3.5	
	42.5	≥15.0	≥42.5	≥3.5	≥6.5
	42.5R	≥19.0		≥4.0	
	52.5	≥21.0	≥52.5	≥4.0	≥7.0
	52.5R	≥23.0		≥4.5	

4）细度（选择性指标）：细度是指水泥颗粒的粗细程度。水泥颗粒的粗细，直接影响水泥的水化速度及水化的程度。颗粒越细，则表面积越大，与水接触面越大反应较完全，水泥的早期强度较高。

国家标准规定：硅酸盐水泥和普通硅酸盐水泥以比表面积表示，不小于 $300m^2/kg$；矿渣硅酸盐水泥、火山灰质硅酸盐水泥、粉煤灰硅酸盐水泥和复合硅酸盐水泥以筛余表示，80μm 方孔筛筛余不大于 10% 或 45μm 方孔筛筛余不大于 30%。

比表面积是指单位质量的水泥颗粒所具有的总表面积，可用勃氏比表面积仪测定。80μm 方孔筛筛余是指大于 80μm 的水泥颗粒占水泥总质量的百分率。

5）化学指标：通用硅酸盐水泥的各项化学指标应符合表 2-4 的规定。

表 2-4　通用硅酸盐水泥的化学指标

品种	代号	不溶物（质量分数）/%	烧失量（质量分数）/%	三氧化硫（质量分数）/%	氧化镁（质量分数）/%	氯离子（质量分数）/%
硅酸盐水泥	P·Ⅰ	≤0.75	≤3.0	≤3.5	≤5.0[a]	≤0.06[c]
	P·Ⅱ	≤1.50	≤3.5			
普通硅酸盐水泥	P·O	–	≤5.0			
矿渣硅酸盐水泥	P·S·A	–	–	≤4.0	≤6.0[b]	
	P·S·B	–	–		–	
火山灰质硅酸盐水泥	P·P	–	–	≤3.5	≤6.0[b]	
粉煤灰硅酸盐水泥	P·F	–	–			
复合硅酸盐水泥	P·C	–	–			

a 如果水泥压蒸试验合格，则水泥中氧化镁的含量（质量分数）允许放宽至 6.0%。
b 如果水泥中氧化镁的含量（质量分数）大于 6.0% 时，需进行水泥压蒸安定性试验并合格。
c 当有更低要求时，该指标由买卖双方协商确定。

6）碱含量

水泥中碱含量按按 $Na_2O + 0.658K_2O$ 计算值表示。若使用活性骨料，用户要求提供低碱水泥时，水泥中的碱含量应不大于 0.60% 或由买卖双方协商确定。

（二）膨胀水泥

一般的水泥品种，在凝结硬化后体积都有一定的收缩，而这种收缩很容易导致水泥石产生收缩裂缝。膨胀水泥正好相反，在凝结硬化后，其体积不但不收缩，反而会产生一定的膨胀。这种特性可以减少和防止水泥石的收缩裂缝，提高其密实度。膨胀水泥根据所产生的膨胀量和用途可分为两类：收缩补偿型膨胀水泥（简称膨胀水泥）和自应力型膨胀水泥（简称自应力水泥）。一般膨胀水泥的膨胀量较小，其自应力值小于2.0MPa，而自应力水泥的膨胀量较大，其自应力值不小于2.0MPa。

膨胀水泥的品种较多，根据其基本组成又有硅酸盐膨胀水泥、明矾石膨胀水泥、铝酸盐膨胀水泥、铁铝酸盐膨胀水泥和硫铝酸盐膨胀水泥等。

本书主要介绍膨胀铁铝酸盐水泥。

（1）定义：由铁铝酸盐水泥熟料，加入适量石灰石和石膏，磨细制成的具有可调膨胀性能的水硬性胶凝材料，称为膨胀铁铝酸盐水泥。膨胀铁铝酸盐水泥以自由膨胀率值划分，分为微膨胀铁铝酸盐水泥和膨胀铁铝酸盐水泥两类。

（2）质量标准

1）细度（比表面积）、凝结时间、游离氧化钙含量应符合表2-5中的规定。

表2-5

项目		技术指标
比表面积/（m^2/kg），≥		400
凝结时间/min	初凝　不早于	30
	终凝　不迟于	180
游离氧化钙/%，≤		0.3

2）强度及标号：两类膨胀铁铝酸盐水泥的标号均以28d抗压强度来划分，只有525一个标号。其各龄期强度不得低于表2-6中规定的数值。

表2-6　各强度等级水泥的各龄期强度值

分类	抗压强度/MPa，≥			抗折强度/MPa，≥		
	1d	3d	28d	1d	3d	28d
微膨胀铁铝酸盐水泥	31.5	41.0	52.5	4.9	5.9	6.9
膨胀铁铝酸盐水泥	27.5	39.0	52.5	4.4	5.4	6.4

3）自由膨胀率：微膨胀铁铝酸盐水泥净浆试体1d自由膨胀率不得小于0.05%；28d自由膨胀率不得大于0.5%。膨胀铁铝酸盐水泥净浆试体1d自由膨胀率不得小于0.10%；28d自由膨胀率不得大于1.00%。

（三）快凝快硬硅酸盐水泥

（1）定义

凡以适当成分的生料，烧至部分熔融，所得以硅酸三钙、氟铝酸钙为主的熟料，加入适量的硬石膏、粒化高炉矿渣、无水硫酸钠，经过磨细制成的一种凝结快、小时强度增长快的水硬性胶凝材料，称为快凝快硬硅酸盐水泥，简称为双快水泥。

（2）质量标准

1）氧化镁：熟料中氧化镁含量不得超过5.0%。

2）三氧化硫：水泥中的三氧化硫的含量不得超过9.5%。

3）细度：水泥的比表面积不得低于4 500cm^2/g。

4）凝结时间：初凝不得早于10min，终凝不得迟于60min。

5）安定性：用沸煮法检验，必须合格。

6）强度及标号：快凝快硬硅酸盐水泥的标号系按4h强度而定，分为双快-150、双快-200两个标号。各龄期强度不得低于表2-7中规定的数值。

表 2-7　快凝快硬水泥强度指标

标　号	抗压强度/MPa，≥			抗折强度/MPa，≥		
	4h	1d	28d	4h	1d	28d
双快-150	15.0	19.0	32.5	2.8	3.5	5.5
双快-200	20.0	25.0	42.5	3.4	4.6	6.4

（四）道路硅酸盐水泥

（1）定义

由道路硅酸盐水泥熟料、0～10%活性混合材料、适量石膏磨细制成的水硬性胶凝材料，统称为道路硅酸盐水泥（简称道路水泥）。道路硅酸盐水泥熟料是以适当成分的生料烧至部分熔融，所得以硅酸钙为主要成分和较多铁铝酸钙含量的熟料。

（2）质量标准

1）氧化镁：道路水泥中氧化镁含量不得超过5.0%。

2）三氧化硫：道路水泥中的三氧化硫含量不得超过3.5%。

3）烧失量：道路水泥中的烧失量不得大于3.0%。

4）游离氧化钙：道路水泥熟料中的游离氧化钙，旋窑生产不得大于1.0%；立窑生产不得大于1.8%。

5）碱含量：如用户提出要求时，由供需双方商定。

6）铝酸三钙：道路水泥熟料中铝酸三钙的含量不得大于5.0%。

7）铁铝酸四钙：道路水泥熟料中铁铝酸四钙的含量不得小于16.0%。

8）细度：80μm方孔筛筛余不得超过10.0%。

9）凝结时间：初凝不得早于1h，终凝不得迟于10h。

10）安定性：用沸煮法检验，必须合格。

11）干缩率：28d干缩率不得大于0.10%。

12）耐磨性：以磨损量表示，不得大于3.60kg/m^2。

13）强度及标号：道路水泥分425、525和625三个标号。各标号的各龄期强度不得低于表2-8中的数值。

表 2-8　各强度等级水泥的各龄期强度值

标　号	抗压强度/MPa，≥		抗折强度/MPa，≥	
	3d	28d	3d	28d
425	22.0	42.5	4.0	7.0
525	27.0	52.5	5.0	7.5
625	32.0	62.5	5.5	8.5

第二节　取样规定

一、出厂水泥取样规定

（一）取样单位

通用水泥出厂前按同品种、同强度等级进行编号，每一编号为一取样单位。水泥出厂编号按水泥厂年生产能力规定：

（1）200×10^4t 以上，不超过 4 000t 为一编号；

（2）120×10^4t 至 200×10^4t，不超过 2 400t 为一编号；

（3）60×10^4t 以上至 120×10^4t，不超过 1 000t 为一编号；

（4）30×10^4t 以上至 60×10^4t，不超过 600t 为一编号；

（5）10×10^4t 以上至 30×10^4t，不超过 400t 为一编号；

（6）10×10^4t 以下，不超过 200t 为一编号。

可连续取样，也可以 20 个以上不同部位取等量样品，总量至少 12kg。

（7）对于膨胀铁铝酸盐水泥，以 100t 为一编号。日产量不足 100t 时，应以不超过日产量为一个编号，每一编号为一取样单位，其他水泥按标准要求。

（二）取样工具

（1）机械取样器：机械取样器采用如图 2-1 所示自动连续取样器，其他能够取得有代表性样品的机械取样装置亦可采用。

（2）手工取样器：手工取样器分为散装水泥取样管和袋装水泥取样管，如图 2-2 和图 2-3 所示。

（三）取样部位

（1）水泥输送管路中（适用于机械取样）。

（2）散装水泥卸料处或输送水泥运输机具上。

（3）袋装水泥堆场。

注：不应在污染严重的环境中取样。

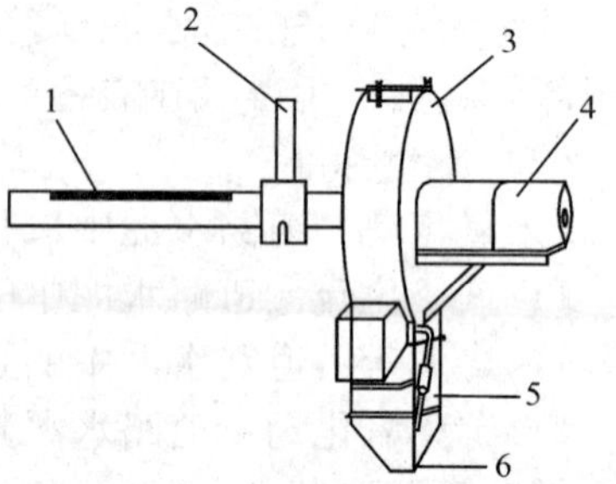

1—入料处；2—调节手柄；3—混料筒；4—电机；5—配重锤；6—出料口

图 2-1　机械取样器示意图

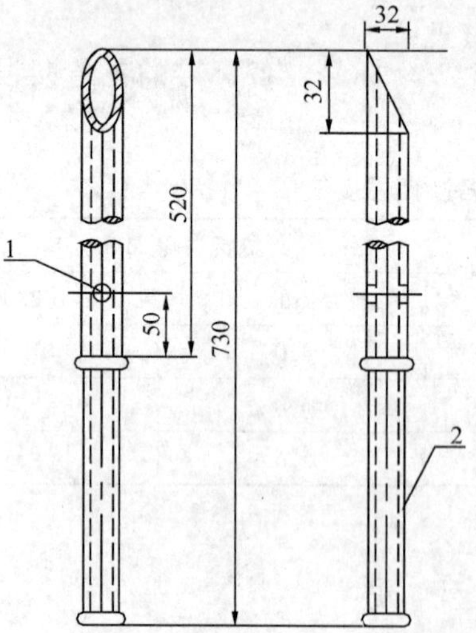

1—气孔；2—手柄

图 2-2　散装水泥取样管

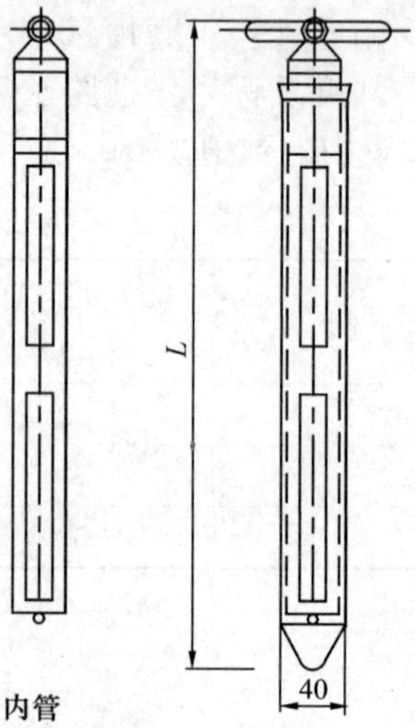

内管

$L=1\ 000\sim2\ 000$

图 2-3　袋装水泥取样管

（四）取样数量

（1）混合样：是指从一个取样单位内取得的全部试样，经充分混匀后制得的水泥试样。其取样数量应符合各相应水泥标准的规定。

（2）分割样：是指在一个取样单位内按每1/10编号取得的水泥试样。

1）散装水泥：每1/10编号在5min内至少取6kg。

2）袋装水泥：每1/10编号从一袋中至少取6kg。

（五）取样步骤

（1）自动取样器取样：采用如图2-1所示的自动连续取样器在尽量接近于水泥包装机的管路中，从流动的水泥流中取出样品，然后将样品放入洁净、干燥、不易受污染的容器中。

（2）槽形管状取样器取样：当所取水泥深度不超过2m时，采用槽形管式取样器取样，通过转动取样器内开关，在适当位置插入水泥一定深度，关闭后小心抽出。将所取水泥样品放入洁净、干燥、不易受污染的容器中。

（3）取样管取样：采用取样管取样，随机选择20个以上不同的部位，将取样管插入水泥袋中适当深度，用大拇指按住气孔，小心抽出取样管。将所取水泥样品放入洁净、干燥、不易受污染的容器中。

（六）试样制备

（1）试验样及封存样：将每一编号所取水泥混合样均分为试验样和封存样。

（2）试样缩分：试样缩分可采用两分器，一次或多次将样品缩分到标准要求的规定量。

（3）分割样：每一编号所取10个分割样应分别按分割样品质试验方法进行试验，不得混杂。

注：样品不得混入杂物及结块。

（七）试样包装与贮存

（1）取样后，应将试样存放在密封的金属容器中，加封条。容器应洁净、干燥、防潮、密封、不易破损、不与水泥发生反应。

（2）封存样应贮存于干燥、通风的环境中。

二、水泥使用单位现场取样

水泥使用单位现场取样按下述方法进行。

（1）散装水泥：按同一生产厂家、同一等级、同一品种、同一批号且连续进场的水泥为一批，总重量不超过500t。随机从不少于3个罐车中抽取等量水泥，经混拌均匀后称取不少于12kg。取样工具为散装水泥取样管。

（2）袋装水泥：按同一生产厂家、同一等级、同一品种、同一批号且连续进场的水泥为一批，总重量不超过200t。取样应有代表性，可以从20个以上不同部位的袋中取等量水泥，经混拌均匀后称取不少于12kg。取样工具为袋装水泥取样管。

（3）按照上述方法取得的水泥试样，按标准进行检验前，将其分成两等份。一份用于检验，一份密封保管三个月，以备有疑问时复验。

（4）当在使用中对水泥质量有怀疑或水泥出厂超过三个月时，应进行复验，并按复验结果使用。

（5）对水泥质量发生疑问需作仲裁时，应按仲裁检验的办法进行。

（6）交货与验收：交货时水泥的质量验收可抽取实物试样以其检验结果为依据，也可以水泥厂同编号水泥的检验报告为依据。采取何种方法验收由买卖双方商定，并在合同或协议中注明。

当以抽取实物试样的检验结果为验收依据时，买卖双方应在发货前或交货地共同取样和签封。取样数量为20kg，缩分为两等份。一份由卖方保存40天，一份由买方按本标准规定的项目和方法进行检验。在40天以内，买方检验认为产品质量不符合本标准要求，而卖方又有异议时，则双方应将卖方保存的另一份试样送省级或省级以上国家认可的水泥质量监督检验机构进行仲裁检验。

第三节　试　　验

一、检验前的准备及注意事项

（1）水泥试样应存放在密封干燥的容器内（一般使用铁桶或塑料桶），并在容器上注明水泥生产厂名称、品种、强度等级、出厂日期、送样日期等。

（2）检验前，一切检验用材料水泥试样、拌和水、标准砂及仪器和用具的温度应与试验室一致（20±2℃），试验室空气温度和相对湿度工作期间每天至少记录一次。

（3）仲裁试验或其他重要试验用蒸馏水，其他试验可用饮用水。

（4）检验时不得使用铝制或锌制模具、钵器和匙具等（因铝、锌的器皿易与水泥发生化学反应并易磨损变形，以使用铜、铁器具较好）。

（5）水泥试样应充分拌匀，通过0.9mm方孔筛，并记录筛余百分率及筛余物情况。

（6）养护箱温度为（20±1）℃，相对湿度应大于90%；养护池水温为（20±1）℃。

二、水泥细度检验

水泥细度的表示方法和检验方法有两种：用80μm方孔筛筛余表示细度的水泥，采用80μm筛筛析法；用比表面积表示细度的水泥，采用比表面积测定方法（勃式法）。

（一）80μm筛筛析法

采用标准：水泥细度检验方法筛析法GB/T 1345—2005。80μm筛筛析法又分为负压筛法、水筛法和手工干筛法三种，当三种方法检测的结果有争议时，以负压筛法为准。

（1）试验仪器设备

1）试验筛：由圆形筛框和筛网组成，分负压筛、水筛和手工筛三种，负压筛和水筛的结构尺寸如图2-4和图2-5所示，手工筛的结构符和GB/T 6003.1，其中筛框高度为50mm、直径为150mm。筛网应紧绷在筛框上，筛网和筛框接触处应用防水胶密封，防止水泥颗粒嵌入。

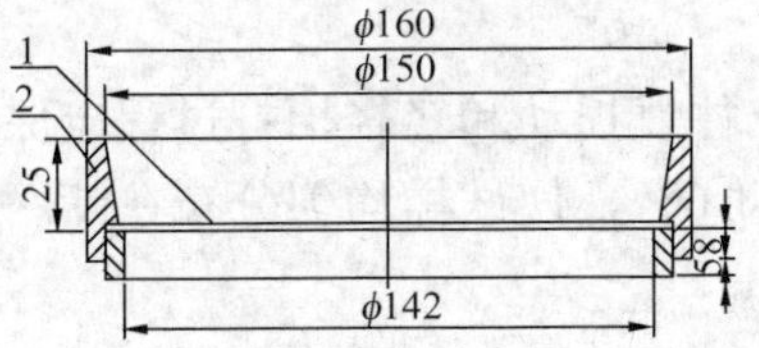

1—筛网；2—筛框

图 2-4　负压筛

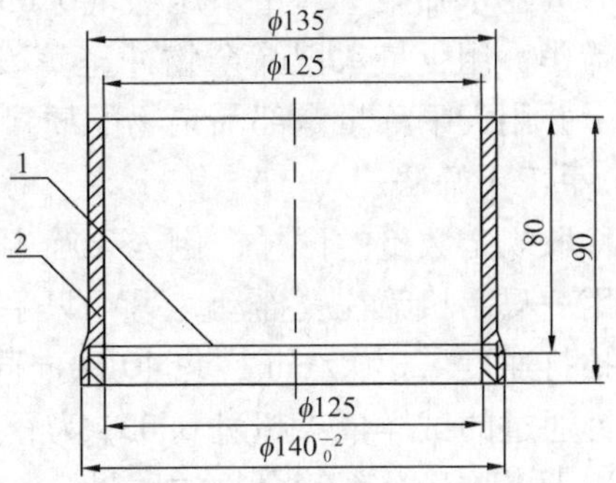

1—筛网；2—筛框

图 2-5　水筛

试验筛必须保持洁净，筛孔通畅，如筛孔被水泥堵塞影响筛析时，应用专门清洗剂清洗（不可用弱酸浸泡）；用毛刷轻轻地刷洗，再用淡水冲净，晾干。

2）负压筛析仪：由筛座、负压筛、负压源及吸尘器组成，其中筛座由转速为(30 ±2) r/min的喷气嘴、负压表、控制板、微电机及壳体等构成，如图 2-6 所示。筛析仪负压可调范围为 4 000 ~6 000Pa。喷气嘴上口平面与筛网之间距离为 2 ~8mm。负压源和收尘器由功率≥600W 的工业吸尘器和小型收尘筒组成。

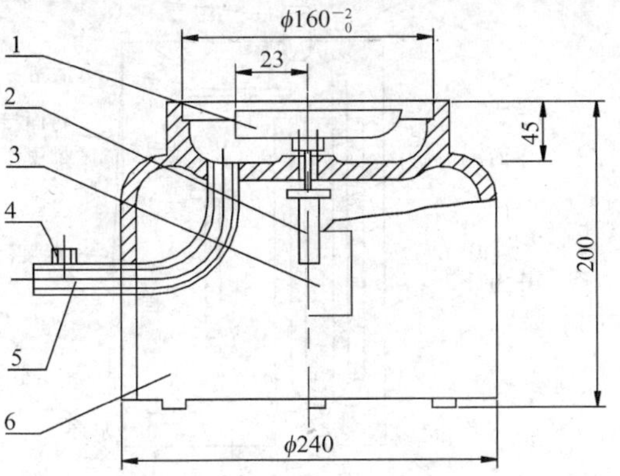

1—喷气嘴；2—微电机；3—控制板开关；4—负压表接口；5—负压源及吸尖器接口；6—壳体

图 2-6　负压筛析仪示意图

3）水筛架和喷头：水筛架上筛座内径为 140mm。

4）天平：最大称量为 100g，最小分度值不大于 0.01g。

（2）试验步骤

1）试验准备：试验前所用实验筛应保持清洁，负压筛和手工筛应保持干燥。试验时，称取试样 25g。

2）负压筛法：

①筛析试验前，应把负压筛放在筛座上，盖上筛盖，接通电源，检查控制系统，调节负压至4 000 ~6 000Pa 范围内。

②称取水泥试样 25g，置于洁净的负压筛中，盖上筛盖，放在筛座上，开动筛析仪连续筛析 2min，在此期间，应轻轻敲击筛盖，使附在筛盖上的试样落下。筛毕，用天平称量全部筛余物的质量。

③当工作负压小于 4 000Pa 时，应清理吸尘器内水泥，使负压恢复正常。

3）水筛法：

①筛析试验前，应检查水中无泥、砂，调整好水压及水筛架的位置，使其能正常运转。喷头底面和筛网之间的距离为 35 ~75mm。

②称取规定数量的试样，置于洁净的水筛中，立即用淡水冲洗至大部分细粉通过，然

后将筛子放在水筛架上，用水压为（0.05±0.02）MPa 的喷头连续冲洗 3min。

③筛毕，用少量水把筛余物冲至蒸发皿中，等水泥颗粒全部沉淀后，小心地倒出清水，烘干并用天平称量全部筛余物的质量。

4）手工干筛法：

①称取规定数量的试样，倒入干筛中。

②用一只手执筛往复摇动，另一只手轻轻拍打，往复摇动和轻轻拍打过程应保持近于水平。拍打速度 120 次/min，每 40 次向同一方向转动 60°，使试样均匀分布在筛网上，直至每分钟通过的试样量不超过 0.03g 为止。

③用天平称量全部筛余物的质量。

（3）试验结果

按下式计算水泥试样筛余百分率，计算结果精确至 0.1%。

$$F = \frac{R_s}{m_c} \times 100\%$$

式中　F——水泥试样的筛余百分率；

R_s——水泥筛余物的质量（g）；

m_c——水泥试样的质量（g）。

当筛余百分率 $F \leqslant 10.0\%$ 时为合格，否则为不合格。

（二）水泥比表面积测定方法(勃式法)

采用标准：GB/T 8074—2008。

本方法适用于测定水泥的比表面积以及适合采用本方法的其他各种粉状物料，不适用于测定多孔材料及超细粉状物料。

（1）试验仪器设备

1）Blaine 透气仪：如图 2-7 所示，由 U 形压力计、透气圆筒、抽气装置三部分组成。

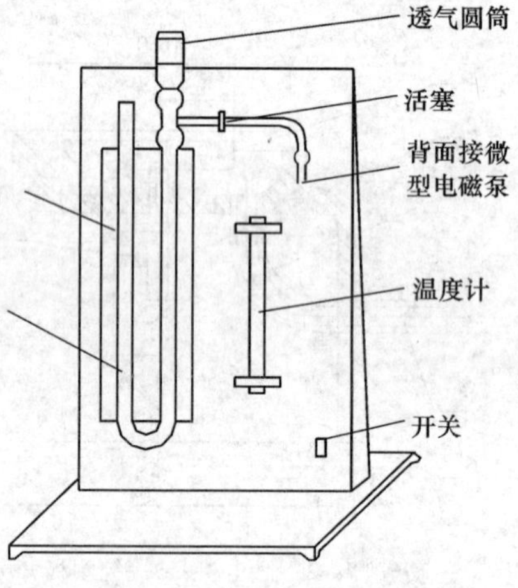

图 2-7　Blaine 透气仪示意图

2）U 形压力计：由外径为 9mm 的具有标准厚度的玻璃管制成。压力计一个臂的顶端有一锥形磨口，与透气圆筒紧密连接，在连接透气圆筒的压力计臂上刻有环形线。从压力计底部往上 280～300mm 处有一个出口管，管上装有一个阀门，连接抽气装置，如图 2-8 所示。

3）透气圆筒：由不锈钢制成，内径为 12.7mm+0.05mm。圆筒的上口边应与圆筒主轴垂直，圆筒下部锥度应与压力计上玻璃磨口锥度一致，二者应严密连接。在圆筒壁，距离圆筒上口边 55±10mm 处有一突出的宽度为 0.5～1mm 的边缘，以放置金属穿孔板，如图2-8所示。

4）穿孔板：由不锈钢或其他不受腐蚀的金属制成，厚度为 1.0±0.1mm，在其面上，等距离地打有 35 个直径 1mm 的小孔，穿孔板应与圆筒内壁密合，穿孔板两平面应平行。

5）捣器：用不锈钢制成，插入圆筒时，其间隙不大于 0.1mm。捣器的底面应与主轴

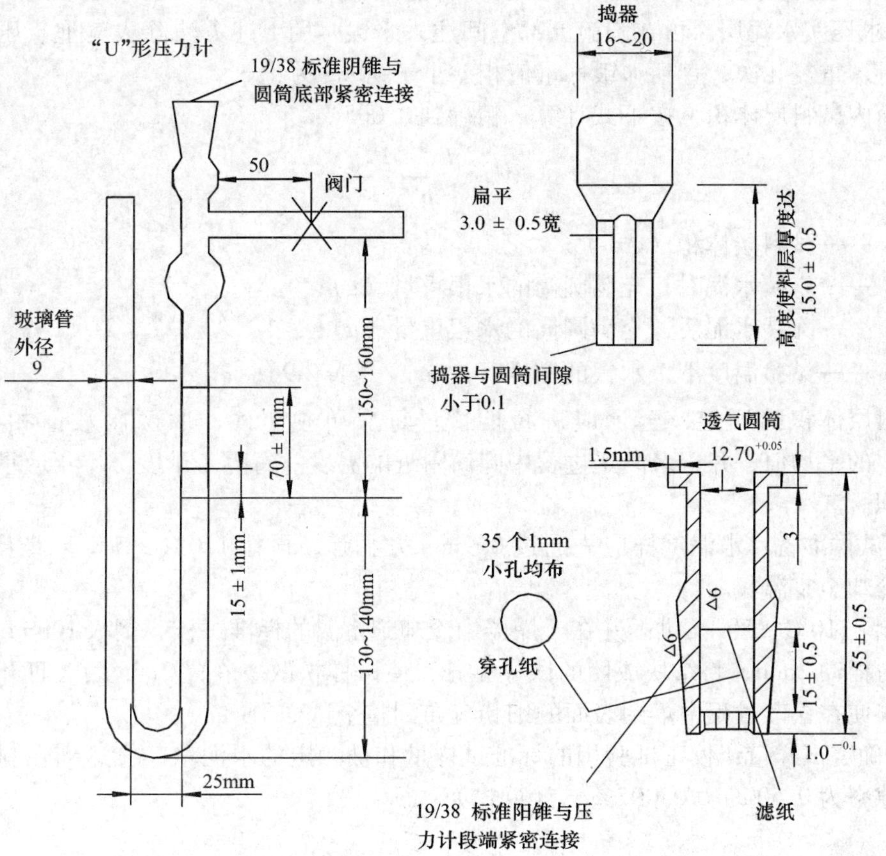

图 2-8 Blaine 透气仪结构及主要尺寸图

垂直，侧面有一个扁平槽，宽度为 3.0mm ± 0.3mm。捣器的顶部有一个支持环，当捣器放入圆筒时，支持环与圆筒上口边接触，这时捣器底面与穿孔板之间的距离为 15.0 ± 0.5mm，如图2-8所示。

6）抽气装置：用小型电磁泵或抽气球均可。

7）其他：滤纸（采用符合国标的中速定量滤纸）、分析天平（分度值为 1mg）、计时秒表（精确读到 0.5s）、烘干箱。

8）压力计液体：采用带有颜色的蒸馏水。

9）基准材料：采用中国水泥质量监督检验中心制备的标准试样。

（2）试验步骤

1）漏气检查：将透气圆筒上口用橡皮塞塞紧，接到压力计上。用抽气装置从压力计一臂中抽出部分气体，然后关闭阀门，观察是否漏气。如发现漏气，用活塞油脂加以密封。

2）测定试料层体积（用水银排代法）：将两片滤纸沿圆筒壁放入透气圆筒内，用一直径比透气圆筒略小的细长棒往下按，直到滤纸平整放在金属穿孔板上。然后装满水银，用一小块薄玻璃板轻压水银表面，使水银面与圆筒口平齐，并须保证在玻璃板与水银表面之间没有气泡或空洞存在。从圆筒中倒出水银，称量精确至 0.05g。重复几次测定，直到数值基本不变为止。然后从圆筒中取出一片滤纸，试用约 3.3g 的水泥，按照下述（2）6）条要求压实水泥层。再在圆筒上部空间注入水银，用上述方法除去气泡、压平、倒出水银称量，重复几次，直到水银称量值相差小于 50mg 为止。

圆筒内试料层体积 V 按下式计算。精确到 0.005cm³。

$$V = \frac{P_1 - P_2}{\rho_{水银}}$$

式中 V——试料层体积（cm³）；

P_1——未装水泥时，充满圆筒的水银重量（g）；

P_2——充装水泥后，充满圆筒的水银重量（g）；

$\rho_{水银}$——试验温度下，水银的密度（g/cm³）（表 2-9）。

试料层体积的测定，至少应进行两次。每次单独压实，取两次数值相差不超过 0.005cm³ 的平均值，并记录测定过程中圆筒附近的温度。每隔一季度至半年应重新校正试料层体积。

3）试样准备：水泥试样应先通过 0.9mm 方孔筛，再在 110℃ ±5℃ 下烘干，并在干燥器中冷却至室温。

4）将 110℃ ±5℃ 下烘干并在干燥器中冷却到室温的标准试样，倒入 100mL 的密闭瓶内，用力摇动 2min，将结块成团的试样压碎，使试样松散。静置 2min 后，打开瓶盖，轻轻搅拌，使在松散过程中落到表面的细粉分布到整个试样中。

5）确定试样量：校正试验用的标准试样量和被测定的水泥量，应达到在制备的试料层中空隙率为 0.500% ±0.005%，计算式为：

$$W = \rho \times V \times (1 - \varepsilon)$$

式中 W——需要的试样量（g）；

ρ——试样密度（g/cm³）；

V——按（2）2）条测定的试料层体积（cm³）；

ε——试料层空隙率。

6）试料层装备：将穿孔板放入透气圆筒的突缘上，用一根直径比圆筒略小的细棒把一片滤纸送到穿孔板上，边缘压紧。称取按（2）5）条确定的水泥量，精确到 0.001g，倒入圆筒内。轻敲圆筒的边，使水泥层表面平坦。再放入一片滤纸，用捣器均匀捣实试料直至捣器的支持环紧紧接触圆筒顶边并旋转两周，慢慢取出捣器。

7）把装有试料层的透气圆筒连接到 U 形压力计上，要保证紧密连接不致漏气，并不振动所制备的试料层。

8）启动抽气装置，慢慢从压力计中抽出空气，直到压力计内液面上升到扩大部下端时，关闭阀门。当压力计内液体的凹月面下降到第一个刻线时开始计时，当液体的凹月面下降到第二个刻线时停止计时，记录液面从第一条刻度线到第二条刻度线所需的时间。以秒记录，并记下试验时的温度（℃）。

（3）试验结果

1）当被测物料的密度、试料层中空隙率与标准试样相同，试验时的温差不同时，水泥的比表面积分别按下式计算：

试验时温差≤±3℃时，计算公式：$S=\frac{S_s\sqrt{T}}{\sqrt{T_s}}$

试验时温差>±3℃时，计算公式：$S=\frac{S_s\sqrt{T}\sqrt{\eta_s}}{\sqrt{T_s}\sqrt{\eta}}$

式中 S——被测试样的比表面积（cm^2/g）；

S_s——标准试样的比表面积（cm^2/g）；

T——被测试样试验时，压力计中液面降落测得的时间（s）；

T_s——标准试样试验时，压力计中液面降落测得的时间（s）；

η——被测试样试验温度下的空气黏度（Pa·s）；

η_s——标准试样试验温度下的空气黏度（Pa·s）。

2）当被测试样的试料层中空隙率与标准试样试料层中空隙率不同，试验时的温差不同时，水泥的比表面积分别按下式计算：

试验时温差≤±3℃时，计算公式：$S=\frac{S_s\sqrt{T}(1-\varepsilon_s)\sqrt{\varepsilon^3}}{\sqrt{T_s}(1-\varepsilon)\sqrt{\varepsilon_s^3}}$

试验时温差>±3℃时，计算公式：$S=\frac{S_s\sqrt{T}(1-\varepsilon_s)\sqrt{\varepsilon^3}\sqrt{\eta_s}}{\sqrt{T_s}(1-\varepsilon)\sqrt{\varepsilon_s^3}\sqrt{\eta}}$

式中 ε——被测试样试料层中的空隙率；

ε_s——标准试样试料层中的空隙率。

3）当被测试样的密度和空隙率均与标准试样不同，试验时的温差不同时，水泥的比表面积分别按下式计算：

试验温差≤±3℃时，计算公式：$S=\frac{S_s\sqrt{T}(1-\varepsilon_s)\sqrt{\varepsilon^3}\rho_s}{\sqrt{T_s}(1-\varepsilon)\sqrt{\varepsilon_s^3}\rho}$

试验温差>±3℃时，计算公式：$S=\frac{S_s\sqrt{T}(1-\varepsilon_s)\sqrt{\varepsilon^3}\rho_s\sqrt{\eta_s}}{\sqrt{T_s}(1-\varepsilon)\sqrt{\varepsilon_s^3}\rho\sqrt{\eta}}$

式中 ρ——被测试样的密度（g/cm^3）；

ρ_s——标准试样的密度（g/cm^3）。

4）水泥比表面积应由二次透气试验结果的平均值确定。如二次试验结果相差2%以上，应重新试验。计算应精确至$10cm^2/g$，$10cm^2/g$以下的数值按四舍五入计。

（4）水银密度、空气黏度η

不同温度下水银密度、空气黏度η见表2-9。

表 2-9　不同温度下水银密度、空气黏度 η

室　温 /℃	水银密度 / (g/cm³)	空气黏度 η / (Pa·s)	室　温 /℃	水银密度 / (g/cm³)	空气黏度 η / (Pa·s)
8	13.58	0.000 174 9	22	13.54	0.000 181 8
10	13.57	0.000 175 9	24	13.54	0.000 182 8
12	13.57	0.000 176 8	26	13.53	0.000 183 7
14	13.56	0.000 177 8	28	13.53	0.000 184 7
16	13.56	0.000 178 8	30	13.52	0.000 185 7
18	13.55	0.000 179 8	32	13.52	0.000 186 7
20	13.55	0.000 180 8	34	13.51	0.000 187 6

三、水泥标准稠度用水量

采用标准：GB/T 1346—2001。

（一）试验仪器设备

（1）水泥净浆搅拌机：主要由主机、搅拌叶和搅拌锅组成，如图 2-9 所示，符合 JC/T729的要求。

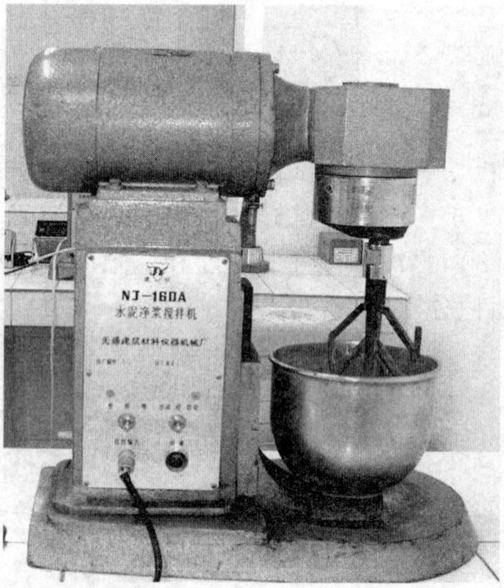

图 2-9　水泥净浆搅拌机

（2）标准法维卡仪：如图 2-10 所示。测定标准稠度用水量用试杆（图 2-11a）有效长度为 50mm ± 1mm、由直径为 ϕ10mm ± 0.05mm 的圆柱形耐腐蚀金属制成。测定凝结时间时取下试杆，用试针（图 2-11b、c）代替试杆。试针由钢制成，其有效长度初凝针为 50mm ± 1mm，终凝针为 30mm ± 1mm，直径为 ϕ1.13mm ± 0.05mm 的圆柱体滑动部分的总质量为 300g ± 1g。与试杆、试针连接的滑动杆表面应光滑，能靠重力自由下落。

（3）试模：由耐腐蚀的、有足够硬度的金属制成，用于盛装水泥净浆。试模为深 40mm ± 0.2mm、顶内径 ϕ65mm ± 0.5mm、底内径 ϕ75mm ± 0.5mm 的截项圆锥体。每只试模应配备一个大于试模、厚度≥2.5mm 的平板玻璃底板。

（4）其他：量水器（最小刻度 0.1mL）、天平、小刀等。

（二）试验步骤

（1）调整维卡仪并检查水泥净浆搅拌机。使得维卡仪上的金属棒能自由滑动，并调整至试杆接触玻璃板时的指针对准零点。搅拌机运行正常，并用湿布将搅拌锅和搅拌叶片擦湿。

（2）称取水泥试样 500g，拌和水量按经验确定并用量筒量好。

（3）将拌和水倒入搅拌锅内，然后在 5 ~ 10s 内将水泥试样加入水中。将搅拌锅放在锅座上，升至搅拌位，启动搅拌机，先低速搅拌 120s，停 15s，再快速搅拌 120s，然后停机。

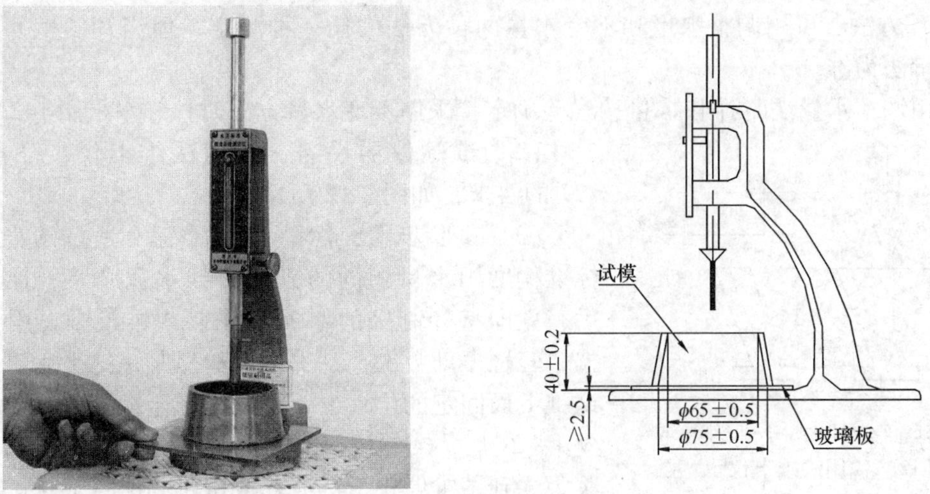

图 2-10　测定水泥标准稠度和凝结时间用的维卡仪

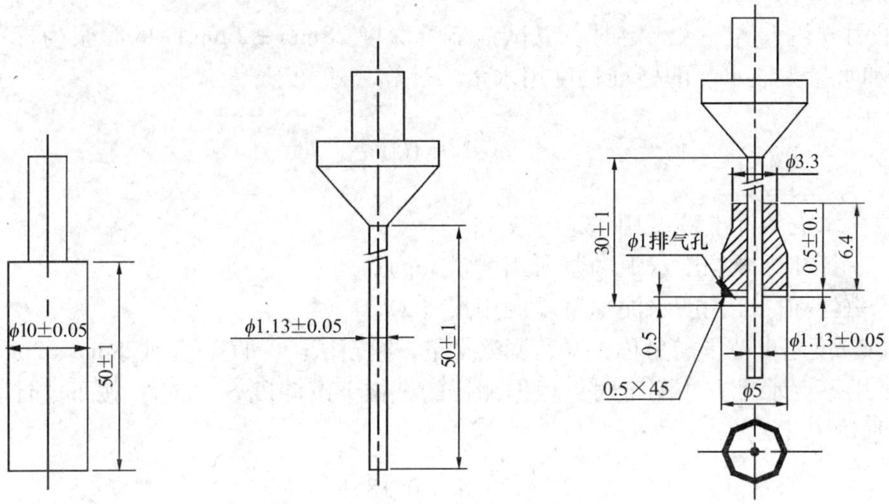

(a) 标准稠度试杆　　(b) 初凝用试针　　(c) 终凝用试针

图 2-11　测定水泥标准稠度和凝结时间用的试杆和试针

（4）拌和结束后，立即将水泥净浆装入已置于玻璃底板上的试模中，用小刀插捣，轻轻振动数次排出气泡，刮去多余净浆；抹平后迅速将试模和底板移到维卡仪上，调整试杆至与水泥净浆表面接触，拧紧螺丝，然后突然放松，试杆垂直自由地沉入水泥净浆中。

（5）在试杆停止沉入或释放试杆 30s 时记录试杆距底板之间的距离。整个操作应在搅拌后 1. 5min 内完成。

（三）试验结果

以试杆沉入净浆并距底板 6mm ± 1mm 的水泥净浆为标准稠度水泥净浆。标准稠度用水量（P）以拌和标准稠度水泥净浆的水量除以水泥试样总质量的百分数为结果。

（四）代用法

（1）方法：可用调整水量和不变水量两种方法的任一种测定，但当其发生冲突时以调整水量法为准。

采用调整水量法时拌和水量按经验确定，采用不变水量方法时拌和水量用142.5mL。

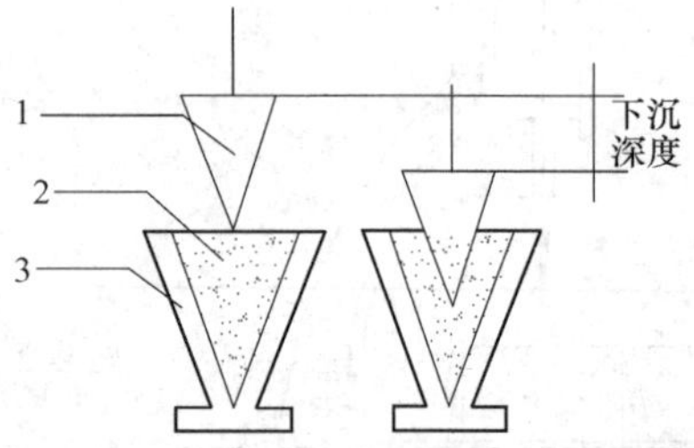

1—试锥；2—水泥净浆；3—锥形试模

图2-12　代用法维卡仪示意图

（2）试验仪器设备：代用法维卡仪，符合JC/T 727的要求，如图2-12所示。

（3）试验步骤：称量500g水泥和适量的水，采用标准稠度用水量相同的方法搅拌水泥净浆；拌和结束后，立即将拌制好的水泥净浆装入锥模中，用小刀插捣，轻轻振动数次，刮去多余的净浆；抹平后迅速放到试锥下面固定的位置上，将试锥降至净浆表面，拧紧螺丝1～2s后，突然放松，让试锥垂直自由地沉入水泥净浆中。到试锥停止下沉或释放试锥30s时记录试锥下沉深度。整个操作应在搅拌后1.5min内完成。

（4）试验结果

1）采用调整水量方法测定时，以试锥下沉深度28mm±2mm时的净浆为标准稠度净浆。其拌和水量为该水泥的标准稠度用水量，计算公式如下：

$$P = \frac{m_w}{m_c} \times 100\%$$

式中　P——水泥的标准稠度用水量（%）；

m_w——拌和标准稠度水泥净浆所用水量（g）；

m_c——拌和标准稠度水泥净浆水泥用量（g）。

如下沉深度超出范围需另称试样，调整水量，重新试验，直至达到28mm±2mm为止。

2）采用不变水量方法测定时，根据测得的试锥下沉深度S（mm）按下式计算得到标准稠度用水量P（%）。

$$P = 33.4 - 0.185S$$

四、水泥净浆凝结时间测定

采用标准：GB/T 1346—2001。

（一）试验仪器设备

（1）标准法维卡仪：将试杆更换为试针，仪器主要由试针和试模两部分组成，如图2-14所示。

（2）湿气养护箱。

（3）其他仪器设备同标准稠度用水量测定。

（二）试验步骤

（1）称取水泥试样500g，按标准稠度用水量制备标准稠度水泥净浆，并一次装满试模，振动数次刮平，立即放入湿气养护箱中。记录水泥全部加入水中的时间，作为凝结时间的起始时间。

（2）测定初凝时间

1）调整凝结时间测定仪，使其试针接触玻璃板时的指针为零。

2）试模在湿气养护箱中养护至加水后 30min 时进行第一次测定：将试模放在试针下，调整试针与水泥净浆表面接触，拧紧螺丝 1 ~2s 后突然放松，试针垂直自由地沉入水泥净浆。

3）观察试针停止下沉或释放指针 30s 时指针的读数。

4）临近初凝时，每隔 5min 测定一次，当试针沉至距底板 4mm ±1mm 时为水泥达到初凝状态。

（3）测定终凝时间

1）在试针上安装一个环形附件（图 2-11c）。

2）在完成水泥初凝时间测定后，立即将试模连同浆体以平移的方式从玻璃板取下，翻转 180°，直径大端向上，小端向下放在玻璃板上，再放入湿气养护箱中继续养护。

3）临近终凝时间时每隔 15min 测定一次。

4）当试针沉入水泥净浆只有 0. 5mm 时，即环形附件开始不能在水泥浆上留下痕迹时，为水泥达到终凝状态。

（4）达到初凝或终凝时应立即重复一次，当两次结论相同时才能定为到达初凝或终凝状态。每次测定不能让试针落入原针孔，每次测定后，须将试模放回湿气养护箱内，并将试针擦净，而且要防止试模受振。

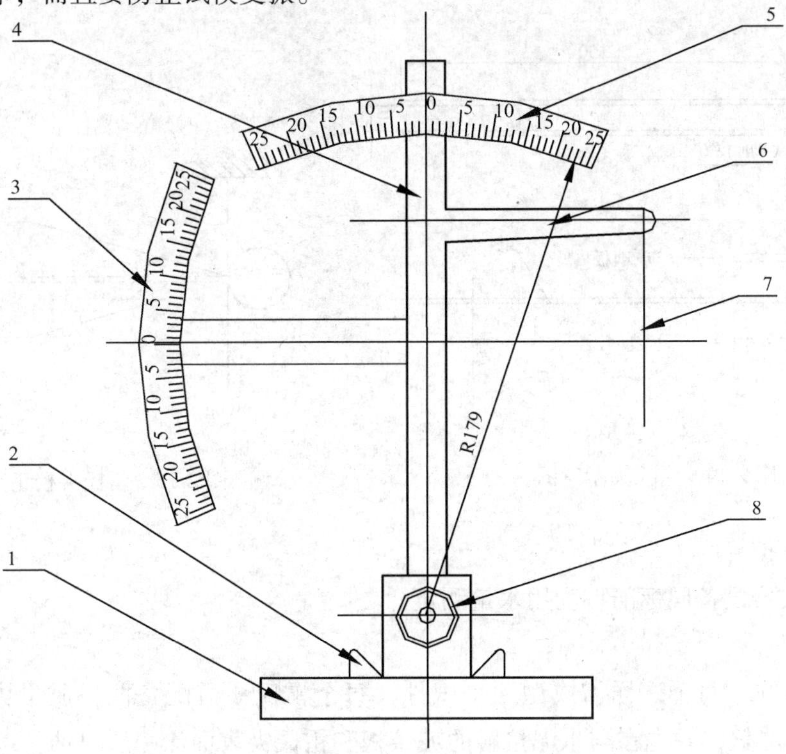

1—底座；2—雷氏夹座；3—测弹性标尺；4—立柱；

5—测膨胀值标尺；6—悬臂；7—悬丝；8—弹簧顶钮

图 2-13　雷氏夹膨胀测定仪示意图

（三）试验结果

（1）由水泥全部加入水中至初凝状态的时间为水泥的初凝时间，用“min”表示。

（2）由水泥全部加入水中至终凝状态的时间为水泥的终凝时间，用“min”表示。

五、水泥体积安定性测定

采用标准：GB/T 1346—2001。

水泥体积安定性的检测采用沸煮法，沸煮法又分雷氏法和试饼法两种。如两种方法检测的结果有争议，以雷氏法为准。

（一）试验仪器设备

（1）雷氏夹膨胀测定仪：其标尺最小刻度为0.5mm，如图2-13所示。

（2）雷氏夹：由铜质材料制成，其结构如图2-14所示。当用300g砝码校正时，两根针的针尖距离增加应在17.5mm ±2.5mm范围内，如图2-15所示。

（3）沸煮箱：有效容积约为410mm×240mm×310mm，篦板的结构应不影响试验结果，篦板与加热器之间的距离大于50mm。箱的内层由不易锈蚀的金属材料制成，能在30min ±5min内将箱内的试验用水由室温升至沸腾状态并保持3h以上，整个试验过程中不需补充水量。

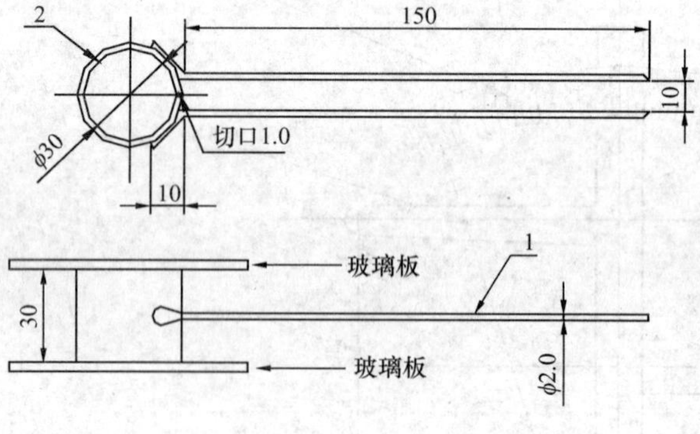

1—指针；2—环模

图2-14　雷氏夹示意图

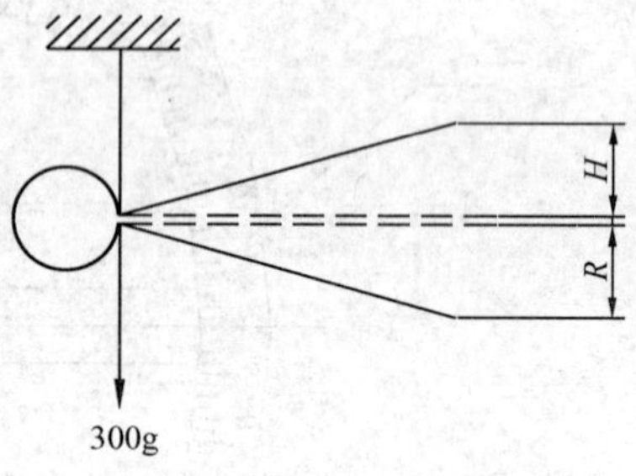

图2-15　雷氏夹校正图

（4）湿气养护箱。

（5）其他仪器设备同标准稠度用水量测定。

（二）试验步骤

（1）准备工作：每个试样需成型两个试件，每个雷氏夹需配备两块质量为75～85g的玻璃板，一垫一盖，并先在与水泥接触的玻璃板和雷氏夹表面涂一层机油。

（2）将制备好的标准稠度水泥净浆立即一次装满雷氏夹，用小刀插捣数次，抹平，并盖上涂油的玻璃板，然后将试件移至湿气养护箱内养护24h ±2h。

（3）脱去玻璃板取下试件，先测量雷氏夹指针尖的距离（A），精确至0.5mm。然后将试件放入沸煮箱水中的试件架上，指针朝上，调好水位与水温，接通电源，在 30min ± 5min 之内加热至沸腾，并保持 3h ± 5min。

（4）取出沸煮后冷却至室温的试件，用雷氏夹膨胀测定仪测量试件雷氏夹两指针尖的距离（C），精确至 0.5mm。

（三）试验结果

当两个试件的膨胀值（试件沸煮后增加的距离：$C-A$）的平均值不大于 5.0mm 时，即认为水泥安定性合格。当两个试件的 $C-A$ 值相差超过 4.0mm 时，应用同一样品立即重做一次试验，再如此，则认为该水泥为安定性不合格。

六、水泥胶砂强度

采用标准：GB/T 17671—1999。

（一）试验仪器设备

（1）水泥胶砂搅拌机：水泥胶砂搅拌机属行星式搅拌机，主要由电机、胶砂搅拌锅和搅拌叶片组成，如图 2-16 所示，应符合 JC/T 681 的要求。

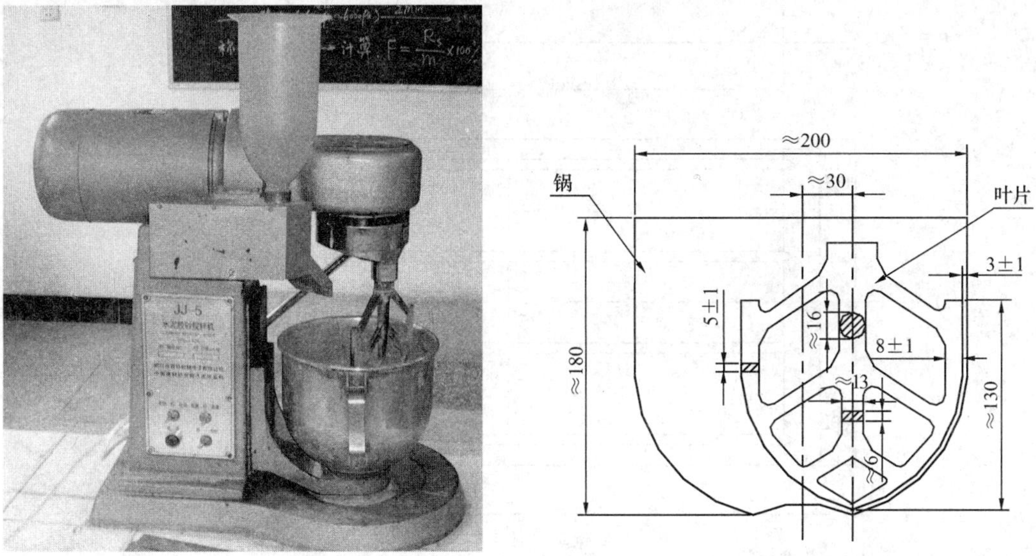

(a) 水泥胶砂搅拌机实物照片　　(b) 搅拌锅和搅拌叶片示意图

图 2-16　水泥胶砂搅拌机

（2）胶砂振实台：胶砂振实台由可以跳动的台盘和使其跳动的凸轮等组成。台盘上有固定试模用的卡具，并连有 2 根起稳定作用的臂，凸轮由电机带动，通过控制器按一定的要求转动并保证使台盘平稳上升至一定高度后自由下落，其中心恰好与止动器撞击。整机应符合 JC/T 682 的要求，如图 2-17 所示。

（3）试模：试模由 3 个水平的模槽组成，如图 2-18 所示，可同时成型三条截面为 40mm × 40mm，长为 160mm 的棱形试体，其材质和制造尺寸应符合 JC/T 726 的要求。

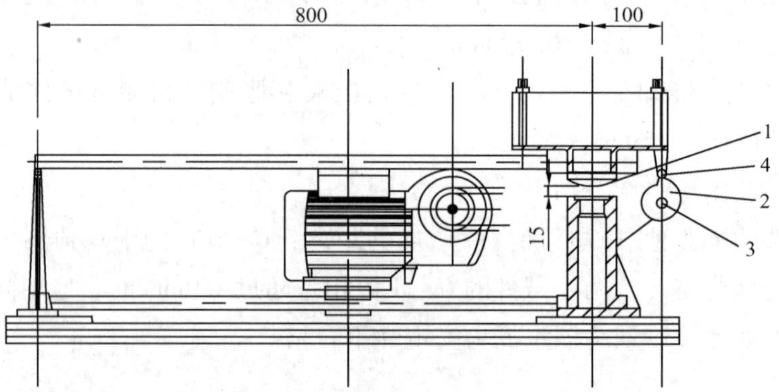

1—突头；2—凸轮；3—止动器；4—随动轮

图 2-17　典型振实台示意图

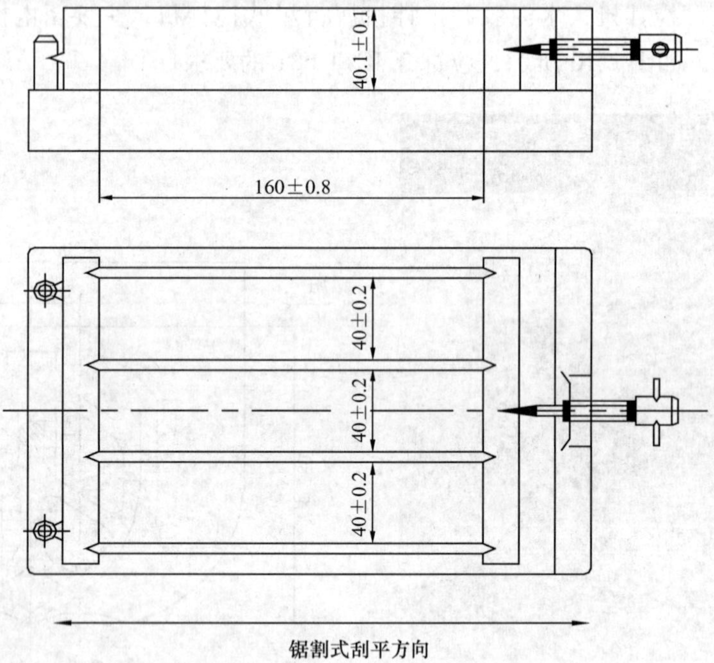

图 2-18　水泥试模示意图

（4）抗折试验机：符合 JC/T 724 的要求。抗折夹具的加荷与支撑圆柱必须用硬质钢材制造，其直径均为 10mm ±0. 2mm，2 个支撑圆柱中心距为 100mm ±0. 2mm。

（5）抗压试验机：抗压试验机在较大的 4/5 量程范围内使用时记录的荷载应有 ±1% 精度，并具有按 2 400N/s ±200N/s 速率的加荷能力，应有一个能指示试件破坏时荷载并把它保持到试验机卸荷以后的指示器，可以用表盘里的峰值指针或显示器来达到。人工操作的试验机应配有一个速度动态装置以便于控制荷载增加。抗压夹具放在压力机的上下压板之间，并与压力机处于同一轴线，以便将压力机的荷载传递至胶砂试件表面。夹具受压面积为 40mm × 40mm，其表面清洁，球座能转动以使其上压板从一开始就适应试体的形状并在试验中保持不变。

（二）水泥胶砂组成材料

（1）中国 ISO 标准砂：标准砂颗粒分布应满足表 2-10 中的规定；其湿含量是在 105 ~ 110℃下用代表性砂样烘干 2h 的质量损失来测定，以干砂的质量百分数表示，应小于 0.2%。

表 2-10　标准砂颗粒分布

方孔边长/mm	2.0	1.6	1.0	0.5	0.16	0.08
累计筛余率/%	0	7 ± 5	33 ± 5	67 ± 5	87 ± 5	99 ± 5

（2）水泥：当试验水泥从取样至试验要保持 24h 以上时，应把它贮存在基本装满和气密的容器里，且容器不与水泥发生化学反应。

（3）水：仲裁试验或其他重要试验用蒸馏水，其他试验可用饮用水。

（三）试验步骤

（1）制作水泥胶砂试件

1）成型前将试模擦净，四周的模板与底板接触面上应涂黄油，紧密装配，防止漏浆，内壁均匀刷一薄层机油。

2）胶砂的质量配合比为：水泥∶砂∶水 = 1∶3∶0.5。每锅（成型三条试体）材料需要量见表 2-11。称量用天平精度应为 ± 1g。当用自动滴管加 225 mL 水时，滴管精度应达到 ± 1 mL。

表 2-11　每锅胶砂的材料数量

水泥/g	标准砂/g	水/g
450 ± 2	1 350 ± 5	225 ± 1

注：水泥品种为硅酸盐水泥、普通硅酸盐水泥、矿渣硅酸盐水泥、粉煤灰硅酸盐水泥、火山灰硅酸盐水泥、复合硅酸盐水泥。

3）胶砂搅拌时先把水加入锅里，再加入水泥，把锅放在固定架上，上升至固定位置，立即开动机器，低速搅拌 30s 后，在第二个 30s 开始的同时均匀地将砂子加入。当各级砂是分装时，从最粗粒级开始依次将所需的每级砂量加完。把机器转至高速再拌 30s，停拌 90s，在第一个 15s 内用一胶皮刮具将叶片和锅壁上的胶砂刮入锅中间，在高速下继续搅拌 60s，各个搅拌阶段的时间误差应在 ± 1s 以内。

4）胶砂搅拌后立即进行成型。将空试模和模套固定在振实台上，用一个适当的勺子直接从搅拌锅里将胶砂分两层装入试模。装第一层时，每个槽里约放 300g 胶砂，用大播料器垂直架在模套顶部沿每一个模槽来回一次将料层播平，接着振实 60 次。再装第二层胶砂，用小播料器播平，再振实 60 次。移走模套，从振实台上取下试模，用一金属直尺以近似 90°的角度架在试模模顶的一端，然后沿试模长度以横向锯割动作慢慢向另一端移动，一次将超过试模部分的胶砂刮去，并用同一直尺在近乎水平的情况下将试体表面抹平。

（2）试体养护

1）将试模放入雾室或湿箱的水平架子上养护，一直养护到规定的脱模时间时取出脱模，对于24h龄期的，应在试验前20min内脱模；对于24h以上龄期的，应在20～24h之间脱模，脱模前用防水墨汁或颜料对试体进行编号和做其他标记。两个龄期以上的试体，在编号时应将同一试体分在两个以上龄期内。

2）将做好标记的试体水平或垂直放在20℃±1℃水中养护，水平放置时刮平面应朝上，养护期间试体之间间隔或试体上表面的水深不得小于5mm。

（3）强度试验

1）各龄期的试体必须在表2-12中规定的时间内进行强度试验。试体从水中取出后，在强度试验前应用湿布覆盖。

表2-12　各龄期强度试验时间规定

龄　期	24h	48h	72h	7d	28d
时　间	24h±15min	48h±30min	72h±45min	7d±2h	28d±8h

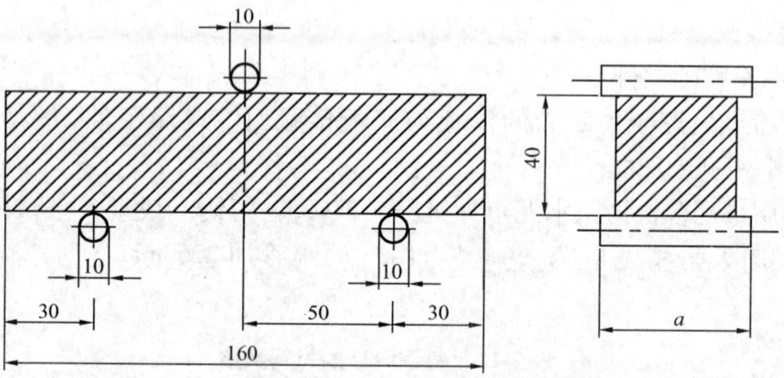

图2-19　抗折强度测定示意图

2）抗折强度试验：将试件安放在抗折夹具内，试件的侧面与试验机的支撑圆柱接触，试件长轴垂直于支撑圆柱，如图2-19所示。启动试验机，以（50±10）N/s的速度均匀地加荷直至试体断裂，记录最大抗折破坏荷载（N）。

3）抗压强度试验：抗折强度试验后的六个断块试件保持潮湿状态，并立即进行抗压试验。将断块试件放入抗压夹具内，并以试件的侧面作为受压面，如图2-20所示。启动试验机，以（2.4±0.2）kN/s的速度进行加荷，直至试件破坏，记录最大抗压破坏荷载（N）。

（四）试验结果

（1）按下式计算每个试件的抗折强度$f_{ce,m}$（MPa），精确至0.1MPa。

$$f_{ce,m}=\frac{3FL}{2b^3}=0.002\ 34F$$

式中　$f_{ce,m}$——水泥胶砂试件的抗折强度（MPa）；

F——折断时施加于棱柱体中部的荷载（N）；

L——支撑圆柱体之间的距离（mm），$L=100$mm；

b——棱柱体截面正方形的边长（mm），$b=40$mm。

以一组三个试件抗折结果的平均值作为试验结果。当三个强度值中有超出平均值

±10%时，应剔除后再取平均值作为抗折强度试验结果，精确至0.1MPa。

（2）按下式计算每个试件的抗压强度$f_{ce,c}$（MPa），精确至0.1MPa。

$$f_{ce,c} = \frac{F}{A} = 0.000\,625F$$

式中　$f_{ce,c}$——水泥胶砂试件的抗压强度（MPa）；

F——试件破坏时的最大抗压荷载（N）；

A——受压部分面积（mm^2）（$A = 40mm \times 40mm = 1\,600mm^2$）。

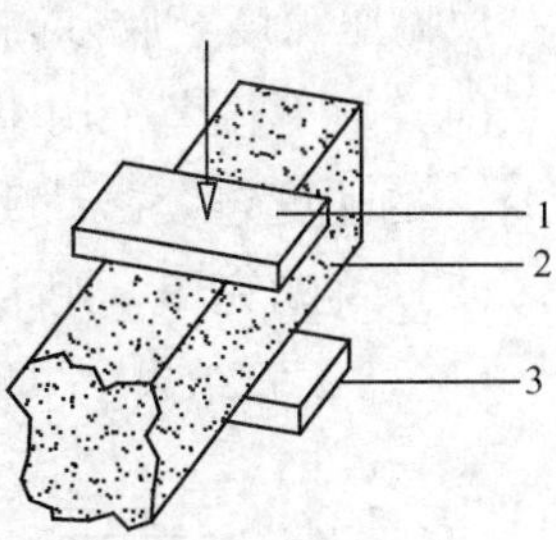

1—上压板；2—试件；3—下压板

图2-20　抗压强度测定示意图

以一组三个棱柱体上得到的六个抗压强度测定值的算术平均值作为试验结果。如六个测定值中有一个超出六个平均值的±10%，就应剔除这个结果，而以剩下五个的平均值作为结果。如果五个测定值中再有超过它们平均值±10%的，则此组结果作废。试验结果精确至0.1MPa。

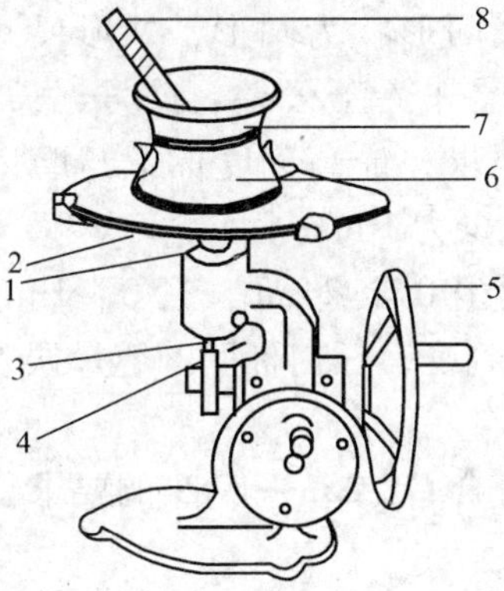

1—推杆；2—玻璃圆盘；3—托轮；4—凸轮；5—手轮；6—截锥圆盘；7—模套；8—捣棒

图2-21　跳桌

七、水泥胶砂流动度测定

（一）试验仪器设备

（1）水泥胶砂搅拌机：与水泥胶砂强度检测相同。

（2）跳桌：如图2-21所示。跳桌分电动和手动两种。当凸轮转动时，推杆与其相连的圆盘产生落距为10mm±0.1mm的跳动。

（3）捣棒：由金属材料制成，直径为20mm±0.5mm，长约200mm。

（4）截锥圆模：高60mm±0.5mm，上口内径ϕ70mm±0.5mm，下口内径ϕ100mm±0.5mm。

（5）模套：由金属材料制成，其下口应与截锥圆模的上口配合严密。

（6）卡尺：量程200mm，分度值不大于0.5mm。

（二）试验步骤

（1）制备胶砂：一次试验的材料称量为水泥540g、标准砂1 350g、水按规定水灰比计算。然后按水泥胶砂强度检验方法中的规定拌制好水泥胶砂。

（2）用湿布将跳桌台面、捣棒、截锥圆模和模套内壁擦拭，并置于玻璃板中心，盖上湿布。

（3）将拌和好的水泥胶砂分两层迅速装入模内，第一层装至截锥圆模高的2/3，用小刀在垂直两个方向各插划5次，再用捣棒自边缘至中心均匀捣压15次；装第二层时，水泥胶砂要高出圆模约20mm，用小刀插划10次，再用捣棒自边缘至中心均匀捣压10次。

第一层捣压深度至胶砂高度的1/2处，第二层捣压深度不超过已捣实的低层表面。

（4）取下模套，用小刀刮去高出截锥圆模的胶砂，刮平，再将圆模轻轻提起。然后以1r/s的速度连续摇动30r。

（5）跳动完毕，用卡尺测量水泥胶砂底部相垂直的两个方向上的扩散直径。

（三）试验结果

取两垂直直径的平均值作为试验结果，水泥胶砂的流动度单位mm。

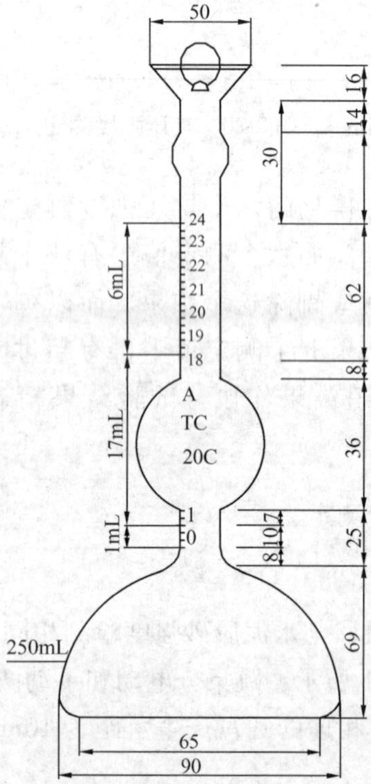

图2-22 李氏瓶

八、水泥密度测定

采用标准：GB/T 208—1994。

（一）试验仪器设备

（1）李氏瓶：横截面形状为圆形，外形尺寸如图2-22所示，应严格遵守关于公差、符号、长度、间距以及均匀刻度的要求；最高刻度标记与磨口玻璃最低点之间的间距至少为10mm。

李氏瓶的瓶颈刻度由0至24mL，且0～1mL和18～24mL应以0.1mL刻度，任何标明的容量误差都不大于0.05mL。

（2）无水煤油：符合GB 253—1989的要求。

（3）恒温水槽。

（二）试验步骤

（1）将无水煤油注入李氏瓶中至0～1mL刻度线后（以弯月面下部为准），盖上瓶塞放入恒温水槽内，使刻度部分浸入水中（水温应控制在李氏刻度时的温度），恒温为30min记下初始（第一次）读数。

（2）从恒温水槽中取出李氏瓶，用滤纸将李氏瓶细长颈内没有煤油的部分仔细擦干净。

（3）水泥试样应预先通过0.90mm方孔筛，在110℃±5℃温度下干燥1h，并在干燥器内冷却至室温。称取水泥60g，称准至0.01g。

（4）用小匙将水泥样品一点点地装入李氏瓶中，恒温30min，记下第二次读数。

（5）第一次读数和第二次读数时，恒温水槽的温度差不大于0.2℃。

（三）试验结果

（1）水泥体积应为第二次读数减去初始（第一次）读数，即水泥所排开的无水煤油的体积（mL）。

（2）按下式计算水泥密度ρ。

$$\rho = \frac{m}{V}$$

式中 ρ——水泥密度（g/cm^3）；

m——水泥的质量（g）；

V——排开的体积（cm^3）。

结果计算到小数第三位，且取有效数字到0.01g/cm^3，试验结果取两次测定结果的算术平均值，两次测定结果之差不得超过0.02g/cm^3。

九、水泥压蒸安定性试验

水泥压蒸安定性试验，主要是检验由于方镁石水化可能引起的水泥体积不均匀变化，从而造成水泥体积安定性不良。本方法适用于通用水泥及其他指定采用本方法的水泥品种的压蒸安定性试验。

（一）试验仪器设备

（1）25mm×25mm×280mm试模、钉头、捣棒以及比长仪，应符合GB 751《水泥胶砂干缩试验方法》的要求。

（2）水泥净浆搅拌机：与水泥标准稠度用水量测定相同。

（3）沸煮箱：与水泥体积安定性检测相同。

（4）压蒸釜：为高压水蒸气容器，使用的电热器能在45～75min内使锅内蒸汽压力升至表压2.0MPa，恒压时不使蒸汽排出。压力自动控制器应能使锅内压力控制在2.0±0.05MPa（相当于215.7±1.3℃）范围内，并保持3h以上。压蒸釜在停止加热后90min内能使压力从2.0MPa降至0.1MPa以下。

（二）试验步骤

（1）制作试件

1）试模准备：试验前在试模内涂薄机油，并将钉头装入模槽两端的圆孔内，钉头外露部分不沾机油。

2）水泥标准稠度净浆制备：每个试样应称取水泥800g，用标准稠度用水量拌制成型两条试件。

3）试体成型：将拌好的水泥净浆分两层装入试模内。第一层装入高度约为试模的3/5，用小刀划插数次，然后用23mm×23mm捣棒由钉头内侧从一端向另一端顺序捣压10次，往返共捣压20次，再用缺口捣棒在钉头两侧顺序捣压12次，往返共捣压24次。捣压完毕后将多余浆体装到模上，放入养护箱中（温度20℃+1℃，相对湿度90%以上）养护3～5h后，将多余浆体刮去抹平、编号，继续放入养护箱中养护至24h脱模。

（2）试件沸煮

1）初长测量：试件脱模后立即用比长仪测量试件的初长（L_0），结果记录至0.001mm。测量前用校正杆校正比长仪百分表零读数，测量完毕后也要核对零读数，如有变动，试件应重新测量。

2）沸煮：测完初长的试件平放在沸煮箱试架上，按水泥体积安定性试验，沸煮3.5h，需要时也可测量试件的长度。

（3）试件压蒸

1）经沸煮试验后的试件应放在20℃±2℃水中养护，并在4d内完成压蒸试验。

2）压蒸前将试件在室温下按一定间隙（1～2cm）放在试件支架上，试件不应接触水面。

3）加热初期应打开放汽阀，让釜内空气排出直至有蒸汽大量放出后关闭。釜内温度从加热开始经45～75min达到表压2.0MPa±0.05MPa，在该压力下保持压蒸3h后切断电源，90min内使压蒸釜内压力降至低于0.1MPa，然后轻启放汽阀，排出釜内剩余蒸汽。

（4）打开压蒸釜，取出试件立即置入90℃以上热水中，徐徐在热水中均匀加入冷水，15min内使水温降至室温，继续冷却15min，取出试件擦净，按要求测量试件的长度（L_1）。如发现试件弯曲、过长、龟裂等应做记录。

（三）试验结果

按下式计算水泥净浆试件膨胀率，精确至0.01%。

$$L_A = \frac{L_1 - L_0}{L} \times 100\%$$

式中 L_A——试件压蒸膨胀率（%）；

L——试件有效长度（250mm）；

L_0——试件脱模后测量的初长（mm）；

L_1——试件压蒸后测量的长度（mm）。

试验结果以两条试件的平均值作为测试值，并计算至0.01%。当试件的膨胀率与平均测试值相差超过±10%时，应重做。

普通硅酸盐水泥、矿渣硅酸盐水泥、火山灰质硅酸盐水泥、粉煤灰硅酸盐水泥的压蒸膨胀率不大于0.50%，硅酸盐水泥的压蒸膨胀率不大于0.80%时，为体积安定性合格，反之为不合格。

第四节 水泥验收及贮存

一、水泥验收

水泥是一种有效期短、质量极易变化的材料。因此，对进入施工现场的水泥必须进行验收，以检测水泥是否合格，确定水泥是否能够用于工程中，水泥的验收包括包装标志验收、数量验收、质量验收等几个方面。

（一）包装标志验收

水泥的包装方法有袋装和散装两种。散装水泥一般采用散装输送车运输至施工现场，采用气动输送至散装水泥贮仓中贮存。散装水泥与袋装水泥相比，免去了包装，可减少纸或塑料的使用，符合绿色环保，且能节约包装费用，降低成本。散装水泥直接由水泥厂供货，质量容易保证。

袋装水泥采用多层纸袋或多层塑料编织袋包装。水泥包装袋上应清楚标明：执行标准、水泥品种、代号、强度等级、生产者名称、生产许可证标志（QS）及编号、出厂编号、包装日期、净含量。包装袋两侧应根据水泥的品种采用不同的颜色印刷水泥名称和强度等级，硅酸盐水泥和普通硅酸盐水泥采用红色，矿渣硅酸盐水泥采用绿色，火山灰质硅酸盐水泥、粉煤灰硅酸盐水泥和复合硅酸盐水泥采用黑色或蓝色。

散装水泥在供应时必须提交与袋装水泥标志相同内容的卡片。

（二）数量验收

袋装水泥每袋净含量为50kg，且不得少于标志质量的99%；随机抽取20袋总质量

（含包装袋）不得少于1 000kg。其他包装形式由供需双方协商确定，但有关袋装质量要求，必须符合上述原则规定。

（三）质量验收

（1）检查出厂合格证和出厂检验报告

水泥出厂应有水泥生产厂家的出厂合格证，内容包括厂别、品种、出厂日期、出厂编号和试验报告。试验报告内容应包括相应水泥标准规定的各项技术要求及试验结果，助磨剂、工业副产品石膏、混合材料的名称和掺加量，属旋窑或立窑生产。水泥厂应在水泥发出之日起7d内寄出除28d强度以外的各项试验结果。28d强度数值，应在水泥发出日起32d内补齐。

水泥交货时的质量验收可抽取实物试样以其检验结果为依据，也可以以水泥厂同编号水泥的试验报告为依据。采用何种方法验收由买卖双方商定，并在合同或协议中注明。

以水泥厂同编号水泥的试验报告为验收依据时，在发货前或交货时，买方在同编号水泥中抽取试样，双方共同签封后保存三个月；或委托卖方在同编号水泥中抽取试样，签封后保存三个月。在三个月内，买方对质量有疑问时，则买卖双方应将签封的试样送有关监督检验机构进行仲裁检验。

以抽取实物试样的检验结果为验收依据时，买卖双方应在发货前或交货地共同取样和签封。取样方法按GB 12573中的要求进行，取样数量为20kg，缩分为二等份。一份由卖方保存40d，一份由买方按相应标准规定的项目和方法进行检验。在40d以内，买方检验认为产品质量不符合相应标准要求，而卖方又有异议时，则双方应将卖方保存的另一份试样送交有关监督检验机构进行仲裁检验。

（2）复验

按照《混凝土结构工程施工质量验收规范》（GB 50204—2002）以及工程质量管理的有关规定，用于承重结构的水泥，用于使用部位有强度等级要求的混凝土用水泥，或水泥出厂超过三个月（快硬硅酸盐水泥为超过一个月）和进口水泥，在使用前必须进行复验，并提供试验报告。水泥抽样复验应符合见证取样送检的有关规定。

水泥复验的项目，在水泥标准中作了规定，包括不溶物、氧化镁、三氧化硫、烧失量、细度、凝结时间、安定性、强度和碱含量九个项目。水泥生产厂家在水泥出厂时已经提供了标准规定的有关技术要求的试验结果，通常复验项目只检测水泥的安定性、凝结时间和胶砂强度三个项目。

（3）仲裁检验

水泥出厂后三个月内，如购货单位对水泥质量提出疑问或施工过程中出现与水泥质量有关的问题需要仲裁检验时，用水泥厂同一编号水泥的封存样进行。

若用户对体积安定性、初凝时间有疑问要求现场取样仲裁时，生产厂应在接到用户要求后，7d内会同用户共同取样，送水泥质量监督检验机构检验。生产厂在规定时间内不去现场，用户可单独取样送检，结果同等有效。仲裁机构由国家指定的省级以上水泥质量监督机构进行。

二、水泥质量等级

在建筑工程中，按标准（JC/T 452—1997）可将通用水泥分为优等品、一等品和合格品三个质量等级，如表2-13所示。

表2-13　通用水泥的质量等级

技术指标		优等品		一等品		合格品
		硅酸盐水泥 复合水泥 石灰石硅酸盐水泥	矿渣水泥 火山灰水泥 粉煤灰水泥	硅酸盐水泥 复合水泥 石灰石硅酸盐水泥	矿渣水泥 火山灰水泥 粉煤灰水泥	通用水泥 各品种
抗压强度/MPa	3d，≥	32.0	28.0	26.0	22.0	符合通用水泥各品种的质量标准要求
	28d，≥	56.0	56.0	46.0	46.0	
	28d，≤	$1.1\overline{R}$	$1.1\overline{R}$	$1.1\overline{R}$	$1.1\overline{R}$	
终凝时间/h，≤		6.5	6.5	6.5	6.5	

注：$\overline{R}$为同品种、同强度等级水泥的28d抗压强度上月平均值。

所有技术性能指标均符合国家质量标准的水泥为合格品水泥，这类水泥可以按照设计的要求正常使用。若有某些技术性能不能满足其质量标准的要求时，则可能为不合格品或废品。

（1）不合格品水泥

一般通用水泥中的细度、终凝时间、不溶物和烧失量中的任一项不符合标准规定，或混合材料掺加量超过最大限量，或强度低于商品水泥强度等级规定值时，则判断为不合格品。另外，水泥包装标志中水泥品种、强度等级、工厂名称和出厂编号不全的也判断为不合格品。

不合格水泥在建筑工程中可以降低标准使用。如强度指标不合格可降低等级使用或用于工程次要受力部位（如做基础的垫层）等。

（2）废品水泥

一般通用水泥中的氧化镁含量、三氧化硫含量、初凝时间、安定性中的任何一项不符合标准规定，或强度低于该品种水泥最低强度等级规定值时，均判断为废品。

废品水泥严禁在建筑工程中使用。

三、水泥贮存

水泥进入施工现场后，必须妥善保管，一方面不能使水泥变质，使用后能够确保工程质量；另一方面可以减少水泥的浪费，降低工程造价。保管时需注意以下几个方面：

（1）不同品种和不同强度等级的水泥要分别存放，并应用标牌加以明确标示。

由于水泥品种不同，其性能差异较大，如果混合存放，容易导致混合使用，水泥性能可能会大幅度降低。

（2）防水防潮，做到“上盖下垫”。水泥临时库房应设置在通风、干燥、屋面不渗漏、地面排水通畅的地方。袋装水泥平放时，离地、离墙200mm以上堆放。

（3）袋装水泥一般采用水平叠放，堆垛不宜过高，一般不超过10袋，场地狭窄时最多不超过15袋。若袋装水泥堆垛过高，则上部水泥重力全部作用在下面的水泥上，容易使包装袋破裂而造成水泥浪费。

（4）贮存期不能过长。通用水泥贮存期不超过 3 个月，贮存期若超过 3 个月，水泥会受潮结块，强度会大幅度降低，从而会影响水泥的使用。过期水泥应按规定进行取样复验，并按复验结果使用，但不允许用于重要工程和工程的重要部位。

第三章　钢　材

第一节　概　述

一、钢种及建筑钢材分类

钢是以铁为主要元素，碳含量在2%以下，并含有其他元素的铁碳合金。

建筑钢材是在严格的技术控制下生产的材料，具有品质均匀、强度高、塑性和韧性好，可以承受冲击和振动荷载，能够切割、焊接、铆接、便于装配等特点。因此，被广泛用于工业与民用房屋建筑、道路桥梁、国防等工程中，是主要的建筑结构材料之一。

在工程建设中，建筑钢材属于隐蔽材料，其品质优劣对工程影响较大，所以对钢材的质量评定对提高建筑工程质量、减少工程隐患具有重要意义。本章主要介绍建筑中常用钢材的质量标准和试验方法。

（一）钢的种类

钢的品种繁多，为便于选用，常将钢按不同分类方式进行分类。

（1）按钢的化学成分可分为碳素钢和合金钢两大类，见表3-1。

表3-1　钢的分类（按化学成分）

碳素钢	工业纯铁	含碳量≤0.04%	合金钢	低合金钢	合金元素总量 ≤5%
	低碳钢	含碳量≤0.25%			
	中碳钢	含碳量0.25%～0.60%		中合金钢	合金元素总量5%～10%
	高碳钢	含碳量>0.60%		高合金钢	合金元素总量 >10%

（2）按钢脱氧程度不同可分为沸腾钢、半镇静钢、镇静钢和特殊镇静钢，其特点见表3-2。

表3-2　钢的分类（按脱氧程度）

脱氧程度	符　号	脱氧情况	特　点	应　用
沸腾钢	F	不完全	铸锭时大量气泡外溢，像水沸腾一样。 其组织不够致密，化学偏析较为严重，质量较差，但成品率高，成本低	一般建筑结构
半镇静钢	B	比较完全	铸锭时少量气泡外溢。 其性能介于沸腾钢和镇静钢之间	一般建筑结构
镇静钢	ZT、Z	完全	液态钢表面平静冷却凝固。 其组织致密，化学成分均匀，性能稳定，质量较好，但成本较高	承受冲击、振动荷载或重要焊接结构

（3）按炼钢炉不同可分为转炉钢、平炉钢和电炉钢。

（4）按钢中硫、磷等有害杂质含量可分为普通钢、优质钢和高级优质钢。

（5）按不同用途可分为结构钢、工具钢和特殊钢。

建筑钢材主要采用碳素结构钢和普通低合金结构钢。

（二）建筑钢材的主要品种

建筑钢材是指建筑工程中使用的各种钢材的通称。建筑钢材的主要品种和用途见表3-3。

表3-3　常用建筑钢材的品种和用途

种　类	建筑钢材主要品种	用　　途
型　钢	热轧角钢、热轧槽钢、热轧轻型槽钢、热轧工字钢、热轧轻型工字钢、钢轨等	钢结构
钢　筋	热轧光圆钢筋、热轧带肋钢筋、余热处理钢筋、冷轧带肋钢筋、冷轧扭钢筋、低碳热轧圆盘条等	钢筋混凝土结构、部分受轻荷载作用的预应力混凝土结构
钢丝和钢绞线	高强圆形钢丝、钢铰线	大跨度、重荷载的预应力混凝土结构

二、常用钢种的质量标准

（一）碳素结构钢

碳素结构钢原称普通碳素结构钢，在各类钢种中其产量最大、用途最广。主要轧制成型材（圆、方、扁、工、槽、角等钢材）、异型型钢（轻轨、窗框钢、汽车车轮轮辋钢等）和钢板，用于厂房、桥梁、船舶、建筑及工程结构。这类钢材一般不需经过热处理即可直接使用。

碳素结构钢按屈服点的大小分为Q195、Q215、Q235、Q255、Q275五个不同强度等级。各强度等级中又分为A、B、C、D四个不同的质量等级。

（1）碳素结构钢的牌号和化学成分应符合表3-4中的规定。

表3-4　碳素结构钢牌号及化学成分

牌　号	等级	化学成分/%					脱氧程度
		C	Mn	Si	S	P	
Q195	—	0.06～0.12	0.25～0.50	≤0.30	≤0.050	≤0.045	F、b、Z
Q215	A	0.09～0.15	0.25～0.55	≤0.30	≤0.050	≤0.045	F、b、Z
	B				≤0.045		
Q235	A	0.14～0.22	0.30～0.60	≤0.30	≤0.050	≤0.045	F、b、Z
	B	0.12～0.20	0.30～0.60		≤0.045		
	C	≤0.18	0.35～0.80		≤0.040	≤0.040	Z
	D	≤0.17			≤0.035	≤0.035	TZ
Q255	A	0.18～0.28	0.40～0.70	≤0.30	≤0.050	≤0.045	Z
	B				≤0.045		
Q275	—	0.28～0.38	0.35～0.80	≤0.35	≤0.050	≤0.045	Z

（2）碳素结构钢的力学性能

碳素结构钢的拉伸和冲击试验应符合表3-5中的规定，弯曲试验应符合表3-6中的规定。

表 3-5　碳素结构钢的拉伸和冲击试验

牌号	等级	拉伸性能试验													冲击试验	
		屈服点 σ_{ss}/MPa						抗拉强度 σ_s/MPa	伸长率 δ_5/%						温度/℃	V 型冲击功（纵向）/J
		钢材厚度（直径）/mm							钢材厚度（直径）/mm							
		≤16	>16~40	>40~60	>60~100	>100~150	>150		≤16	>16~40	>40~60	>60~100	>100~150	>150		
Q195	—	195	185	—	—	—	—	315~430	33	32	—	—	—	—	—	—
Q215	A	215	205	195	185	175	165	335~450	31	30	29	28	27	26	—	—
	B														20	27
Q235	A	235	225	215	205	195	185	375~500	26	25	24	23	22	21	—	—
	B														20	27
	C														0	
	D														-20	
Q255	A	255	245	235	225	215	205	410~550	24	23	22	21	20	19	—	—
	B														20	27
Q275	—	275	265	255	245	235	225	490~630	20	19	18	17	16	15	—	—

表 3-6　碳素结构钢的弯曲试验

牌　号	试样方向	冷弯试验：$B=2a$，冷弯角度 180°		
		钢材厚度（直径）/mm		
		60	>60~100	>100~200
		弯心直径 d/mm		
Q195	纵	0	—	—
	横	0.5a		
Q215	纵	0.5a	1.5a	2a
	横	a	2a	2.5a
Q235	纵	a	2a	2.5a
	横	1.5a	2.5a	3a
Q255	—	2a	3a	3.5a
Q275	—	3a	4a	4.5a

注：B 为试样宽度，a 为钢材厚度（直径）。

各牌号 A 级钢的冷弯试验，在需方有要求时可进行。当冷弯试验合格时，抗拉强度上限可以不作交货条件。

（二）低合金高强度结构钢

低合金高强度结构钢是在碳素结构钢的基础上，加入少量的一种或几种合金元素（总含量小于 5%）的一种结构钢。其目的是为了提高钢的屈服强度、抗拉强度、耐磨性、耐腐蚀性等。它是一种综合性能较为理想的建筑用钢，尤其在大跨度、承受振动荷载和冲击荷载的结构中更为适用。与碳素结构钢相比，可节约钢材 20%~30%，而成本并不很高。

低合金高强度结构钢按屈服点的大小分为 Q295、Q345、Q390、Q420、Q460 五个不同强度等级。各强度等级中又可分为 A、B、C、D、E 五个不同的质量等级。

（1）低合金高强度结构钢的化学成分应符合表 3-7 中的规定。

表 3-7 低合金高强度结构钢的化学成分

牌号	质量等级	化学成分/%										
		C≤	Mn	Si	P≤	S≤	V	Nb	Ti	Al≥	Cr≥	Ni≤
Q295	A	0.16	0.80~1.50	0.55	0.045	0.045	0.02~0.15	0.015~0.060	0.02~0.20	—	—	—
	B	0.16	0.80~1.50	0.55	0.040	0.040	0.02~0.15	0.015~0.060	0.02~0.20	—	—	—
Q345	A	0.02	1.00~1.60	0.55	0.045	0.045	0.02~0.15	0.015~0.060	0.02~0.20	—	—	—
	B	0.02	1.00~1.60	0.55	0.040	0.040	0.02~0.15	0.015~0.060	0.02~0.20	—	—	—
	C	0.20	1.00~1.60	0.55	0.035	0.035	0.02~0.15	0.015~0.060	0.02~0.20	0.015	—	—
	D	0.18	1.00~1.60	0.55	0.030	0.030	0.02~0.15	0.015~0.060	0.02~0.20	0.015	—	—
	E	0.18	1.00~1.60	0.55	0.025	0.025	0.02~0.15	0.015~0.060	0.02~0.20	0.015	—	—
Q390	A	0.20	1.00~1.60	0.55	0.045	0.045	0.02~0.20	0.015~0.060	0.02~0.20	—	0.30	0.70
	B	0.20	1.00~1.60	0.55	0.040	0.040	0.02~0.20	0.015~0.060	0.02~0.20	—	0.30	0.70
	C	0.20	1.00~1.60	0.55	0.035	0.035	0.02~0.20	0.015~0.060	0.02~0.20	0.015	0.30	0.70
	D	0.20	1.00~1.60	0.55	0.030	0.030	0.02~0.20	0.015~0.060	0.02~0.20	0.015	0.30	0.70
	E	0.20	1.00~1.60	0.55	0.025	0.025	0.02~0.20	0.015~0.060	0.02~0.20	0.015	0.30	0.70
Q420	A	0.20	1.00~1.70	0.55	0.045	0.045	0.02~0.20	0.015~0.060	0.02~0.20	—	0.40	0.70
	B	0.20	1.00~1.70	0.55	0.040	0.040	0.02~0.20	0.015~0.060	0.02~0.20	—	0.40	0.70
	C	0.20	1.00~1.70	0.55	0.035	0.035	0.02~0.20	0.015~0.060	0.02~0.20	0.015	0.40	0.70
	D	0.20	1.00~1.70	0.55	0.030	0.030	0.02~0.20	0.015~0.060	0.02~0.20	0.015	0.40	0.70
	E	0.20	1.00~1.70	0.55	0.025	0.025	0.02~0.20	0.015~0.060	0.02~0.20	0.015	0.40	0.70
Q460	C	0.20	1.00~1.70	0.55	0.035	0.035	0.02~0.20	0.015~0.060	0.02~0.20	0.015	0.70	0.70
	D	0.20	1.00~1.70	0.55	0.030	0.030	0.02~0.20	0.015~0.060	0.02~0.20	0.015	0.70	0.70
	E	0.20	1.00~1.70	0.55	0.025	0.025	0.02~0.20	0.015~0.060	0.02~0.20	0.015	0.70	0.70

（2）低合金高强度结构钢的力学性能应符合表 3-8 中的规定。

表 3-8 低合金高强度结构钢的力学性能

牌号	质量等级	拉伸性能						V 型冲击功（纵向）/J，≥				冷弯性能	
		屈服点 σ_{ss}/MPa，≥				抗拉强度 σ_s/MPa	伸长率 /%	20℃	0℃	-20℃	-40℃	钢材厚度（直径）/mm	
		钢材厚度（直径）/mm											
		≤15	>16~35	>35~50	>50~100							≤16	>16~100
Q295	A	295	275	255	235	390~570	23					$d=2a$	$d=3a$
	B	295	275	255	235	390~570	23	34				$d=2a$	$d=3a$
Q345	A	345	325	295	275	470~630	21					$d=2a$	$d=3a$
	B	345	325	295	275	470~630	21	34				$d=2a$	$d=3a$
	C	345	325	295	275	470~630	22		34			$d=2a$	$d=3a$

续表

牌号	质量等级	拉伸性能						V型冲击功(纵向)/J,≥				冷弯性能	
		屈服点 σ_{ss}/MPa，≥ 钢材厚度（直径）/mm				抗拉强度 σ_s/MPa	伸长率/%	20℃	0℃	-20℃	-40℃	钢材厚度（直径）/mm	
		≤15	>16~35	>35~50	>50~100							≤16	>16~100
Q345	D	345	325	295	275	470~630	22			34		$d=2a$	$d=3a$
	E	345	325	295	275	470~630	22				27	$d=2a$	$d=3a$
Q390	A	390	370	350	330	490~650	19					$d=2a$	$d=3a$
	B	390	370	350	330	490~650	19	34				$d=2a$	$d=3a$
	C	390	370	350	330	490~650	20		34			$d=2a$	$d=3a$
	D	390	370	350	330	490~650	20			34		$d=2a$	$d=3a$
	E	390	370	350	330	490~650	20				27	$d=2a$	$d=3a$
Q420	A	420	400	380	360	520~680	18					$d=2a$	$d=3a$
	B	420	400	380	360	520~680	18	34				$d=2a$	$d=3a$
	C	420	400	380	360	520~680	19		34			$d=2a$	$d=3a$
	D	420	400	380	360	520~680	19			34		$d=2a$	$d=3a$
	E	420	400	380	360	520~680	19				27	$d=2a$	$d=3a$
Q460	C	460	440	420	400	550~720	17		34			$d=2a$	$d=3a$
	D	460	440	420	400	550~720	17			34		$d=2a$	$d=3a$
	E	460	440	420	400	550~720	17				27	$d=2a$	$d=3a$

注：d—弯心直径，a—试件厚度（直径）。

三、常用钢材品种及其质量标准

（一）热轧光圆钢筋

（1）尺寸、外形、重量及允许偏差

1）热轧光圆钢筋的公称直径范围为 8~20mm，标准推荐的公称直径为 8mm、10mm、12mm、16mm、20mm。热轧光圆钢筋的公称横截面积与公称重量见表 3-9。

表 3-9　热轧光圆钢筋的公称横截面面积与公称重量

公称直径/mm	公称横截面积/mm^2	公称重量/(kg/m)	公称直径/mm	公称横截面积/mm^2	公称重量/(kg/m)
6	28.27	0.222	22	380.1	2.98
8	50.27	0.395	25	490.9	3.85
10	78.54	0.617	28	615.8	4.83
12	113.1	0.888	32	804.2	6.31
14	153.9	1.21	36	1 018	7.99
16	201.1	1.58	40	1 257	9.87
18	254.5	2.00	50	1 964	15.42
20	314.2	2.47			

钢筋的公称横截面积与公称重量也可采用公式计算，其计算式如下：

$$A = \pi \left(\frac{d}{2}\right)^2 \quad m = A \times 1 \times \rho$$

式中 A——钢筋的公称横截面积（mm^2）；

m——钢筋的公称重量（kg）；

d——钢筋的公称直径（mm）；

ρ——钢筋的重量密度，取 7 850kg/m^3。

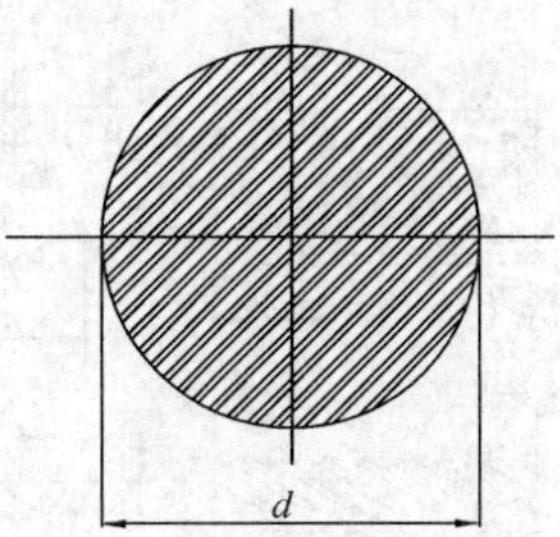

图 3-1 热轧光圆钢筋截面形状示意图

2）热轧光圆钢筋的截面形状如图 3-1 所示。

热轧光圆钢筋的直径允许偏差和不圆度应符合表 3-10 中的规定。

表 3-10 热轧光圆钢筋的直径允许偏差和不圆度规定

公称直径/mm	直径允许偏差/mm	不圆度/mm
≤20	±0. 40	≤0. 40

3）热轧光圆钢筋按直条交货时，其通常长度为 3. 5 ~ 12mm。钢筋按定尺或倍尺长度交货时，应在合同中注明。其长度允许偏差不得大于 ±50mm。钢筋每米弯曲度应不大于 4mm，总弯曲度不大于钢筋总长度的 0. 4%。

（2）牌号及化学元素成分

热轧光圆钢筋的强度等级代号、牌号及化学元素成分（熔炼分析）应符合表 3-11 中的规定。钢中残余元素铬、镍、铜含量不应大于 0. 30%，氧气转炉钢的氮含量不应大于 0. 008%。

表 3-11 热轧光圆钢筋的强度等级代号、牌号及化学元素成分

强度等级代号	牌 号	化学成分/%				
		C	Si	Mn	P	S
HPB235	Q235	0. 14 ~ 0. 22	0. 12 ~ 0. 30	0. 30 ~ 0. 65	≤0. 045	≤0. 050

（3）力学性能和工艺性能

热轧光圆钢筋的力学性能和冷弯性能应符合表 3-12 中的规定。冷弯性能试验时，试件弯曲部位外表面不得产生裂纹。

表 3-12 热轧光圆钢筋的力学性能和冷弯性能

强度等级代号	公称直径/mm	力 学 性 能			冷 弯 性 能	
		屈服点 σ_s/MPa	抗拉强度 σ_b/MPa	伸长率 δ_5/%	冷弯角度	d——弯曲直径 a——钢筋公称直径
HPB235	8 ~ 20	≥235	≥370	≥25	180°	$d = a$

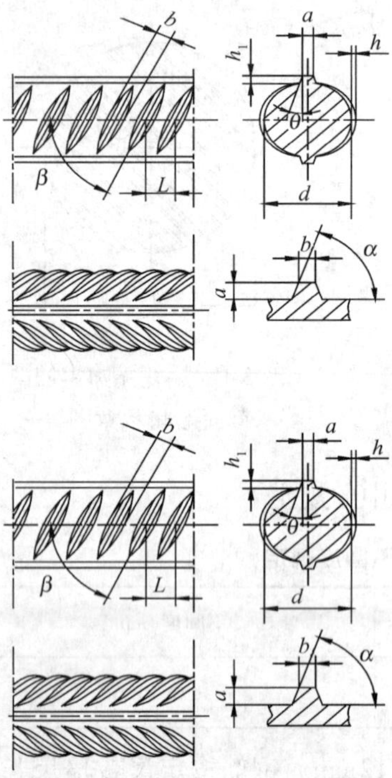

图 3-2　热轧带肋钢筋表面形状示意图

（4）外观质量

热轧光圆钢筋的外表面不得有裂纹、结疤和折叠。表面凸块和其他缺陷的深度和高度不得大于所在部位尺寸的允许偏差。

（二）热轧带肋钢筋

（1）尺寸、外形、重量及允许偏差

1）热轧带肋钢筋的公称直径范围为 6 ~ 50mm，标准推荐的钢筋公称直径分别为 6mm、8mm、10mm、12mm、16mm、20mm、25mm、32mm、40mm、50mm。钢筋的公称横截面面积与理论重量见表 3-9。

2）热轧带肋钢筋的表面形状如图 3-2 所示。

3）热轧带肋钢筋通常按定尺寸长度交货，具体交货长度应在合同中注明。当以盘卷交货时，每盘应是一条钢筋，允许每批有 5% 的盘数（不足两盘时可有两盘）由两条钢筋组成。

4）直条钢筋的弯曲度应不影响正常使用，总弯曲度不大于钢筋总长度的 0.4%。钢筋端部应剪切正直，局部变形应不影响使用。

5）热轧带肋钢筋的实际重量与理论重量的允许偏差应符合表 3-13 中的规定。

表 3-13　热轧带肋钢筋的实际重量与理论重量允许偏差

公称直径/mm	6 ~ 12	14 ~ 20	22 ~ 50
实际重量与理论重量的偏差/%	±7	±5	±4

（2）强度等级代号及化学成分

热轧带肋钢筋的牌号由 HRB 和牌号的屈服点最小值构成。H、R、B 分别为热轧（Hot rolled）、带肋（Ribbed）、钢筋（Bars）三个词的英文首位字母。热轧带肋钢筋分为 HRB335、HRB400、HRB500 三个强度等级代号，其化学成分应符合表 3-14 中的规定。

表 3-14　热轧带肋钢筋化学成分

强度等级代号	化学成分/%					
	C	Si	Mn	P	S	Ceq
HRB335	0.25	0.80	1.60	0.045	0.045	0.52
HRB400	0.25	0.80	1.60	0.045	0.045	0.54
HRB500	0.25	0.80	1.60	0.045	0.045	0.55

（3）力学性能和冷弯性能

热轧带肋钢筋的力学性能和冷弯性能应符合表 3-15 中的规定。冷弯性能试验时，钢筋试件的弯曲部位表面不得产生裂纹。

表 3-15　热轧带肋钢筋的力学性能和冷弯性能

强度等级代号	公称直径/mm	力学性能			冷弯性能	
		屈服点 σ_s/MPa	抗拉强度 σ_b/MPa	伸长率 δ_5/%	冷弯角度	d——弯曲直径 a——钢筋公称直径
HRB335	6～25 28～50	≥335	≥490	≥16	180°	$d=3a$ $d=4a$
HRB400	6～25 28～50	≥400	≥570	≥14	180°	$d=4a$ $d=5a$
HRB500	6～25 28～50	≥500	≥630	≥12	180°	$d=6a$ $d=7a$

根据需方要求，钢筋可进行反向弯曲性能试验。反向弯曲试验的弯心直径比弯曲试验相应增加一个钢筋直径。先正向弯曲45°，后反向弯曲23°。经反向弯曲试验后，钢筋受弯曲部位表面不得产生裂纹。

（4）外观质量

热轧带肋钢筋的外表面不得有裂纹、结疤和折叠。其表面允许有凸块，但不得超过横肋的高度，钢筋表面上其他缺陷的深度和高度不得大于所在部位尺寸的允许偏差。

（三）余热处理钢筋

余热处理钢筋性能均匀，晶粒细小，在保证良好塑性、焊接性能的条件下，屈服点约提高10%，用做钢筋混凝土结构的配筋，可节约材料，并提高构件的安全可靠性。

（1）尺寸及公称重量

1）余热处理钢筋的公称直径范围为8～40mm，推荐的钢筋公称直径为8mm、10mm、12mm、16mm、20mm、25mm、32mm和40mm。钢筋的公称横截面积与公称重量见表3-16。

表 3-16　余热处理钢筋的公称横截面积与公称重量

公称直径/mm	公称横截面积/mm²	公称重量/（kg/m）	公称直径/mm	公称横截面积/mm²	公称重量/（kg/m）
8	50.27	0.395	22	380.1	2.98
10	78.54	0.617	25	490.9	3.85
12	113.1	0.888	28	615.8	4.83
14	153.9	1.21	32	804.2	6.31
16	201.1	1.58	36	1 018	7.99
18	254.5	2.00	40	1 257	9.87
20	314.2	2.47			

注：表中公称横截面积和公称重量均可按公式计算得出，其中钢筋的密度为7 850kg/m³。

2）余热处理钢筋按直条交货时，其通常长度为3.5～12m。其中长度为3.5m至小于6m之间的钢筋不应超过每批重量的3%。以盘卷钢筋交货时，每盘应是一整盘钢筋，其盘重及盘径应由供需双方协商。

3）余热处理钢筋可按实际重量或公称重量交货。当按重量偏差交货时，其实际重量与公称重量的允许偏差应符合表3-17中的规定。

表3-17 余热处理钢筋重量允许偏差

公称直径/mm	8～12	14～20	22～40
实际重量与理论重量的偏差/%	±7	±5	±4

（2）强度等级代号及化学成分

余热处理带肋钢筋的强度等级代号为KL400，其化学成分（熔炼分析）应符合表3-18中的规定。

表3-18 余热处理带肋钢筋的化学成分

表面形状	强度等级代号	牌号	化学成分/%				
			C	Si	Mn	P	S
月牙肋	KL400	20MnSi	0.17～0.25	0.40～0.80	1.20～1.60	≤0.045	≤0.045

钢中铬、镍、铜的残余含量应不大于0.30%，其总量不大于0.60%。经需方同意，铜的残余含量可不大于0.35%。氧气转炉钢的氮含量不应大于0.008%，采用吹氧复合吹炼工艺冶炼的钢，氮含量可不大于0.012%。

（3）力学性能和冷弯性能

余热处理钢筋的力学性能和冷弯性能应符合表3-19中的规定。冷弯试验时，试件弯曲部位外表面不得产生裂纹。

表3-19 余热处理钢筋的力学性能和冷弯性能

强度等级代号	公称直径/mm	力学性能			冷弯性能	
		屈服点 σ_s/MPa	抗拉强度 σ_b/MPa	伸长率 δ_5/%	冷弯角度	d——弯曲直径 a——钢筋公称直径
KL400	8～25 28～40	≥440	≥600	≥14	90°	$d=3a$ $d=4a$

（四）冷轧带肋钢筋

冷轧带肋钢筋是由热轧圆盘条经冷轧或冷轧减径后，在其表面冷轧成为三面或二面有横肋的钢筋。冷轧带肋钢筋的牌号由CRB和钢筋的抗拉强度最小值构成。冷轧带肋钢筋按抗拉强度分为CRB550、CRB650、CRB800、CRB970、CRB1170五个牌号。CRB550为普通钢筋混凝土用钢筋，其他牌号为预应力混凝土用钢筋。

（1）尺寸、外形、重量及允许偏差

1）CRB550钢筋的公称直径范围为4～12mm。CRB650及以上牌号钢筋的公称直径分别为4mm、5mm、6mm。

2）冷轧带肋钢筋有三面横肋和二面横肋的钢筋，其外形如图3-3和图3-4所示。

3）冷轧带肋钢筋的重量及允许偏差应符合表3-20中的规定。

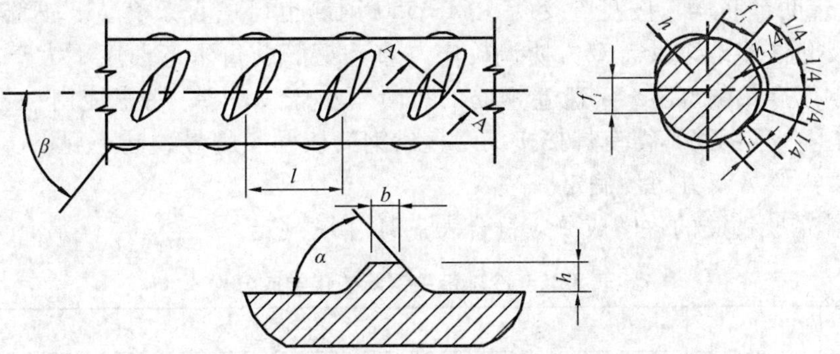

截面放大 A—A

图 3-3　三面肋钢筋表面及截面形状示意图

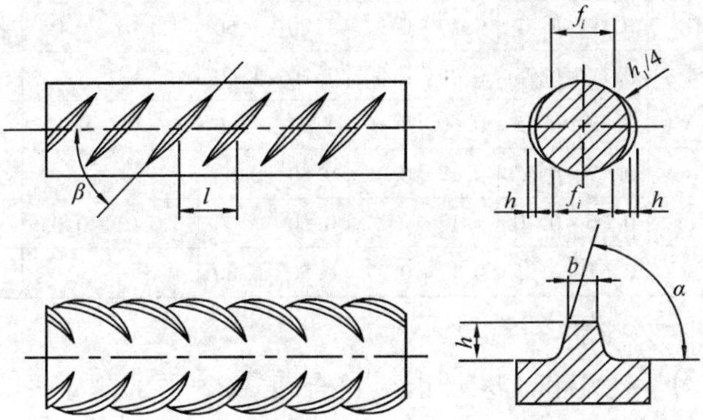

截面放大 A—A

α—横肋斜角；β—横肋与钢筋轴线夹角；h—横肋中点高度；

l—横肋间距；b—横肋顶宽；f_i—横肋间隙

图 3-4　二面肋钢筋表面及截面形状示意图

表 3-20　冷轧带肋钢筋的重量及允许偏差

公称直径/mm	公称横截面积/mm^2	理论重量/(kg/m)	允许偏差/%	公称直径/mm	公称横截面积/mm^2	理论重量/(kg/m)	允许偏差/%
4	12. 6	0. 099	±4	7. 5	44. 2	0. 347	±4
4. 5	15. 9	0. 125		8	50. 3	0. 395	
5	19. 6	0. 154		8. 5	56. 7	0. 445	
5. 5	23. 7	0. 186		9	63. 6	0. 499	
4	12. 6	0. 099		9. 5	70. 8	0. 556	
4. 5	15. 9	0. 125		10	78. 5	0. 617	
5	19. 6	0. 154		10. 5	86. 5	0. 679	
5. 5	23. 7	0. 186		11	95. 0	0. 746	
6	28. 3	0. 222		11. 5	103. 8	0. 815	
6. 5	33. 2	0. 261		12	113. 1	0. 888	
7	38. 5	0. 302					

4）冷轧带肋钢筋通常按盘卷交货，CRB550 钢筋也可按直条交货。钢筋按直条交货时，其长度及允许偏差按供需双方协调确定。直条钢筋的每米弯曲度不大于4mm，总弯曲度不大于钢筋全长的 0.4%。盘卷钢筋的重量不小于 100kg。每盘应由一根钢筋组成，CRB650 及以上牌号钢筋不得有焊接接头。直条钢筋按同一牌号、同一规格、同一长度成捆交货，捆重由供需双方协商确定。

（2）冷轧带肋钢筋的化学成分应符合表 3-21 中的规定。

表 3-21 冷轧带肋钢筋的化学成分

钢筋牌号	盘条牌号	化学成分/%					
		C	Si	Mn	V、Ti	S	P
CRB550	Q215	0.09～0.15	≤0.30	0.25～0.55	—	≤0.050	≤0.045
CRB650	Q235	0.14～0.22	≤0.30	0.30～0.65	—	≤0.050	≤0.045
CRB800	24MnTi	0.19～0.27	0.17～0.37	1.20～1.60	Ti0.01～0.05	≤0.045	≤0.045
	20MnSi	0.17～0.25	0.40～0.80	1.20～1.60	—	≤0.045	≤0.045
CRB970	41MnSiV	0.37～0.45	0.60～1.10	1.00～1.40	V0.05～0.12	≤0.045	≤0.045
	60	0.57～0.65	0.17～0.37	0.50～0.80	—	≤0.035	≤0.035
CRB1170	70Ti	0.66～0.70	0.17～0.37	0.60～1.00	Ti0.01～0.05	≤0.050	≤0.045
	70	0.67～0.75	0.17～0.37	0.50～0.80	—	≤0.035	≤0.035

（3）力学性能和工艺性能

冷轧带肋钢筋的力学性能和工艺性能应符合表 3-22 中的规定。弯曲试验时，钢筋试件弯曲部位外表面不得产生裂纹。反复弯曲试验的弯曲半径应按表 3-23 中的规定选择。

表 3-22 冷轧带肋钢筋的力学性能和工艺性能

钢筋牌号	抗拉强度 σ_b/MPa	伸长率/%		弯曲试验 180°	反复弯曲次数	松弛率（初始应力 $\sigma_{con}=0.7\sigma_b$）/%	
		δ_{10}	δ_{100}			1 000h	10h
CRB550	≥550	≥8.0	—	$d=3a$	—	—	—
CRB650	≥650	—	≥4.0	—	3	≤8	≤5
CRB800	≥800	—	≥4.0	—	3	≤8	≤5
CRB970	≥970	—	≥4.0	—	3	≤8	≤5
CRB1170	≥1 170	—	≥4.0	—	3	≤8	≤5

注：表中 d 为弯心直径，a 为钢筋公称直径。

表 3-23 反复弯曲试验的弯曲半径

钢筋公称直径/mm	4	5	6
弯曲半径/mm	10	15	15

钢筋的规定非比例伸长应力 $\sigma_{P0.2}$ 值应不小于公称抗拉强度 σ_b 的 80%，$\sigma_b/\sigma_{P0.2}$ 比值应不小于 1.05。供方在保证 1 000h 松弛率合格基础上，试验可按 10h 应力松弛试验进行。

（4）外观质量

冷轧带肋钢筋的表面不得有裂纹、折叠、结疤、油污及其他影响使用的缺陷。钢筋表面可有浮锈，但不得有锈皮及目视可见的麻坑等腐蚀现象。

（五）冷轧扭钢筋

冷轧扭钢筋是采用低碳钢热轧圆盘条经专用钢筋冷轧扭机调直、冷轧并冷扭一次成型，具有规定截面形状和节距的连续螺旋状钢筋。

冷轧扭钢筋按其截面形状不同分为两种类型：Ⅰ型（矩形截面）和Ⅱ型（菱形截面）。

冷轧扭钢筋的型号标记由产品名称的代号、特性代号、主参数代号和改型代号四部分组成。

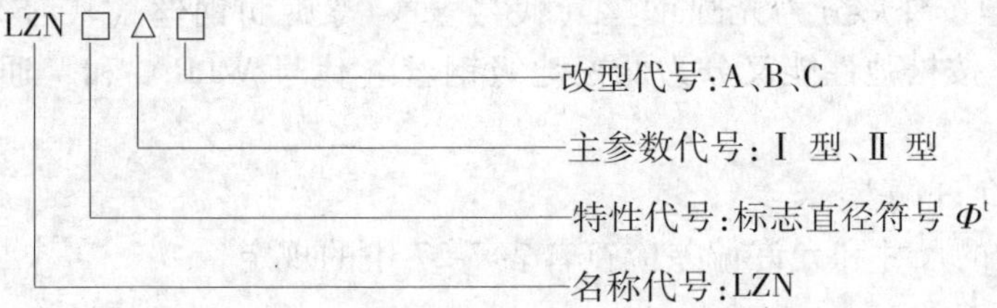

冷轧扭钢筋：标志直径为10mm，矩形截面。

（1）轧扁厚度、节距、公称横截面积、公称重量和允许偏差

1）冷轧扭钢筋的轧扁厚度、节距应符合表3-24中的规定。

表3-24　冷轧扭钢筋的轧扁厚度及节距

类　型	标志直径 d/mm	轧扁厚度 t/mm	节距 l_1/mm
Ⅰ 型	6.5	≥3.7	≤75
	8	≥4.2	≤95
	10	≥5.3	≤110
	12	≥6.2	≤150
	14	≥8.0	≤170
Ⅱ 型	12	≥8.0	≤145

2）冷轧扭钢筋的公称横截面积和公称重量应符合表3-25中的规定。

3）冷轧扭钢筋定尺长度允许偏差：单根钢筋长度大于8m时为±15mm；单根长度不大于8m时为±10mm。

4）冷轧扭钢筋实际重量和公称重量的负偏差不应大于5%。

表3-25　冷轧扭钢筋的公称横截面积和公称重量

类　型	标志直径 d/mm	公称横截面积 A/mm	公称重量 G/（kg/m）
Ⅰ 型	6.5	29.5	0.232
	8	45.3	0.356
	10	68.3	0.536
	12	93.3	0.733
	14	132.7	1.042
Ⅱ 型	12	97.8	0.768

（2）力学性能

冷轧扭钢筋力学性能和冷弯性能应符合表3-26中的规定。

表3-26　冷轧扭钢筋的力学性能和冷弯性能

抗拉强度 σ_b/（N/mm^2）	伸长率 δ_{10}/%	冷弯性能（冷弯角度180°，弯心直径=3d）
≥580	≥4.5	受弯曲部位表面不得产生裂纹

注：d为冷轧扭钢筋标志直径。

（3）外观质量

冷轧扭钢筋表面不应有影响钢筋力学性能的裂纹、折叠、结疤、压痕、机械损伤或其他影响使用的缺陷。

（六）钢丝

预应力混凝土用钢丝按交货状态分为冷拉丝（代号 RCD）和消除应力钢丝两种。

消除应力钢丝按外形分为光圆钢丝（代号 S）、螺旋肋钢丝（代号 SH）和刻痕钢丝（代号 SI）三种；按松弛性能又分为低松弛级钢丝（代号 WLR）和普通松弛级钢丝（代号 WNR）两种。

（1）尺寸和允许偏差

1）光圆钢丝的尺寸和允许偏差应符合表 3-27 中的规定。

表 3-27　光圆钢丝的尺寸和允许偏差

钢丝公称直径/mm	直径允许偏差/mm	横截面积/mm^2	理论重量/（kg/m）
3.00	±0.04	7.07	0.055
4.00		12.57	0.099
5.00	±0.05	19.63	0.154
6.00		28.27	0.222
7.00	±0.05	38.48	0.302
8.00		50.26	0.394
9.00		63.26	0.499

2）两面刻痕钢丝的外观形状见图 3-5，其尺寸和允许偏差应符合表 3-28 中的规定。

表 3-28　两面刻痕钢丝的尺寸和允许偏差

d/mm		*h*/mm		*a*/mm		*b*/mm		*R*/mm	
公称直径	允许偏差	公称尺寸	允许偏差	公称尺寸	允许偏差	公称尺寸	允许偏差	公称尺寸	允许偏差
5.00 7.00	±0.05	4.60 6.60	±0.10	3.50	±0.50	3.50	±0.50	4.50	±0.50

3）三面刻痕钢丝的外形见图 3-6，其尺寸和允许偏差应符合表 3-29 中的规定。

表 3-29　三面刻痕钢丝的尺寸和允许偏差

公称直径/mm	公称刻痕尺寸		
	深度 *a*/mm	长度 *b*/mm	节距 *L*/mm
≤5.00	0.12±0.05	≥3.5	≥5.5
>5.00	0.15±0.05	≥5.0	≥8.0

4）钢丝的不圆度不得超出公差之半。

5）每盘钢丝由一根组成，其盘重一般不小于 80kg，最低重量不小于 20kg，每个交货批中最低重量的盘数不得多于 10%。消除应力钢丝直径不大于 5.00mm 的盘径不小于 1 700mm，直径大于 5.0mm 的盘径不小于 2 000mm，冷拉钢丝的盘径不小于 600mm，经供需双方协议，也可供应盘径不小于 550mm 的钢丝。

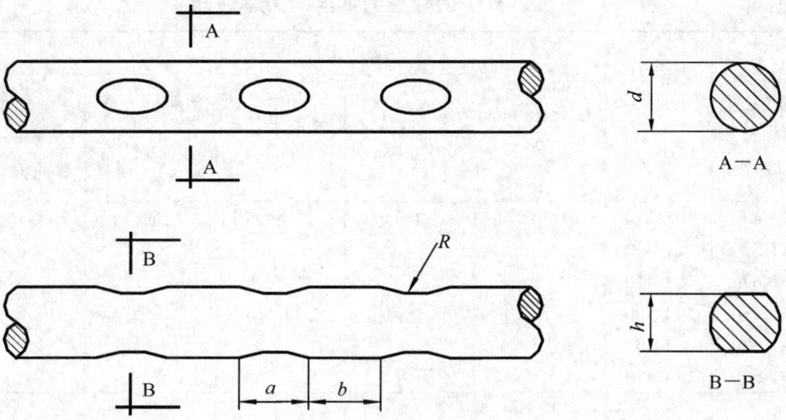

图 3-5　两面刻痕钢丝外形示意图

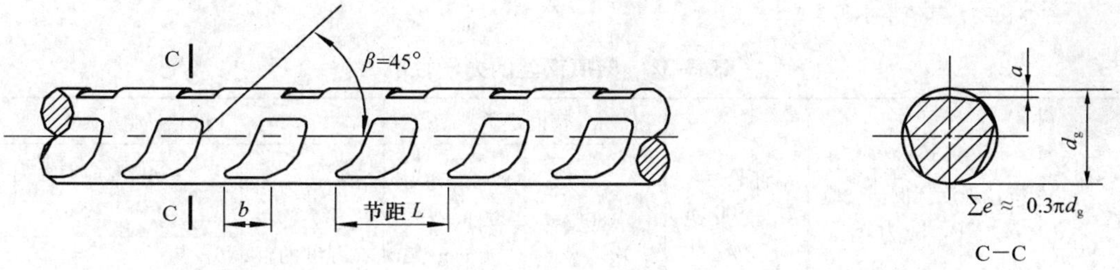

图 3-6　三面刻痕钢筋外形示意图

（2）制造钢丝用钢

制造钢丝用钢由供方根据钢丝直径和力学性能确定。其化学成分应符合优质碳素结构钢的规定，具体见表 3-30。

表 3-30　制造钢丝用钢的化学成分

牌　号	化　学　成　分/%						
	C	Si	Mn	P	S	Cr	Ni
70 号钢	0.67 ~ 0.75	0.17 ~ 0.37	0.50 ~ 0.80	≤0.040	≤0.040	≤0.25	≤0.25
75 号钢	0.72 ~ 0.80	0.17 ~ 0.37	0.50 ~ 0.80	≤0.040	≤0.040	≤0.25	≤0.25
80 号钢	0.77 ~ 0.85	0.17 ~ 0.37	0.50 ~ 0.80	≤0.040	≤0.040	≤0.25	≤0.25

（3）力学性能

1）消除应力钢丝的力学性能应符合表 3-31 中的规定。

2）刻痕钢丝的力学性能应符合表 3-32 中的规定。

（4）外观质量

钢丝外表面不得有裂纹、小刺、机械损伤、氧化铁皮和油污。消除应力钢丝表面产生回火颜色是正常颜色。

表 3-31　消除应力钢丝的力学性能

<table>
<tr><th rowspan="3">公称直径/mm</th><th rowspan="3">抗拉强度 σ_b/MPa</th><th rowspan="3">规定非比例伸长应力 σ_P/MPa</th><th rowspan="3">伸长率 ($L_0=100$mm) /%</th><th colspan="2">弯曲次数</th><th colspan="3">松　弛</th></tr>
<tr><th rowspan="2">(180°) 次　数</th><th rowspan="2">弯曲半径/mm</th><th rowspan="2">初始应力相当于公称抗拉强度的百分数/%</th><th colspan="2">1 000 h 应力损失 (%) 不小于</th></tr>
<tr><th>普通松弛级</th><th>低松弛级</th></tr>
<tr><td>4. 00</td><td>≥1 470</td><td>≥1 250</td><td rowspan="6">≥4</td><td>≥3</td><td>5</td><td>60</td><td>4. 5</td><td>1. 0</td></tr>
<tr><td rowspan="3">5. 00</td><td>≥1 570</td><td>≥1 330</td><td rowspan="5">≥4</td><td rowspan="5">15</td><td rowspan="5">70</td><td rowspan="5">8</td><td rowspan="5">2. 5</td></tr>
<tr><td>≥1 670</td><td>≥1 410</td></tr>
<tr><td>≥1 770</td><td>≥1 500</td></tr>
<tr><td rowspan="2">6. 00</td><td>≥1 570</td><td>≥1 330</td></tr>
<tr><td>≥1 670</td><td>≥1 420</td></tr>
<tr><td>7. 00</td><td rowspan="3">≥1 470
≥1 570</td><td rowspan="3">≥1 250
≥1 330</td><td rowspan="3">≥4</td><td rowspan="3">≥4</td><td rowspan="2">20</td><td rowspan="3">80</td><td rowspan="3">12</td><td rowspan="3">4. 5</td></tr>
<tr><td>8. 00</td></tr>
<tr><td>9. 00</td><td>25</td></tr>
</table>

注：规定非比例伸长应力 $\sigma_{I0.2}$ 值不小于公称抗拉强度的 85%。伸长率检测时，也可采用 $L_0=200$mm 最大负荷下的伸长率，其值不小于 3. 5%。

表 3-32　刻痕钢丝的力学性能

<table>
<tr><th rowspan="3">公称直径/mm</th><th rowspan="3">抗拉强度 σ_b/MPa</th><th rowspan="3">规定非比例伸长应力 σ_P/MPa</th><th rowspan="3">伸长率 ($L_0=100$mm) /%</th><th colspan="2">弯曲次数</th><th colspan="3">松　弛</th></tr>
<tr><th rowspan="2">(180°) 次　数</th><th rowspan="2">弯曲半径/mm</th><th rowspan="2">初始应力相当于公称抗拉强度的百分数/%</th><th colspan="2">1 000 h 应力损失 (%) 不小于</th></tr>
<tr><th>普通松弛级</th><th>低松弛级</th></tr>
<tr><td>≤5. 00</td><td>≥1 470
≥1 570</td><td>≥1 250
≥1 340</td><td rowspan="2">≥4</td><td rowspan="2">3</td><td>15</td><td rowspan="2">70</td><td rowspan="2">8</td><td rowspan="2">2. 5</td></tr>
<tr><td>>5. 00</td><td>≥1 470
≥1 570</td><td>≥1 250
≥1 340</td><td>20</td></tr>
</table>

注：规定非比例伸长应力 $\sigma_{I0.2}$ 值不小于公称抗拉强度的 85%。

（七）钢绞线

预应力混凝土钢绞线（简称钢绞线）是由多根圆形断面钢丝机械捻合而成，然后经消除应力回火或稳定化处理，卷成盘。

钢绞线按捻制结构可分为 2 股钢绞线（1×2）、3 股钢绞线（1×3）和 7 股钢绞线（1×7）三种；按其应力松弛性能分为Ⅰ级松弛钢绞线（是消除应力回火的普通松弛钢绞线）和Ⅱ级松弛钢绞线（经稳定化机组处理的低松弛钢绞线）；按其捻制工艺分为标准型钢绞线（捻成后不经模型拔制）和模拔型钢绞线（捻成后经模型拔制）。

（1）规格尺寸

1）钢绞线的规格尺寸应符合表 3-33 中的规定。

2）每盘钢绞线均为一整根盘成，最短线长 200m，盘径 600～950mm。

（2）力学性能

钢绞线的力学性能应符合表 3-34 中的规定。钢绞线的条件屈服负荷一般不小于整根钢绞线最大负荷（即拉断负荷）的 85%。

表 3-33　钢绞线的规格尺寸

钢绞线结构	公称直径/mm		钢绞线直径允许偏差/mm	钢绞线公称截面面积/mm^2	每 1 000m 钢绞线理论重量/kg
	钢绞线	钢　丝			
1×2	10.0	5.0	+0.30 −0.15	39.5	310
	12.0	6.0		56.9	447
1×3	10.8	5.0	+0.30 −0.15	59.3	465
	12.9	6.0		85.4	671
1×7 标准型	9.5		+0.30 −0.15	54.8	432
	11.1			74.2	580
	12.7		+0.40 −0.20	98.7	774
	15.2			139.0	1 101
1×7 模拔型	12.7		+0.40 −0.20	112.0	890
	15.2			165.0	1 295

注：7 股钢绞线的中心钢丝直径加大范围不小于 2.0%。

表 3-34　钢绞线的力学性能

钢绞线结构	公称直径/mm		强度级别/MPa	整根钢绞线的最大负荷/kN	屈服负荷/kN	伸长率/%	1 000 h 松弛率不大于/%			
							Ⅰ级松弛		Ⅱ级松弛	
							初始负荷			
							70%最大负荷	80%最大负荷	70%最大负荷	80%最大负荷
1×2	10.0		1 720	≥67.9	≥57.7	3.5	8.0	12	2.5	4.5
	12.0			≥97.9	≥83.2					
1×3	10.8			≥102	≥86.7					
	12.9			≥147	≥125					
1×7	标准型	9.5	1 860	≥102	≥86.6					
		11.10	1 860	≥138	≥117					
		12.70	1 860	≥184	≥156					
		15.20	1 720	≥239	≥203					
			1 860	≥259	≥220					
	模拔型	12.70	1 860	≥209	≥178					
		15.20	1 820	≥300	≥255					

（3）外观质量

钢绞线表面不应带有润滑油、油渍等降低钢绞线与混凝土黏结力的物质，钢绞线表面有浮锈不影响质量，但不能有目视可见的麻点，钢绞线内不应有折断、横裂和相互交叉的钢丝，也不能带有任何形式的电焊接头。

第二节　取 样 规 定

一、钢及钢产品试样的取样规定

（一）一般要求

（1）样坯应在外观及尺寸合格的钢材上切取。

（2）取样时应对抽样产品、样坯和试样做好标记，以保证始终能识别取样的位置及方向。

（3）取样时，应防止过热、加工硬化而影响力学性能。采用烧割法取样时，从样坯切割线至试样边缘必须留有足够的加工余量，一般应不小于钢材的厚度或直径，但最小不得小于20mm。冷剪样坯所留的加工余量可按表3-35中的要求选取。

表3-35　冷剪样坯所留加工余量

钢材厚度或直径/mm	≤4	>4～10	>10～20	>20～35	>35
加工余量/mm	4	厚度或直径	10	15	20

（4）取样的方向应由产品标准或供需双方协议规定。

（二）取样位置

（1）弯曲试样应在钢产品的表面切取，并至少保留一个表面。当机加工和试验机能力允许时，应制作成全截面或全厚度的弯曲试样。

（2）型钢应在腿部切取拉伸试验、弯曲试验和冲击试验样坯，如图3-7所示。

（3）圆钢的拉伸试验样坯应按图3-8所示的位置切取，圆钢的冲击试验样坯应按图3-9所示的位置切取。

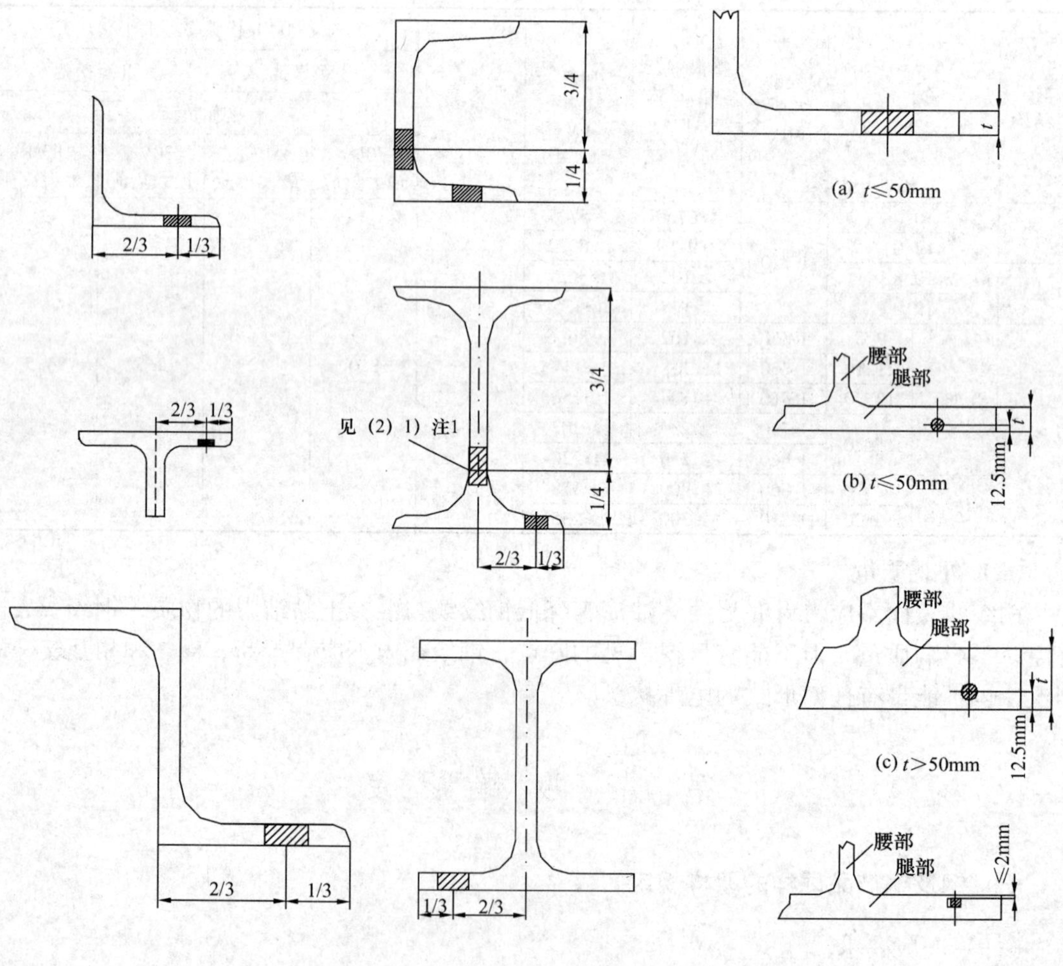

图3-7　型钢腿部宽度方向上切取样坯位置示意图

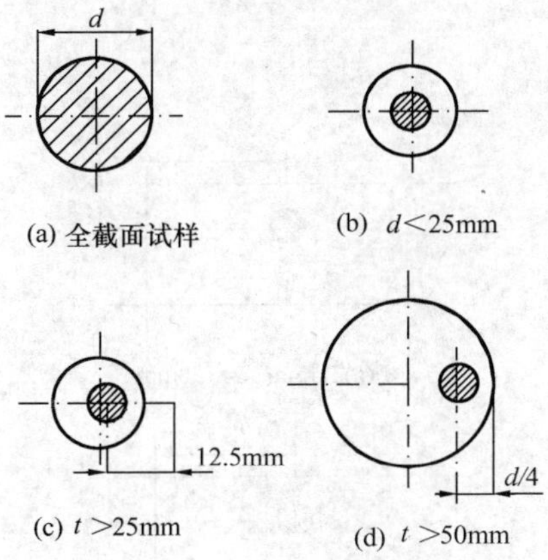

图 3-8　圆钢的拉伸试验样坯位置示意图

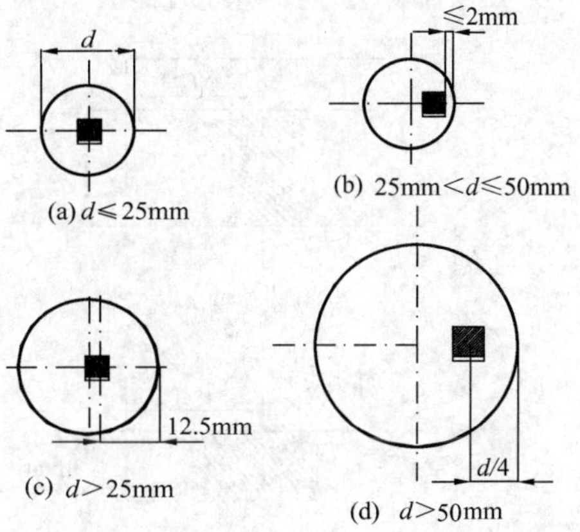

图 3-9　圆钢的冲击试验样坯位置示意图

（4）矩形截面条钢的拉伸试验样坯应按图 3-10 所示的位置切取，矩形截面条钢的冲击试验样坯应按图 3-11 所示的位置切取。

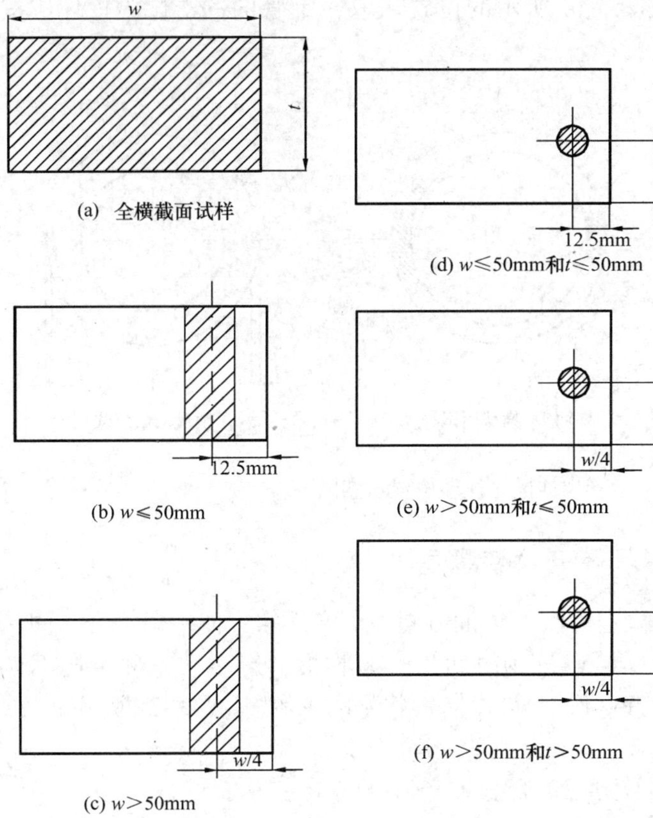

图 3-10　矩形截面条钢拉伸试验样坯位置示意图

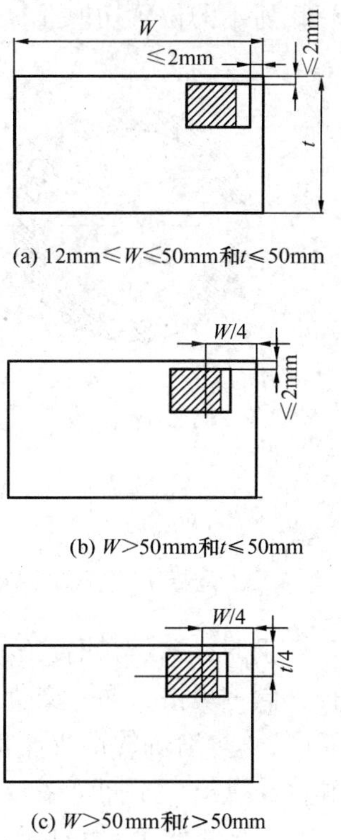

图 3-11　矩形截面条钢冲击试验样坯位置示意图

（5）钢板的拉伸试验和弯曲试验样坯应按图 3-12 所示的位置切取，钢板的冲击试验样坯应按图 3-13 所示的位置切取。

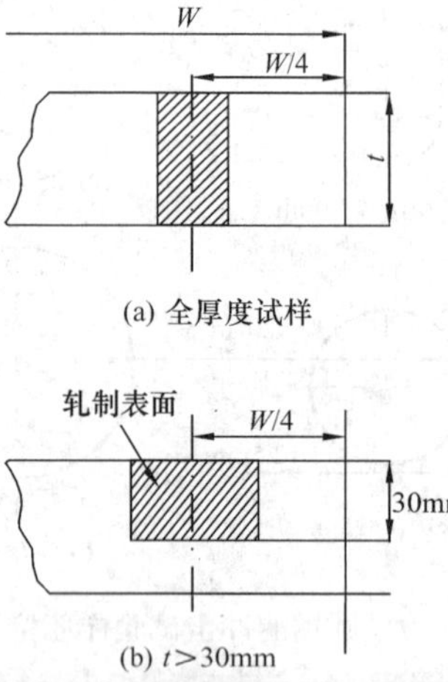

图 3-12　钢板拉伸试验样坯位置示意图

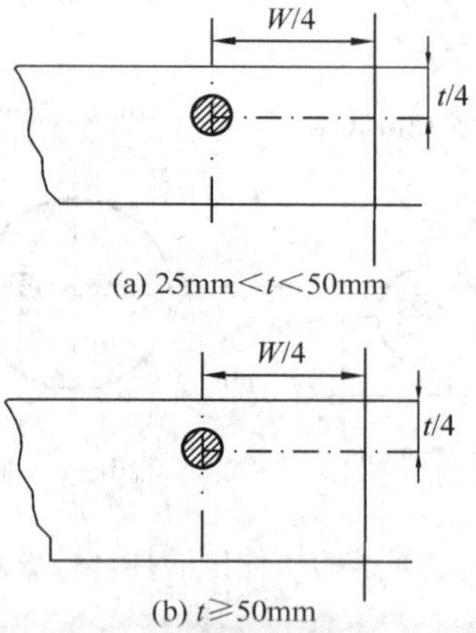

图 3-13　钢板冲击试验样坯位置示意图

（6）钢管的拉伸试验样坯应按图 3-14 所示的位置切取，钢管的冲击试验样坯应按图 3-15 所示的位置切取。

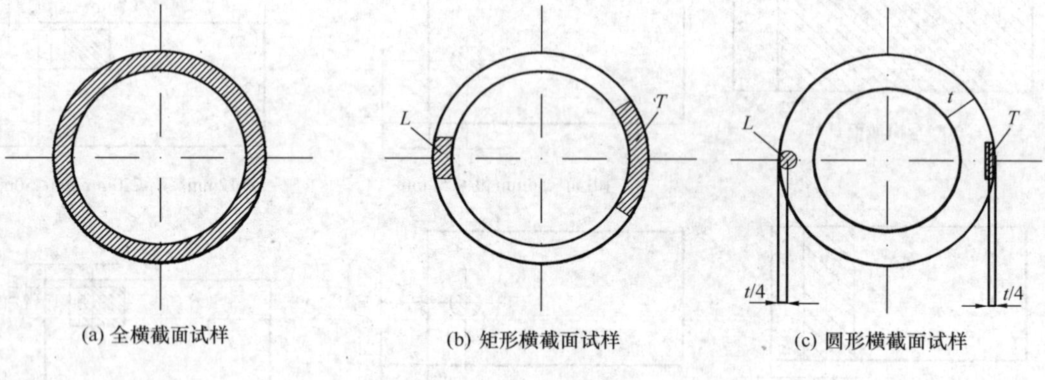

图 3-14　钢管拉伸试验样坯位置示意图

二、建筑用钢筋、钢丝及钢绞线试样的取样规定

钢筋、钢丝和钢绞线，应按批检查验收，每批由同一生产厂家、同一炉罐号、同一品种、同一规格、同一交货状态组成、同一进场时间为一验收批。但对用公称容量不大于 30t 的炼炉冶炼的钢或连铸坯轧成的钢材，允许由同一牌号的 A 级钢或 B 级钢、同一冶炼和浇注方法、不同炉罐号组成混合批。

（1）验收批及试验试样的取样数量应符合表 3-36 中的规定。

（2）表 3-36 中规定取 2 个试件的，均应从任意两根（两盘）钢筋中分别切取，每根钢筋切取 1 个拉伸试件、1 个冷弯试件。

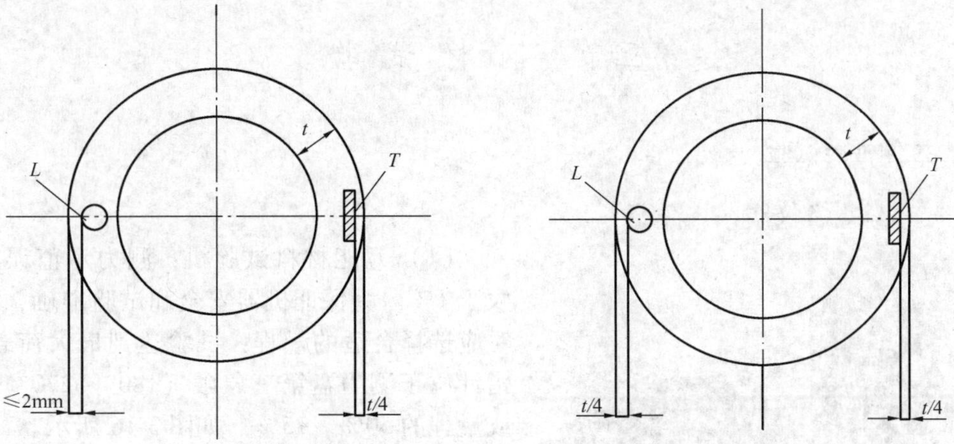

(a) 冲击试样　　　　(b) $t>40$mm的冲击试样

图 3-15　钢管冲击试验样坯位置示意图

表 3-36　验收批及试验试样取样数量

品　名	每批最多炉罐号/个	每验收批量/t	抽样数量（根、盘）	每组试件数量/个				
				拉伸	冷弯	冲击	反复弯曲	化学分析
碳素结构钢	6	≤60	1	1	1	3		1
低合金结构钢	6	≤60	1	1	1	3		1
热轧光圆钢筋	6	≤60	2	2	2		1	1
热轧带肋钢筋	6	≤60	2	2	2		1	1
余热处理钢筋	10	≤60	10%，≥25	10%，≥25				
冷轧带肋钢筋		≤60	逐盘	1			2	
冷轧扭钢筋		≤10		2	1			
钢　丝		≤60	10%，≥15	20%，≥30			20%，≥30	
钢绞线		≤10	15%，≥10	15%，≥10				

（3）试件切取时，应在钢筋的任意一端截去500mm后切取。

（4）盘条、钢丝试件应从每盘的两端切取。

（5）试件的长度，应按下式计算后截取。

拉伸试验试件：$L = L_0 + 2h + h_1$

冷弯试验试件：$L = 5d + 150$

式中　L——试件长度（mm）；

L_0——拉伸试件的标距（mm），$L_0 = 5d$ 或 $L_0 = 10d$；

h、h_1——分别为夹具长度和预留长度（mm），$h_1 = (0.5 \sim 1)d$；

d——钢筋的公称直径。

（6）实验结果如有一项不符合标准规定数值时，应另取双倍数量的试样重做各项试验，如仍有一项不合格，则该批判为不合格品。

第三节　钢 材 试 验

一、拉伸性能试验

（一）试验设备仪器

图 3-16　万能材料试验机

（1）万能材料试验机：测力示值误差不大于1%。为保证机器安全和试验准确，试验时应选择合适的量程：试验达到最大荷载时，指针位于测力盘第三象限（180°～270°）内，或量程的50%～75%。如图 3-16 所示。

（2）钢筋划线机或打点机。

（3）游标卡尺（精度为 0.1mm）。

（二）试验步骤

（1）制备试件：按取样规定加工制备试件。拉伸性能试验用的钢筋试件不得进行车削加工。试件上应用钢筋打点机或划线机打上或划上一系列冲点或细线，标记出试件的原始标距 L_0，精确至 0.1mm，如图 3-17 所示。

（2）调校试验机：将试件上端固定在夹具内，调整测力盘上的主动针对准零点，并拨动从动针使之与主动针重叠，装好绘图器，再用下夹具固定好试件的下端。

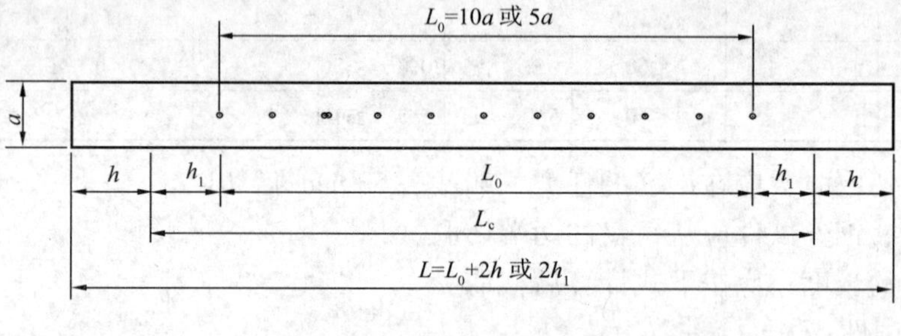

图 3-17　钢筋拉伸试验试件示意图

（3）启动试验机，给试件施加拉力。在试件屈服前，拉伸速度按表 3-37 中的规定；屈服后拉伸速度按 $0.5L_c$/min。

表 3-37　钢筋拉伸试验拉伸速度

金属材料弹性模量/MPa	最小拉伸速度/（MPa/s）	最大拉伸速度/（MPa/s）
<150 000	2	20
≥150 000	6	60

（4）拉伸试验中，测力盘指针停止转动时的恒定荷载或第一次回转时的最小荷载，即为

屈服荷载 F_s（N）；继续向试件施加拉力直至断裂，由测力盘上读出最大破坏荷载 F_b（N）。

（5）试件拉断后，将已断裂成为两截的试件在断裂处对齐，尽量使其轴线位于一条线上。然后用游标卡尺量出试件拉断后的标距长度 L_1。如果拉断处到临近标距端点的距离大于 $L_0/3$ 时，用游标卡尺直接量出 L_1；如果拉断处到临近标距端点的距离小于或等于 $L_0/3$ 时，应按移位法确定 L_1。

移位法：在长段上，从端点 O 取基本等于短段的格数得 B 点，再取等于长段所余格数的一半得 C 点（所余格数为偶数时，如图 3-18 所示）；或取所余格数减 1 与加 1 的一半得 C 与 C_1 点（所余格数为奇数时，如图 3-19 所示）。移位后，标距 L_1 分别为 $AO+OB+2BC$ 或 $AO+OB+BC+BC_1$。

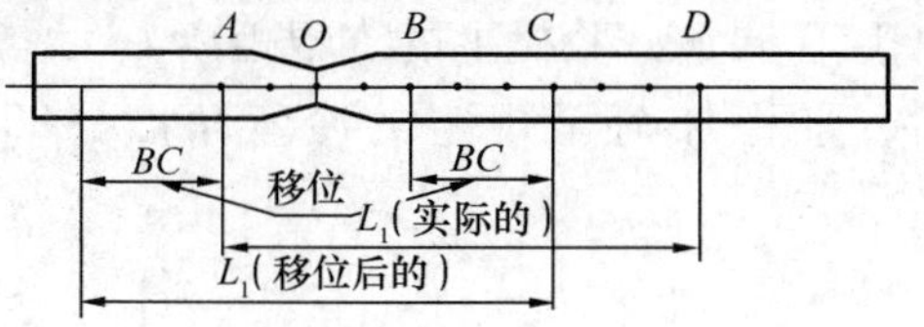

$L_1=AO+OB+2BC$

图 3-18　移位法计算标距

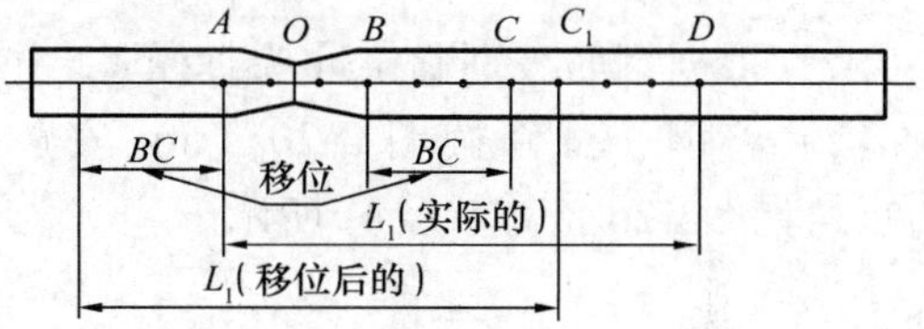

$L_1=AO+OB+BC+BC_1$

图 3-19　移位法计算标距

（三）试验结果

（1）按下式计算屈服点 σ_s 和抗拉强度 σ_b。

$$\sigma_s=\frac{F_s}{A_0}\qquad \sigma_b=\frac{F_b}{A_0}$$

式中　σ_s——钢材的屈服点（MPa）；

F_s——钢材的屈服荷载（N）；

σ_b——钢材的抗拉强度（MPa）；

F_b——钢材的最大荷载（N）；

A_0——钢筋的公称横截面积（mm^2）。

当计算值大于 1 000MPa 时，应计算精确至 10MPa，并按“四舍六入五单双法”修约；当计算值在 200～1 000MPa 时，应计算精确至 5MPa，并按“二五进位法”修约；当计算值小于 200MPa 时，应计算精确至 1MPa，小数点按“四舍六入五单双法”修约。

（2）按下式计算试件的伸长率 δ_5 或 δ_{10}。

$$\delta_{5或10}=\frac{L_1-L_0}{L_0}$$

式中　$\delta_{5或10}$——分别为标距 $L_0=5a$ 或 $10a$ 时的伸长率（精确至 1%）；

L_0——试件原标距长度 $5a$ 或 $10a$（mm）；

L_1——试件拉断后的标距长度（mm，精确至 0.1mm）。

如果试件在标距端点上或标距处断裂，则试验结果无效，应重做试验。

（3）将上述计算数据（两个屈服点、两个抗拉强度、两个伸长率）与钢筋的质量要求标准进行比较，如有一个指标未达到标准中的规定值，应再抽取双倍（4 根）钢筋，制作双倍（4 根）试件重做试验。如仍有一根试件的一个指标未达到标准要求，则该批钢筋的拉伸性能为不合格。

二、冷弯性能试验

试验应在 10 ~ 35℃下进行，在控制条件下，试验在 23 ± 5℃下进行。

（一）试验设备仪器

（1）弯曲试验机：可采用压力机、特殊试验机、万能材料试验机或圆口老虎钳等设备进行。

（2）不同弯心直径的冷弯冲头。

（二）试验步骤

（1）根据钢筋级别确定冲头直径 d，并按图 3-20 调整试验机上的支辊距离 L_1。

（2）将钢筋试件按图 3-20（a）安放好后，平稳加荷至规定的冷弯角度（90°或 180°），如图3-20（b）、（c）所示。

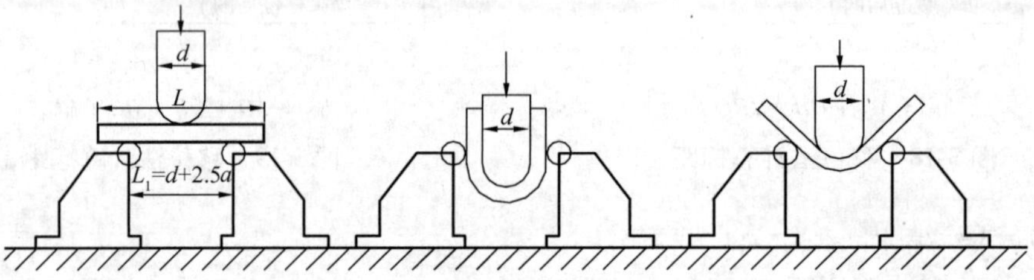

(a) 冷弯试件和支座　(b) 冷弯角度 180°　(c) 冷弯角度 90°

图 3-20　钢筋冷弯试验装置示意图

（三）试验结果

冷弯试验结束后，检测两根试件弯曲部位外表皮，若无裂纹、断裂或起层现象，则判定钢筋的冷弯性能合格。两根试件中如有一根不符合标准要求，应再抽取双倍（4 根）钢筋，制作双倍（4 根）试件重做试验。如仍有一根试件不符合标准要求，则该批钢筋的冷弯性能为不合格。

注：弯曲表面金属体上出现的断裂，其长度大于 2mm，而小于等于 5mm，宽度大于 0.2mm，而小于 0.5mm 时称裂纹。

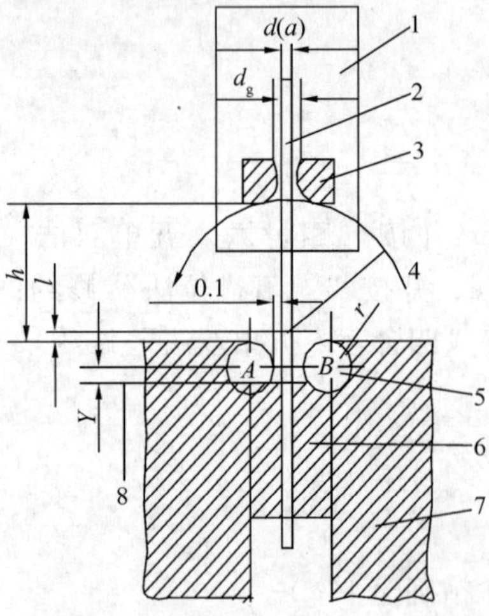

1—弯曲臂；2—试样；3—拨杆；4—弯曲臂转当中心；5—弯曲圆柱；6—夹块；7—支座；8—夹持面的顶面

图 3-21　反复弯曲试验构造示意图

三、金属线材反复弯曲试验

实验温度应为 23 ± 5℃。

（一）试验仪器设备

反复弯曲试验是将试件一端夹住，然后绕规定半径的圆柱形表面弯曲试件 90°，并按相反方向反复弯曲，见图 3-21。

（二）试验步骤

（1）试件制备：从外观检查合格线材的任意部位截取试件，长度为150～250mm。

（2）按表3-38所示的线材尺寸选择弯曲圆弧半径、弯曲圆弧顶部至拨杆底面的距离、拨杆孔径。

表3-38 线材尺寸选择

线材直径 d（a）/mm	弯曲圆弧半径 r/mm	距离 h/mm	拨杆孔直径 d_g/mm
0.3～0.5	1.25±0.05	15	2.0
>0.5～0.7	1.75±0.05	15	2.0
>0.7～1.0	2.5±0.1	15	2.0
>1.0～1.5	3.75±0.1	20	2.0
>1.5～2.0	5.0±0.1	20	2.0和2.5
>2.0～3.0	7.5±0.1	25	2.5和3.5
>3.0～4.0	10.0±0.1	35	3.5和4.5
>4.0～6.0	15.0±0.1	50	4.5和7.5
>6.0～8.0	20.0±0.1	75	7.0和9.0
>8.0～10.0	25.0±0.1	100	9.0和11.0

注：应选择适当的拨杆孔径以保证线材在孔内自由运动。较小的孔径用于公称直径较小的线材，而较大的孔径用于公称直径较大的线材。对于非圆截面线材应按其截面形状选择适宜的拨杆孔。

（3）将弯曲臂处于垂直位置，再将试件由拨杆孔插入并夹紧其下端，使试件垂直于两弯曲圆柱轴线所在的平面。

（4）启动试验机，平稳无冲击施加荷载。弯曲速度每秒不超过一次，弯曲从起始位置向右（左）弯曲90°后返回至起始位置，作为第一次弯曲；再由起始位置向左（右）弯曲90°，试件再返回起始位置作为第二次弯曲。依次连续反复弯曲。

（5）弯曲试验应连续进行，至规定的弯曲次数或试件折断为止；也可弯曲到不用放大工具即可见裂纹为止。试件折断时的最后一次弯曲不计。

（三）试验结果

目测：观察试件弯曲处有无裂纹，并记录下试验条件（如弯曲圆弧半径 r、拉紧力、温度等）、反复弯曲次数。

四、钢筋焊接接头试验

（一）取样

钢筋焊接接头的试验试件应在外观检查合格的验收批次中随机抽取。验收批和取样数量按表3-39中的规定。试件尺寸按表3-40中的规定。

表3-39 钢筋焊接接头试验试件验收批和取样数量

焊接形式	验收批	取样数量（根）		备注
		拉伸试验	弯曲试验	
电渣压力焊	≤300个	3		焊接接头应以同一工作班次、同一施工区段、同一类型作为一个验收批
闪光对焊	≤300个	3	3	
电弧焊	≤300个	3		
气压焊	≤300个	3	3	
预埋件钢筋T型接头	≤300个	3		

表 3-40 钢筋焊接接头的试验试件尺寸

焊接方法		接头型式	试样尺寸/mm	
			l_s	$L \geqslant$
电阻点焊			—	300
闪光对焊		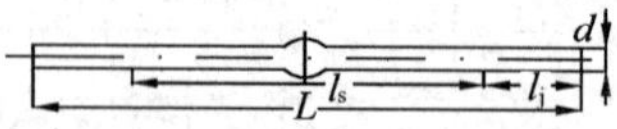	$8d$	300 $l_s + 2l_j$
电弧焊	双面帮条焊	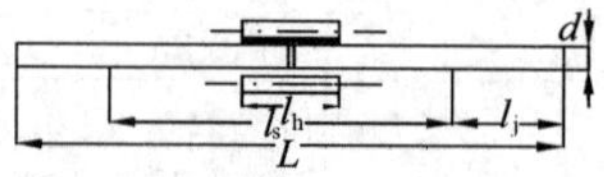	$8d + l_h$	$l_s + 2l_j$
电弧焊	单面帮条焊	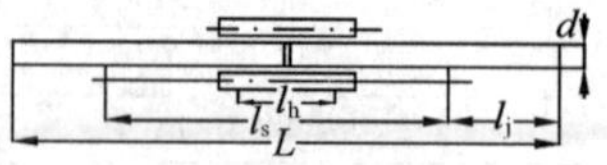	$5d + l_h$	$l_s + 2l_j$
电弧焊	双面搭接焊	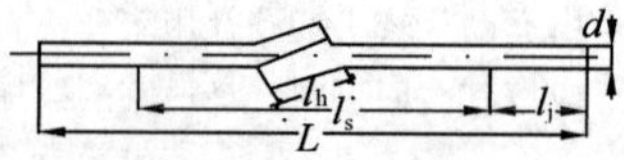	$8d + l_h$	$l_s + 2l_j$
电弧焊	单面搭接焊	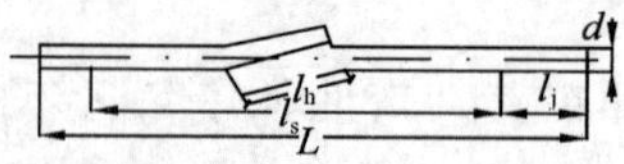	$5d + l_h$	$l_s + 2l_j$
电弧焊	熔槽帮条焊	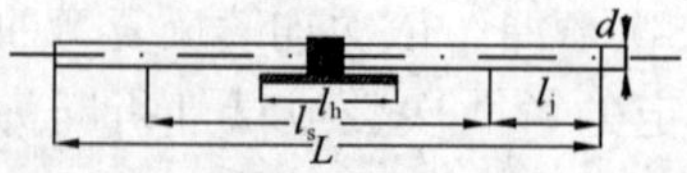	$8d + l_h$	$l_s + 2l_j$
电弧焊	坡口焊	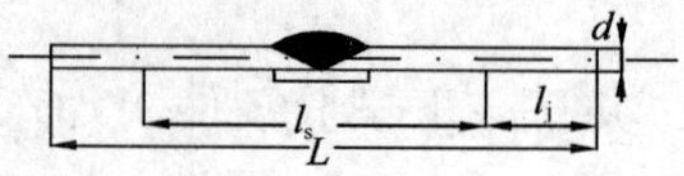	$8d$	$l_s + 2l_j$
电弧焊	窄间隙焊		$8d$	$l_s + 2l_j$
电渣压力焊		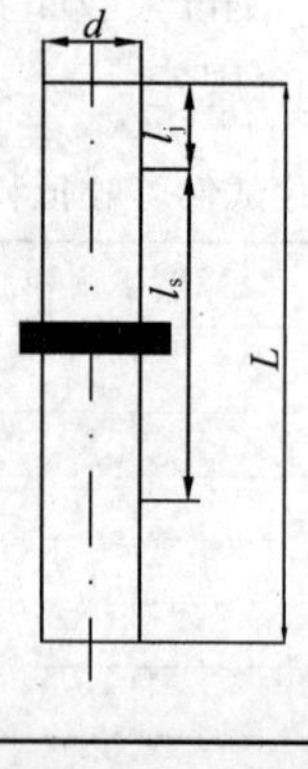	$8d$	$l_s + 2l_j$

续表

焊接方法	接头型式	试样尺寸/mm	
		l_s	$L\geqslant$
气压焊	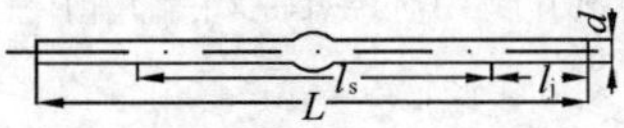	$8d$	l_s+2l_j
预埋件电弧焊	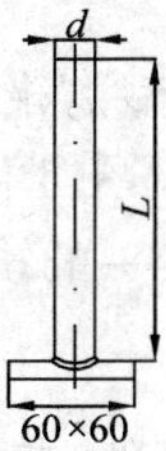	—	200
预埋件埋弧压力焊			

注：l_s——受试长度，l_h——焊缝（或镦粗）长度，l_j——夹持长度（100～200mm），d——钢筋直径（mm）。

（二）拉伸性能试验

（1）调校试验机，将试件夹紧在试验机上。

（2）启动试验机，平稳而连续地加荷直至试件断裂，加荷速度为3～30MPa/s。

（3）按下式计算抗拉强度。

$$\sigma_b = \frac{F_b}{A_0}$$

式中　σ_b——抗拉强度（MPa）；

F_b——试件断裂时的最大破坏荷载（N）；

A_0——试件公称横截面积（mm^2）。

（4）三个试件的抗拉强度均大于规定指标，则该批焊件合格。若有两个试件在焊缝处或受热影响区发生脆性断裂，或有一个试件的抗拉强度低于理论值，则应取双倍数量的试件进行复验，若仍有一个接头不符合要求，则该批焊件即为不合格。

（三）弯曲试验

（1）试验时，将焊接接头置于弯曲压头的轴线平面内，使焊缝始终处于最大弯曲面上，试验方法同钢材冷弯性能试验。弯曲试验的弯心直径和弯曲角度应符合表3-41中的规定。

表3-41　钢筋焊接接头弯曲试验弯心直径和弯曲角度

钢筋强度等级代号	弯心直径 d/mm		弯曲角度
	钢筋公称直径 $a\leqslant 25$mm	钢筋公称直径 $a>25$mm	
HPB235	$d=2a$	$d=3a$	90°
HRB335	$d=4a$	$d=5a$	90°
HRB400、KL400	$d=5a$	$d=6a$	90°
HRB500	$d=7a$	—	90°

（2）对于闪光对焊的焊接接头，应将受压面的金属毛刺和镦粗变形部分消除，且与

原材料外表面平齐。若试验结果中有两个试件发生破断时，应再取双倍试件复验。复验结束时，若仍有三个试件发生破断，则该批接头为不合格。

（3）对于气压焊的焊接接头，应将试件受压面的凸起部分消除，并与原材料外表面平齐。当试验结果中有一个试件发生破断时，应再取双倍试件复验。复验结果中若仍有一个试件发生破断，则该批接头为不合格。

五、钢筋机械连接接头试验

钢筋机械连接形式主要有：带肋钢筋套筒连接、钢筋锥螺纹连接和镦粗直螺纹连接。

根据抗拉强度以及高应力、大变形条件下反复拉压性能的差异，钢筋机械连接接头可分为Ⅰ、Ⅱ、Ⅲ三个等级。Ⅰ级、Ⅱ级、Ⅲ级接头的抗拉强度和变形性能应符合表3-42和表3-43中的规定。

表3-42　钢筋机械连接接头抗拉强度

接头等级	Ⅰ　级	Ⅱ　级	Ⅲ　级
抗拉强度/MPa	$f_{mst}^{0} \geqslant f_{st}^{0}$ 或 $\geqslant 1.10 f_{uk}$	$f_{mst}^{0} \geqslant f_{uk}$	$f_{mst}^{0} \geqslant 1.35 f_{yk}$

注：f_{mst}^{0}——接头试件实际抗拉强度（MPa）；

f_{st}^{0}——接头试件中钢筋抗拉强度实测值（MPa）；

f_{uk}——钢筋抗拉强度标准值（MPa）；

f_{yk}——钢筋屈服强度标准值（MPa）。

表3-43　钢筋机械连接接头变形性能

接头等级		Ⅰ级、Ⅱ级	Ⅲ　级
单向拉伸	非弹性变形/mm	$u \leqslant 0.10(d \leqslant 32)$ $u \leqslant 0.15(d > 32)$	$u \leqslant 0.10(d \leqslant 32)$ $u \leqslant 0.15(d > 32)$
	总伸长率/%	$\delta_{sgt} \geqslant 4.0$	$\delta_{sgt} \geqslant 2.0$
高应力反复拉压	残余变形/mm	$u_{20} \leqslant 0.3$	$u_{20} \leqslant 0.3$
大变形反复拉压	残余变形/mm	$u_4 \leqslant 0.3$ $u_8 \leqslant 0.6$	$u_4 \leqslant 0.6$

注：u——接头的非弹性变形（mm）；

u_{20}——接头经高应力反复拉压20次后的残余变形（mm）；

δ_{sgt}——接头试件总伸长率（%）；

u_8——接头经高应力反复拉压8次后的残余变形（mm）；

u_4——接头经高应力反复拉压4次后的残余变形（mm）。

（一）取样

（1）钢筋机械连接接头的验收批应由同一施工条件、同一批原材料构成的同等级、同形式、同规格的500个接头构成。

（2）试验用试件，应在每个验收批中随机抽取3个，作为拉伸性能试验的试件。试件的尺寸应符合图3-22中的规定。

（二）拉伸性能试验

（1）调校试验机，将试件夹紧在试验机上。

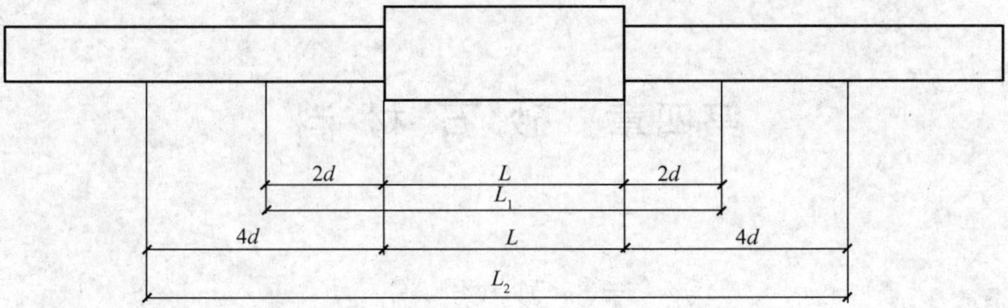

图 3-22　钢筋机械连接接头拉伸试件示意图

（2）启动试验机，平稳而连续地加荷直至试件断裂。

（3）三个试件的抗拉强度均符合所设计等级的要求，则该批接头合格。若有一个试件的抗拉强度不符合设计等级要求，则应在同一验收批中再抽取双倍试件（6 个）进行复验，复验结果符合设计等级要求时，则该批接头合格，若仍有达不到要求的试件，则该批接头为不合格。

第四章　砂石材料

第一节　砂石分类

一、砂的分类

建筑用砂按其加工形式可分为天然砂和人工砂两种。

天然砂是天然岩石经长期自然变化而形成的粒径小于4.75mm的岩石颗粒。分山砂、河砂、湖砂、海砂。河砂、海砂由于受水流的冲刷作用，颗粒多呈椭圆形，表面光滑，拌制混凝土需水量少，砂与水泥的黏结力较弱，且海砂中常含有贝壳碎片及可溶性盐等有害物质；山砂表面粗糙多棱角，与水泥的黏结力强，但含有较多的黏土等有害物质。选用时应按就地取材的原则，既考虑质量要求又注意成本。在建筑工程中一般多选用河砂。

人工砂包括机制砂和混合砂。机制砂是天然岩石经人工破碎筛分而形成的粒径小于4.75mm的岩石颗粒。混合砂是采用天然砂和机制砂按照一定比例混合而成的砂。

建筑用砂按细度模数的大小分为粗砂、中砂、细砂。

建筑用砂按其技术要求分为Ⅰ类、Ⅱ类、Ⅲ类。Ⅰ类砂宜用于强度等级大于C60的混凝土；Ⅱ类砂宜用于强度等级为C30～C60及抗冻、抗渗或其他要求的混凝土；Ⅲ类砂宜用于强度等级小于C30的混凝土和建筑砂浆。

二、石的分类

建筑用石按是否加工可分为天然卵石、人工碎石。

卵石是由天然岩石经自然风化、水流搬运和分选堆积形成的粒径大于4.75mm的颗粒。有河卵石、海卵石、山卵石。卵石表面光滑，呈圆形或卵圆形。在其他条件一样的情况下，卵石混凝土拌和物的流动性较好，便于施工。但由于其杂质含量较碎石多，且与水泥浆的黏结力较差，故主要用于配制强度等级较低的混凝土。

碎石是天然岩石经人工破碎、筛分而形成的粒径大于4.75mm的颗粒。碎石表面粗糙多棱角，与水泥浆的黏结力强。在其他条件一样的情况下，碎石混凝土的强度较高，约比卵石混凝土强度高10%。但由于碎石表面粗糙多棱角，其比表面积和空隙率较大，拌制混凝土时，水泥用量较多，和易性较差。

建筑用石按粒径尺寸分为单粒粒级和连续粒级。

建筑用石按技术要求分为Ⅰ类、Ⅱ类、Ⅲ类。Ⅰ类石宜用于强度等级大于C60的混凝土；Ⅱ类石宜用于强度等级为C30～C60及抗冻、抗渗或其他要求的混凝土；Ⅲ类石宜用于强度等级小于C30的混凝土。

三、砂石的验收

（一）资料验收

产品应有质量保证书，其内容包括生产厂名及产地、质量保证书的编号、签发日期、签发人员、技术指标的检验结果，如为海砂应注明氯盐含量。

（二）实物验收

（1）砂、石检验批

砂、石应按批进行质量检验，其检验批应按同产地、同规格的砂分批验收；用大型运输工具（火车、汽车、货船等）运输的砂，以每400m^3或600t同批砂为一验收批；用小型运输工具运输的砂以200m^3或300t同批砂为一验收批。

（2）检验项目

1）砂：每验收批至少应进行颗粒级配、含泥量、泥块含量检验。如为海砂，还应检验氯离子含量。对重要工程或特别工程，根据工程要求，可增加检测项目。对其他指标有怀疑时，也应检验。

2）石：每验收批至少应进行颗粒级配、含泥量、泥块含量、针片状颗粒含量检验。对重要工程或特别工程，根据工程要求，可增加检测项目。对其他指标有怀疑时，也应检验。

（三）不合格品的处理

建筑用卵石、碎石的检验结果不符合GB/T 14685—2001规定指标时，砂的检验结果不符合GB/T 14684—2001规定指标时，可根据混凝土工程的质量要求，结合具体情况，提出相应的措施，经试验证明能确保工程质量时，方可使用该石或砂拌制混凝土。

第二节　建筑用砂石的质量标准

一、建筑用砂的质量标准（GB/T 14684—2001）

按《建筑用砂》（GB/T 14684—2001）的规定，砂按技术要求分为Ⅰ类、Ⅱ类、Ⅲ类。其技术要求有以下六点。

（一）颗粒级配

建筑用砂按0.6mm的累计筛余率分为1区、2区、3区三个级配区。砂的颗粒级配应在表4-1中的任何一个级配区内。砂的颗粒级配采用筛分析试验进行配制混凝土时宜优先选用2区砂，当采用1区砂时，应提高砂率，并保持足够的水泥用量，以保证混凝土的和易性；当采用3区砂时，宜适当降低砂率，以保证混凝土的强度。

表4-1　砂的颗粒级配

筛孔尺寸/mm	不同级配区的砂的累计筛余率范围/%		
	1区	2区	3区
9.5	0	0	0
4.75	10~0	10~0	10~0
2.36	35~5	25~0	15~0
1.18	65~35	50~10	25~0
0.6	85~71	70~41	40~16
0.3	95~80	92~70	85~55
0.15	100~90	100~90	100~90

注：砂的实际颗粒级配与表中所列数字相比，除4.75mm和0.6mm必须满足要求，其他可以略有超出，但其超出总量应小于5%。1区人工砂中0.15mm筛孔的累计筛余率可放宽到100%~85%；2区人工砂中0.15mm筛孔的累计筛余可放宽到100%~80%；3区人工砂中0.15mm筛孔的累计筛余可放宽到100%~75%。

当砂的颗粒级配不符合表4-1要求时，应采取相应措施，经证明能确保工程质量，方可使用。

（二）含泥量、石粉含量和泥块含量

天然砂的含泥量和泥块含量应符合表4-2的规定。人工砂的石粉含量和泥块含量应符合表4-3的规定。

表4-2　天然砂的含泥量和泥块含量

项　目	Ⅰ类	Ⅱ类	Ⅲ类
含泥量（按质量计）/%	<1.0	<3.0	<5.0
泥块含量（按质量计）/%	0	<1.0	<2.0

表4-3　人工砂的石粉含量和泥块含量

项　目			Ⅰ类	Ⅱ类	Ⅲ类
亚甲蓝试验	MB值<1.40或合格	石粉含量（按质量计）/%	<3.0	<5.0	<7.0
		泥块含量（按质量计）/%	0	<1.0	<2.0
	MB值≥1.40或不合格	石粉含量（按质量计）/%	<1.0	<3.0	<5.0
		泥块含量（按质量计）/%	0	<1.0	<2.0

（三）坚固性

天然砂的坚固性用硫酸钠溶液法检验，试样经五次循环后其质量损失应符合表4-4规定。人工砂采用压碎指标进行检验，其压碎指标值应符合表4-5规定。

表4-4　天然砂的坚固性（硫酸钠溶液法）

项　目	Ⅰ类	Ⅱ类	Ⅲ类
质量损失/%，<	8	8	10

表4-5　人工砂的坚固性（压碎指标法）

项　目	Ⅰ类	Ⅱ类	Ⅲ类
单级最大压碎指标/%	8	8	10

（四）砂中有害物质含量

砂中不应混有草根、树叶、树枝、塑料、煤块、炉渣等杂物。砂中如含有云母、轻物质、有机物、硫化物、硫酸盐等有害物质，含量应符合表4-6的规定。

表4-6　砂中有害物质允许含量

项　目	Ⅰ类	Ⅱ类	Ⅲ类
云母含量（按质量计）/%，<	1.0	2.0	2.0
轻物质含量（按质量计）/%，<	1.0	1.0	1.0
硫化物、硫酸盐（按SO_3质量计）/%，<	0.5	0.5	0.5
有机物含量（用比色法试验）	合格	合格	合格
氯化物（以氯离子质量计）/%，<	0.01	0.02	0.06

（五）表观密度、堆积密度、空隙率

砂的表观密度应大于2 500kg/m^3；松散堆积密度应大于1 350kg/m^3；空隙率应小于

47%。

（六）碱集料反应

经碱集料反应试验后，由砂制备的试件无裂缝、酥裂、胶体外溢等现象，在规定的试验龄期膨胀率应小于0.10%。

二、建筑用卵石、碎石的质量标准

根据《建筑用卵石、碎石》（GB/T 14685—2001）规定，建筑用卵石、碎石按技术要求分为Ⅰ类、Ⅱ类、Ⅲ类。其技术要求有以下八点。

（一）颗粒级配

建筑用卵石、碎石的颗粒级配分为连续粒级、间断级配和单粒级。间断级配是一种人工级配，是为了减少石子空隙率，人为去除掉连续粒级石子中的某一个或某几个粒级的石子而得到的级配。连续粒级和单粒级石子的级配应符合表4-7的规定。

表4-7 建筑用卵石、碎石的颗粒级配

级配情况	公称粒级/mm	累计筛余率/%											
		筛孔尺寸/mm											
		2.36	4.75	9.50	16.0	19.0	26.5	31.5	37.5	53.0	63.0	75.0	90
连续级配	5~10	95~100	80~100	0~15	0								
	5~16	95~100	90~100	30~60	0~10	0							
	5~20	95~100	90~100	40~70	—	0~10	0						
	5~25	95~100	90~100	—	30~70	—	0~5	0					
	5~31.5	95~100	90~100	—	15~45	—	0~5	0					
	5~40	—	95~100	75~90	—	30~65	—	—	0~5	0			
单粒级	10~20		95~100	85~100		0~15	0						
	16~31.5		95~100		85~100			0~10	0				
	20~40			95~100		80~100			0~10	0			
	31.5~63				95~100			75~100	45~75		0~10	0	
	40~80					95~100			70~100		30~60	0~10	0

（二）含泥量和泥块含量

建筑用卵石、碎石的含泥量和泥块含量应符合表4-8的规定。

表 4-8　建筑用卵石、碎石的含泥量和泥块含量

项　目	Ⅰ类	Ⅱ类	Ⅲ类
含泥量（按质量计）/%	<0.5	<1.0	<1.5
泥块含量（按质量计）/%	0	<0.5	<0.7

（三）针片状颗粒含量

建筑用卵石、碎石的针片状颗粒含量应符合表 4-9 的规定。

表 4-9　建筑用卵石、碎石的针片状颗粒含量

项　目	Ⅰ类	Ⅱ类	Ⅲ类
针片状颗粒（按质量计）/%	<5	<15	<25

（四）有害物质含量

建筑用卵石和碎石中不得混有草根、树叶、树枝、塑料、煤块、炉渣等物质。其有害物质的含量应符合表 4-10 的规定。

表 4-10　建筑用卵石、碎石中有害物质的含量

项　目	Ⅰ类	Ⅱ类	Ⅲ类
有机物	合格	合格	合格
硫化物及硫酸盐（按 SO_3 质量计）/%	<0.5	<1.0	<1.0

（五）坚固性

石子的坚固性采用硫酸钠溶液法进行试验，经五次循环后，其质量损失应符合表 4-11 的规定。

表 4-11　石子的坚固性（硫酸钠溶液法）

项　目	Ⅰ类	Ⅱ类	Ⅲ类
质量损失/%，<	5	8	12

（六）强度

石子的强度采用抗压强度和压碎指标表示。卵石的强度用压碎指标表示；碎石的强度既可用压碎指标，又可用抗压强度表示。

（1）碎石的抗压强度，首先要制作直径与高度均为 50mm 的圆柱体或长、宽、高均为 50mm 的正立方体岩石试件，然后进行力学试验，所检测出的极限抗压强度，单位 MPa。在饱和水状态下，火成岩的抗压强度不应小于 80MPa，变质岩的抗压强度不应小于 60MPa，水成岩的抗压强度不应小于 30MPa。

（2）建筑用卵石、碎石的压碎指标应满足表 4-12 的规定。

表 4-12　建筑用卵石、碎石的压碎指标

项　目	Ⅰ类	Ⅱ类	Ⅲ类
碎石压碎指标/%，<	10	20	30
卵石压碎指标/%，<	12	16	16

（七）表观密度、堆积密度、空隙率

建筑用卵石、碎石的表观密度应大于 2 500kg/m³；松散堆积密度应大于 1 350kg/m³；空隙率应小于 47%。

（八）碱集料反应

经碱集料反应试验后，由卵石、碎石制备的试件无裂缝、酥裂、胶体外溢等现象，且规定试验龄期的膨胀率应小于 0.10%。

第三节 取样规定

一、砂石检验批

砂石应按批进行质量检验，按同类、同规格、同适用等级及日产量每 600t 为一批，不足 600t 以一批计；日产量超过 2 000t，以 1 000t 为一批，不足 1 000t，按一批计。

二、砂的取样

（一）取样方法

（1）在料堆上取样时，取样部位应均匀分布。取样前，应先将取样部位表层铲除，再从不同部位抽取大致相等的砂 8 份，组成一组样品。

（2）从皮带运输机上取样时，应用接料器在皮带运输机机尾的出料处定时抽取大致等量的砂 4 份，组成一组样品。

（3）从火车、汽车、货船上取样时，应从不同部位和深度抽取大致等量的砂 8 份，组成一组样品。

（二）取样数量

砂的单项试验的最小取样数量应符合表 4-13 的规定。若做几项试验时，如确能保证试样经一项试验后不致影响另一项试验的结果，可用同一试样进行几项不同的试验。

表 4-13 砂单项试验的最小取样数量

试验项目	最少取样数量/kg	试验项目		最少取样数量/kg
颗粒级配	4.4	硫化物与硫酸盐含量		0.6
含泥量	4.4	氯化物含量		4.4
石粉含量	6.0	坚固性	天然砂	8.0
泥块含量	20.0		人工砂	20.0
云母含量	0.6	表观密度		2.6
轻物质含量	3.2	堆积密度与空隙率		5.0
有机物含量	2.0	碱集料反应		20.0

（三）砂试样的缩分

（1）分料器法：将样品在潮湿状态下拌和均匀，然后通过分料器，取接料斗中的一份再次通过分料器。直至将样品缩分到所需数量为止。

（2）人工四分法：将所取样品置于平板上，在潮湿状态下拌和均匀，并堆成厚度约为 20mm 的圆饼，然后沿相互垂直的两条直径把圆饼分成大致相等的 4 份，取其对角的两份，重新拌匀，再堆成圆饼。直至把样品缩分到试验所需数量为止。

（3）堆积密度、人工砂的坚固性检验所用试样可不经缩分，在拌匀后直接进行试验。

三、石的取样

（一）取样方法

（1）在料堆上取样时，取样部位应均匀分布。取样前，应先将取样部位表层铲除，再从不同部位抽取大致等量的石子 15 份（在料堆顶部、中部和底部均匀分布的 15 个不同部位取得）组成一组样品。

（2）从皮带运输机上取样时，应用接料器在皮带运输机机尾的出料处定时抽取大致等量的石子 4 份，组成一组样品。

（3）从火车、汽车、货船上取样时，应从不同部位和深度抽取大致等量的石子 8 份，组成一组样品。

（二）取样数量

石子的单项试验的最小取样数量应符合表 4-14 的规定。若做几项试验时，如确能保证试样经一项试验后不致影响另一项试验的结果，可用同一试样进行几项不同的试验。

表 4-14 石子单项试验的最小取样数量

最大粒径/mm		9.5	16.0	19.0	26.5	31.5	37.5	63.0	75.0
最小取样数量/kg	颗粒级配	9.5	16.0	19.0	25.0	31.5	37.5	63.0	80.0
	含泥量	8.0	8.0	24.0	24.0	40.0	40.0	80.0	80.0
	泥块含量	8.0	8.0	24.0	24.0	40.0	40.0	80.0	80.0
	针片状颗粒含量	1.2	4.0	8.0	12.0	20.0	40.0	40.0	40.0
	有机物含量	按试验要求的粒径和数量取样							
	硫酸盐和硫化物含量								
	坚固性								
	岩石抗压强度	随机选取完整石块锯切或钻取成试验样品							
	压碎指标	按试验要求的粒径和数量取样							
	表观密度	8.0	8.0	8.0	8.0	12.0	16.0	24.0	24.0
	堆积密度与空隙率	40.0	40.0	40.0	40.0	80.0	80.0	120.0	120.0
	碱集料反应	20.0	20.0	20.0	20.0	20.0	20.0	20.0	20.0

（三）石子试样的缩分

将所取样品置于平板上，在自然状态下拌和均匀，并堆成锥体，然后沿相互垂直的两条直径把锥体分成大致相等的 4 份，取其对角的两份，重新拌匀，再堆成锥体，直至把样品缩分到试验所需数量为止。

堆积密度检验所用试样可不经缩分，在拌匀后直接进行试验。

第四节　建筑用砂的试验

一、砂的表观密度、堆积密度与空隙率测定

（一）试验仪器设备

（1）鼓风烘箱：能使温度控制在（105 ±5）℃。

（2）天平：称量1 000g，感量1g。

（3）容量瓶：500mL。

（4）容量筒：圆柱形金属筒，内径108mm，净高109mm，壁厚2mm，容积为1L。

（5）垫棒：直径10mm，长500mm的圆钢。

（6）其他：干燥器、搪瓷盘、滴管、毛刷、直尺、漏斗、料勺等。

（二）试验步骤

（1）表观密度测定

1）将用于测定砂表观密度的试样缩分至约660g，放在温度为（105 ±5）℃的烘箱中烘干至恒量，待冷却至室温后，分成大致相等的两份备用。恒量是指试样在烘干1～3h的情况下，其前后两称量之差不大于该项试验所要求的称量精度。

2）称取砂试样300g，将试样装入容量瓶，注入冷开水至接近容量瓶颈部刻线处，用手旋转摇动容量瓶，排除砂中气泡，塞紧瓶塞，静置24h。然后用滴管小心加水至容量瓶颈部刻线处，塞紧瓶塞，擦干瓶外水分，称其质量。

3）倒出瓶内水和试样，洗净容量瓶，再向容量瓶内注水（两次注水的水温相差不超过2℃）至颈部刻线处，塞紧瓶塞，擦干瓶外水分，称其质量。

4）按下式计算砂的表观密度，精确至$10kg/m^3$。

$$\rho' = \left(\frac{G_0}{G_0 + G_2 - G_1}\right) \times \rho_{水}$$

式中　ρ'——砂的表观密度（kg/m^3）；

$\rho_{水}$——水的密度（$1\,000kg/m^3$）；

G_0——烘干砂试样的质量（g）；

G_1——砂试样、水及容量瓶的总质量（g）；

G_2——水及容量瓶的总质量（g）。

（2）堆积密度测定

1）将用于堆积密度的砂样，用搪瓷盘装取砂试样约3L，放在温度为（105 ±5）℃的烘箱中烘干至恒量，待冷却至室温后，筛除大于4.75mm的颗粒，分成大致相等的两份备用。

2）松散堆积密度测定：取砂试样一份，用漏斗或料勺从容量筒中心上方50mm处徐徐倒入，使砂试样自由下落，当容量筒上部试样呈锥体且四周溢满时，即停止加料。然后用直尺沿筒口中心向两边刮平，称出砂样和容量筒总质量。

3）紧密堆积密度测定：取砂试样一份分两次装入容量筒。第一层装完后，将垫棒放

在筒底，将筒按住，左右交替击地面各 25 次。然后装第二层，第二层装满后用同样方法颠实（但筒底的垫棒方向与第一层时方向垂直）后，再加试样至超过筒口，然后用直尺沿筒口中心向两边刮平，称出砂样和容量筒总质量。

4）按下式计算砂的松散或紧密堆积密度，精确至 $10kg/m^3$。

$$\rho'_0 = \frac{G_1 - G_2}{V'_0} \times 1\,000$$

式中 ρ'_0——松散（或紧密）堆积密度（kg/m^3）；

V'_0——容量筒容积（L）；

G_1——试样和容量筒总质量（kg）；

G_2——容量筒质量（kg）。

（3）空隙率测定

按下式计算砂的空隙率，精确至 1%。

$$P' = \left(1 - \frac{\rho'_0}{\rho'}\right) \times 100\%$$

式中 P'——砂的空隙率（%）；

ρ'_0——松散（或紧密）堆积密度（kg/m^3）；

ρ'——砂的表观密度（kg/m^3）。

（三）试验结果

（1）砂的表观密度取两次试验测定值的平均值作为试验结果，精确至 $10kg/m^3$。如两次试验测定值之差大于 $20kg/m^3$，则须重做试验。

（2）砂的松散或紧密堆积密度分别取两次试验测定值的平均值作为试验结果，精确至 $10kg/m^3$。

（3）砂的空隙率取两次试验测定值的平均值作为试验结果，精确至 1%。

二、砂的筛分析试验

（一）试验仪器设备

（1）鼓风烘箱：能使温度控制在（105 ± 5）℃。

（2）天平：称量 1 000g，感量 1g。

（3）标准方孔砂筛：孔径为 0.15mm、0.3mm、0.6mm、1.18mm、2.36mm、4.75mm、9.50mm 的筛各 1 只，并附有底盘和筛盖。

（4）其他：摇筛机、搪瓷盘、毛刷等。

（二）试验步骤

（1）将用于筛分试验的砂试样缩分至约 1 100g，放在温度为（105 ± 5）℃的烘箱中烘干至恒量，待冷却至室温后，筛除大于 9.50mm 的颗粒（并计算出其筛余百分率），分成大致相等的两份备用。

（2）称取试样 500g。将试样倒入按孔径大小从上到下组合的套筛（附上筛底）上，进行摇筛。

（3）将套筛装入摇筛机内，筛分 10min；取下套筛，按筛孔从大到小再逐个手筛，筛至每分钟通过量小于砂试样总量的 0.1% 为止。将通过的砂试样倒入下一号筛中和下一号筛中的砂样一起手筛，直至各号筛全部筛完为止。

(4) 称出各号筛上的筛余量（m_n）。各号筛上的筛余量不得超过下式计算出的量：

$$m = \frac{A \times \sqrt{d}}{200}$$

式中 m——在一个筛上的筛余量（g）；

A——筛面面积（mm^2）；

d——筛孔尺寸（mm）。

超过时应将该号筛上的砂试样分成两份，进行分次筛分，并以其筛余量之和作为该号筛的筛余量。

(三) 试验结果

(1) 筛分后，若各号筛的筛余量和底盘中剩余量之和与筛分前砂试样（500g）质量之差超过1%时，应重新取样试验。

(2) 计算各号筛上的分计筛余率（a_n）：该号筛上的筛余量与砂试样总质量之比，精确至0.1%，见表4-15。

(3) 计算各号筛上的累计筛余率（A_n）：该号筛上的分计筛余率加上该号筛以上各筛的分计筛余率之和，精确至0.1%，见表4-15。砂的累计筛余率取两次试验结果的算术平均值作为试验结果，精确至1%。

表4-15 各号筛上的分计筛余率与累计筛余率

筛孔尺寸/mm	筛余量/g	分计筛余率/%	累计筛余率/%
4.75	m_1	$a_n = \frac{m_n}{500} \times 100$ $n = 1 \sim 6$	$A_1 = a_1$
2.36	m_2		$A_2 = a_1 + a_2$
1.18	m_3		$A_3 = a_1 + a_2 + a_3$
0.6	m_4		$A_4 = a_1 + a_2 + a_3 + a_4$
0.3	m_5		$A_5 = a_1 + a_2 + a_3 + a_4 + a_5$
0.15	m_6		$A_6 = a_1 + a_2 + a_3 + a_4 + a_5 + a_6$

(4) 按下式计算砂的细度模数，精确至0.01。

$$M_x = \frac{(A_2 + A_3 + A_4 + A_5 + A_6) - 5A_1}{100 - A_1}$$

式中 M_x——砂的细度模数；

A_1、A_2、A_3、A_4、A_5、A_6——分别为各号筛上的累计筛余率。

砂的细度模数取两次试验结果的算术平均值作为试验结果，值精确至0.1。若两次试验的细度模数差值超过0.20时，应重新试验。

混凝土用砂按其细度模数大小分为粗砂、中砂和细砂三种：

粗砂（$M_x = 3.7 \sim 3.1$）；

中砂（$M_x = 3.0 \sim 2.3$）；

细砂（$M_x = 2.2 \sim 1.6$）。

(5) 将各号筛上的累计筛余率与表4-1对照，判断砂的级配区为哪一区，是否合格。

三、砂的含泥量测定

（一）试验仪器设备

（1）鼓风烘箱：能使温度控制在（105 ±5）℃。

（2）天平：称量1 000g，感量0. 1g。

（3）标准方孔砂筛：孔径为0. 075mm、1. 18mm的筛各1只。

（4）容器：要求淘洗试样时保持试样不溅出（深度大于250mm）。

（5）其他：搪瓷盘、毛刷等。

（二）试验步骤

（1）将用于含泥量试验的砂试样缩分至约1 100g，放在温度为（105 ±5）℃的烘箱中烘干至恒量，待冷却至室温后，分成大致相等的两份备用。

（2）称取试样500g。将试样倒入淘洗容器中，注入清水，使水面高于试样面约150mm，充分搅拌均匀后，浸泡2h，然后用手在水中淘洗试样，使尘屑、淤泥、黏土与砂粒分离，将浑水缓缓倒入1. 18mm和0. 075mm的套筛上（1. 18mm筛放在0. 075mm筛上面），滤去小于0. 075mm的颗粒。试验前，筛的两面应先用水润湿，整个过程中应防止砂粒流失。

（3）再向容器内注入清水，重复上述操作过程，直至容器内的水清澈为止。

（4）用水淋洗剩余在筛上的细粒，并将0. 075mm的筛放在水中（使水面略高出筛中砂粒的上表面）来回摇动，以充分洗掉小于0. 075mm的颗粒，然后将两只筛上的筛余颗粒和淘洗容器中已经洗净的试样一并倒入搪瓷盘中，放在温度为（105 ±5）℃的烘箱中烘干至恒量，待冷却至室温后，称其质量。

（三）试验结果

按下式计算砂的含泥量，精确至0. 1%。

$$Q_a = \frac{G_0 - G_1}{G_0} \times 100\%$$

式中　Q_a——砂的含泥量（%）；

G_0——试验前砂试样质量（500g）；

G_1——试验后烘干砂试样质量（g）。

砂的含泥量取两次试验结果的算术平均值作为试验结果。

四、砂的泥块含量测定

（一）试验仪器设备

（1）鼓风烘箱：能使温度控制在（105 ±5）℃。

（2）天平：称量1 000g，感量0. 1g。

（3）标准方孔砂筛：孔径为0. 6mm、1. 18mm的筛各1只。

（4）容器：用于淘洗砂样。要求淘洗试样时保持试样不溅出（深度大于250mm）。

（5）其他：搪瓷盘、毛刷等。

（二）试验步骤

（1）将用于泥块含量试验的砂试样缩分至约5 000g，放在温度为（105 ±5）℃的烘箱中烘干至恒量，待冷却至室温后，筛除小于1.18mm的颗粒，分成大致相等的两份备用。

（2）称取试样200g。将试样倒入淘洗容器中，注入清水，使水面高于试样面约150mm，充分搅拌均匀后，浸泡24h，然后用手在水中碾碎泥块，再将试样放在0.6mm的筛上，用水淘洗，直至容器内的水清澈为止。

（3）将保留下来的试样从筛中取出，装入浅盘后，放在温度为（105±5）℃的烘箱中烘干至恒量，待冷却至室温后，称其质量。

（三）试验结果

按下式计算砂的含泥量，精确至0.1%。

$$Q_b = \frac{G_1 - G_2}{G_1} \times 100\%$$

式中 Q_b——砂的泥块含量（%）；

G_1——1.18mm筛筛余砂试样质量（200g）；

G_2——试验后烘干砂试样质量（g）。

砂的泥块含量取两次试验结果的算术平均值作为试验结果。

五、石粉含量测定

（一）试剂与材料

（1）亚甲蓝：（$C_{16}H_{18}ClN_3S \cdot 3H_2O$）含量≥95%。

（2）亚甲蓝溶液：将亚甲蓝粉末在（105±5）℃的烘箱中烘干至恒量，称取烘干亚甲蓝粉末10g，倒入盛有约600mL的蒸馏水（水温加热至35～40℃）的烧杯中，用玻璃棒持续搅拌40min，直至亚甲蓝粉末完全溶解，冷却至20℃。将溶液倒入1L的容量瓶中，用蒸馏水淋洗烧杯等，使所有亚甲蓝溶液全部移入容量瓶，容量瓶和溶液的温度应保持在（20±1）℃，加蒸馏水至容量瓶1L刻度。振荡容量瓶以保证亚甲蓝粉末完全溶解。将容量瓶中溶液移入深色贮藏瓶中，标明制备日期，失效日期（亚甲蓝溶液保质期不超过28d），并置于阴暗处保存。

（二）试验仪器设备

（1）鼓风烘箱：能使温度控制在（105±5）℃。

（2）天平：称量1 000g，感量0.1g和称量100g，感量0.01g各1台。

（3）标准方孔砂筛：孔径为0.075mm、1.18mm的筛各1只。

（4）容器：要求淘洗试样时保持试样不溅出（深度大于250mm）。

（5）移液管：5mL、2mL各1个。

（6）三片或四片式叶轮搅拌机：转速可调［最高可达（600±60）r/min］，直径（75±10）mm。

（7）其他：精度为1s的定时装置、精度为1℃的温度计、两支玻璃棒（直径8mm，长300mm）、搪瓷盘、毛刷、1L玻璃容量瓶、1 000mL烧杯等。

（三）试验步骤

（1）将用于石粉含量试验的砂试样缩分至约400g，放在温度为（105±5）℃的烘箱中烘干至恒量，待冷却至室温后，筛除大于2.36mm的颗粒备用。

（2）称取试样200g，精确至0.1g。将试样倒入装有（500±5）mL蒸馏水的烧杯中，用叶轮搅拌机以（600±60）r/min的转速搅拌5min，形成悬浮液，然后持续以（400±

40）r/min 的转速搅拌，直至试验结束。

（3）悬浮液中加入 5mL 亚甲蓝溶液，以（400±40）r/min 的转速搅拌至少 1min 后，用玻璃棒蘸取一滴悬浮液（所取悬浮液滴应使沉淀物直径在 8～12mm 内），滴于滤纸（滤纸置于空烧杯或其他合适的支撑物上，以使滤纸表面不与任何固体或液体接触）上，若沉淀物周围未出现色晕，再加入 5mL 亚甲蓝溶液继续搅拌 1min，再用玻璃棒蘸取一滴悬浮液，滴于滤纸上，若沉淀物周围仍未出现色晕，重复上述步骤，直至沉淀物周围出现约 1mm 的稳定蓝色色晕。此时，应继续搅拌，不加亚甲蓝溶液，每分钟进行一次沾染试验。若色晕在 4min 内消失，再加入 5mL 亚甲蓝溶液；若色晕在 5min 内消失，再加入 2mL 亚甲蓝溶液。两种情况下，均应继续进行搅拌和沾染试验，直至色晕可持续 5min。

（4）记录色晕持续 5min 时所加入亚甲蓝溶液的总体积，精确至 1mL。

（四）试验结果

按下式计算亚甲蓝 *MB* 值，精确至 0.1。

$$MB = \frac{V}{G} \times 10$$

式中 *MB*——亚甲蓝值（g/kg），表示每千克 0～2.36mm 粒级试样所消耗的亚甲蓝克数；

G——试样质量（g）；

V——所加入的亚甲蓝溶液的总量（mL）；

10 ——用于将每千克试样消耗的亚甲蓝溶液体积换算成亚甲蓝质量。

六、砂中有害物质含量测定

（一）云母含量测定

（1）仪器设备

1）鼓风烘箱：能使温度控制在（105±5）℃。

2）放大镜：放大率为 3～5 倍。

3）天平：称量 100g，感量 0.01g。

4）标准方孔砂筛：孔径为 0.3mm 和 4.75mm 的筛各 1 只。

5）其他：钢针、搪瓷盘等。

（2）试验步骤

1）将砂试样缩分至约 150g。放在温度为（105±5）℃的烘箱中烘干至恒量，待冷却至室温后，筛除大于 4.75mm 和小于 0.3mm 的颗粒备用。

2）称取试样 15g。将试样倒入搪瓷盘中摊开，在放大镜下用钢针挑出全部云母，称出云母质量。

（3）试验结果

按下式计算云母含量，精确至 0.1%。

$$Q_c = \frac{G_2}{G_1} \times 100\%$$

式中 Q_c——云母含量（%）；

G_1——0.3～4.75mm 颗粒的质量（g）；

G_2——云母质量（g）。

砂中云母含量取两次测定值的算术平均值作为试验结果，精确至 0.01g。

（二）轻物质含量测定

（1）试剂和材料

1）氯化锌：化学纯。

2）重液：向1 000mL的量杯中加水至600mL刻度处，再加入150mL氯化锌；用玻璃棒搅拌使氯化锌全部溶解，待冷却至室温后，将部分溶液倒入250mL量筒中测其相对密度；若相对密度小于2 000kg/m^3，则倒回1 000mL的量筒中，再加氯化锌，等全部溶解并冷却至室温后测其密度，直至溶液密度达到2 000kg/m^{3}为止。

（2）仪器设备

1）鼓风烘箱：能使温度控制在（105±5）℃。

2）天平：称量1 000g，感量0.1g。

3）标准方孔砂筛：孔径为0.3mm和4.75mm的筛各1只。

4）量具：1 000mL量杯，250mL量筒，150mL烧杯各1只。

5）密度计：测定范围为1 800～2 000kg/m^3。

6）网篮：内径和高度均为70mm，网孔孔径不大于0.3mm。

7）其他：陶瓷盘、玻璃棒、毛刷等。

（3）试验步骤

1）将砂试样缩分至约800g。放在温度为（105±5）℃的烘箱中烘干至恒量，待冷却至室温后，筛除大于4.75mm和小于0.3mm的颗粒，分成大致相等的两份备用。

2）称取试样200g。将试样倒入盛有重液的量杯中，用玻璃棒充分搅拌，使试样中的轻物质与砂分离，静置5min后，将浮起的轻物质连同部分重液倒入网篮中，轻物质留在网篮上，而重液则通过网篮流入另一容器，一般当重液表面与砂表面相距20～30mm时即停止倾倒，流出的重液倒入盛试样的量杯中，重复上述过程，直至无轻物质浮起为止。

3）用清水洗净留存在网篮中的物质，将它倒入已恒量的烧杯中，放在温度为（105±5）℃的烘箱中烘干至恒量，待冷却至室温后，称出轻物质与烧杯的总质量。

（4）试验结果

按下式计算轻物质含量，精确至0.1g。

$$Q_d = \frac{G_2 - G_3}{G_1} \times 100\%$$

式中 Q_d——轻物质含量（%）；

G_1——0.3～4.75mm颗粒的质量（g）；

G_2——烘干的轻物质与烧杯的总质量（g）；

G_3——烧杯的质量（g）。

砂中轻物质含量取两次测定值的算术平均值作为试验结果，精确至0.1%。

（三）有机物含量测定

（1）试剂和材料

1）试剂：氢氧化钠、鞣酸、乙醇、蒸馏水。

2）标准溶液：取2g鞣酸溶解于98mL浓度为10%的乙醇中（无水乙醇10mL加蒸馏水90mL）得所需的鞣酸溶液。取鞣酸溶液25mL注入975mL浓度为3%的氢氧化钠溶液中（3mL氢氧化钠溶于100mL蒸馏水中），加塞后剧烈摇动，静置24h即得标准溶液。

（2）仪器设备

1）天平：称量 1 000g，感量 0.1g 和称量 100g，感量 0.01g 各 1 台。

2）量筒：10mL、100mL、250mL、1 000mL 各 1 只。

3）标准方孔砂筛：孔径为 4.75mm 的筛 1 只。

4）其他：烧杯、玻璃棒、移液管等。

（3）试验步骤

1）将试验用砂试样缩分至约 500g，风干后筛除大于 4.75mm 的颗粒备用。

2）向 250mL 容量筒中装入风干试样至 130mL 处，注入浓度为 3% 的氢氧化钠溶液至 200mL 处，加塞后剧烈摇动，静置 24h。

3）比较试样上部溶液和标准溶液的颜色，盛装标准试样溶液与盛装试样的容量筒大小应一致。

（4）试验结果

试样上部的溶液颜色浅于标准溶液颜色时，则试样有机物含量合格，若两种溶液颜色接近，应把试样连同上部溶液一起倒入烧杯中，放在 60 ~ 70℃ 的水浴中，加热 2 ~ 3h，再与标准溶液比较，如颜色浅于标准溶液，认为有机物含量合格；如深于标准溶液颜色，则应配制成水泥砂浆作进一步试验，即将一份原试样用 3% 氢氧化钠溶液洗除有机质，再用清水淋洗干净，与另一份原试样分别按相同的配合比按 GB/T 17671 制成水泥砂浆，测定 28d 的抗压强度。当原试样制成的水泥砂浆试件强度不低于洗除有机物后试样制成的水泥砂浆试件强度的 95% 时，则认为有机物含量合格。

（四）硫化物和硫酸盐含量测定

（1）试剂和材料

1）浓度为 10% 的氯化钡溶液：将 5g 氯化钡溶于 50mL 蒸馏水中配制而成。

2）稀盐酸：将浓盐酸与同体积的蒸馏水混合而成。

3）1% 硝酸银溶液：将 1g 硝酸银溶于 100mL 蒸馏水中，再加入 5 ~ 10mL 硝酸，存于棕色瓶中。

（2）试验仪器设备

1）鼓风烘箱：能使温度控制在（105 ± 5）℃。

2）天平：称量 100g，感量 0.001g。

3）标准方孔砂筛：孔径为 0.075mm 的筛 1 只。

4）高温炉：最高温度 1 000℃。

5）粉磨钵或粉碎机。

6）其他：量筒（20mL 和 100mL）、烧杯（300mL）、定量滤纸、干燥器、瓷坩埚、搪瓷盘、毛刷等。

（3）试验步骤

1）将用于硫化物与硫酸盐试验的砂试样缩分至约 150g。放在温度为（105 ± 5）℃的烘箱中烘干至恒量，待冷却至室温后，进行粉磨（粉碎）后通过筛 0.075mm 的筛。再按四分法缩分至 30 ~ 40g，放在温度为（105 ± 5）℃的烘箱中烘干至恒量，待冷却至室温后备用。

2）称取粉末状试样 1g。将粉末状试样倒入 300mL 烧杯中，加入 20 ~ 30mL 蒸馏水及

10mL 稀盐酸，放在电炉上加热至微沸，并保持微沸 5min，使试样充分分解，用中速滤纸过滤。用温水洗涤 10 ~ 12 次。

3）加入蒸馏水调整滤液至 200mL，煮沸后，搅拌滴加 10mL 浓度为 10% 的氯化钡溶液，并将溶液煮沸数分钟，取下静置 4h（此时溶液应保持在 200mL），用慢速滤纸过滤，用温水洗涤至氯离子反应消失（用 1% 硝酸银溶液检验）。

4）将沉淀物和滤纸一起移入已恒量的瓷坩埚内，灰化后在 800℃ 高温炉内灼烧 30min。取出瓷坩埚，在干燥器中冷却至室温后，称出试样质量。如此反复灼烧直至恒量。

（4）试验结果

按下式计算水溶性硫化物和硫酸盐含量（以 SO_3 计），精确至 0.1%：

$$Q_c = \frac{G_2 \times 0.343}{G_1} \times 100\%$$

式中 Q_c——水溶性硫化物和硫酸盐含量（%）；

G_1——粉磨试样质量（g）；

G_2——灼烧后沉淀物的质量（g）；

0.343——硫酸换算成 SO_3 的系数。

砂中硫化物和硫酸盐含量（以 SO_3 计）取两次试验结果的算术平均值作为试验结果，精确至 0.1%。若两次测定的差值超过 0.2%，应重新试验。

（五）氯化物含量测定

（1）试剂与材料

1）氯化钠标准溶液（NaCl）：溶液浓度为 0.01mol/L。

2）硝酸银标准溶液（$AgNO_3$）：溶液浓度为 0.01mol/L。

3）5% 铬酸钾指示剂溶液。

（2）试验仪器设备

1）鼓风烘箱：能使温度控制在（105 ± 5）℃。

2）天平：称量 1 000g，感量 0.1g。

3）带塞磨口瓶（1L）、三角瓶（30mL）、移液管（50mL）、容量瓶（500mL）。

4）其他：滴定管（10mL 或 25mL，精度 0.1mL）、1 000mL 烧杯、滤纸、搪瓷盘、毛刷等。

（3）试验步骤

1）将试验用砂试样缩分至约 1 100g。放在温度为（105 ± 5）℃ 的烘箱中烘干至恒量，待冷却至室温后，分成大致相等的两份备用。

2）称取试样 500g。将试样倒入磨口瓶中，用容量瓶取 500mL 蒸馏水，注入磨口瓶，盖上塞子，摇动一次后，放置 2h 后，每隔 5min 摇动一次，共摇动三次，使氯盐充分溶解。将磨口瓶上部已澄清的溶液过滤，然后用移液管吸取 50mL 滤液，注入到三角瓶中，再加入 5% 铬酸钾指示剂 1mL，用 0.01mol/L 硝酸银标准溶液滴定至呈现砖红色为终点。记录消耗的硝酸银标准溶液毫升数，精确至 1mL。

3）空白试验：用移液管移取 50mL 蒸馏水注入三角瓶内，加入 5% 铬酸钾指示剂 1mL，用 0.01mol/L 硝酸银标准溶液滴定至呈现砖红色为止。记录此点消耗的硝酸银标准溶液毫升数，精确至 1mL。

(4) 试验结果

按下式计算氯离子含量，精确至0.01%。

$$X=\frac{C(V-V_0)M\times 10}{m\times 1\,000}\times 100\%=\frac{C(V-V_0)M}{m}\times 1\%$$

式中 X——氯离子含量（%）；

C——硝酸银标准溶液的实际浓度（mol/L）；

V——样品滴定时消耗的硝酸银标准溶液的体积（mL）；

V_0——空白试验时消耗的硝酸银标准溶液的体积（mL）；

M——氯离子的摩尔质量（g/mol）（$M=35.5$g/mol）；

10——全部试样溶液与所分取试样溶液的体积比；

m——试样质量（g）。

砂中氯化物含量取两次测定的算术平均值作为试验结果。

第五节 建筑用卵石、碎石的试验

一、石子表观密度、堆积密度、空隙率的测定

（一）石子表观密度测定（液体比重天平法）

(1) 试验仪器设备

1）鼓风烘箱：能使温度控制在（105±5)℃。

2）台称：称量5kg，感量5g。其型号和尺寸应能允许在臂上悬挂盛试样的吊篮，并能将吊篮放在水中称量。

3）吊篮：直径和高度均为150mm，由孔径为1～2mm的筛网或钻有2～3mm孔洞的耐锈蚀金属板制成。

4）方孔筛：孔径为4.75mm的筛1只。

5）其他：盛水容器（有溢流孔）、温度计、搪瓷盘、毛巾等。

(2) 试验步骤

1）将试验用试样缩分至略大于表4-16规定的数量，风干后筛除小于4.75mm的颗粒，然后洗净，分成大致相等的两份备用。

表4-16 石子表观密度试验所需试样数量

最大粒径/mm	<26.5	31.5	37.5	63.0	75.0
最少试样质量/kg	2.0	3.0	4.0	6.0	6.0

2）取试样一份装入吊篮，并浸入盛水的容器中，液面至少高出试样表面50mm。浸水24h后，移放到称量用的盛水容器中，并用上下升降吊篮的方法排除气泡（试样不得露出水面)。吊篮每升降一次约1s，升降高度为30～50mm。

3）测定水温后（此时吊篮应全浸在水中)，准确称出吊篮及试样在水中的质量。称量时盛水容器中水面的高度由容器的溢水孔控制。

4）提起吊篮，将试样倒入浅盘，放在烘箱中于（105±5)℃下烘干至恒量，待冷却

至室温后，称其质量。

5）称出吊篮在同样温度下水中的质量。称量时容器的水面高度仍由溢流孔控制。

试验各项称量在 15～25℃范围内进行，但从试样加水静止的 2h 起至试验结束，其温度变化不超过 2℃。

（3）试验结果

按下式计算石子的表观密度，精确至 $10kg/m^3$。

$$\rho' = \left(\frac{G_0}{G_0 + G_2 - G_1}\right) \times \rho_{水}$$

式中 ρ'——石子的表观密度（kg/m^3）；

G_0——烘干后试样的质量（g）；

G_1——吊篮及试样在水中的质量（g）；

G_2——吊篮在水中的质量（g）；

$\rho_{水}$——水的密度（$1\,000kg/m^3$）。

石子表观密度取两次测定的算术平均值作为试验结果。若两次试验结果之差大于 $20kg/m^3$，须重新试验。对颗粒材质不均匀的试样，若两次试验结果之差超过 $20kg/m^3$，可取 4 次试验结果的算术平均值。

（二）石子堆积密度测定

（1）试验仪器设备

1）台称（称量 10kg，感量 10g）、磅称（称量 50kg 或 100kg，感量 50g）。

2）容量筒：容量筒规格如表 4-17 所示。

3）其他：垫棒（直径 16mm，长 600mm 的圆钢）、直尺、小铲等。

表 4-17 容量筒规格

最大粒径/mm	容量筒容积/L	容量筒规格		
		内径/mm	净高/mm	壁厚/mm
9.5、16.0、19.0、26.5	10	208	294	2
31.5、37.5	20	294	294	3
53.0、63.0、75.0	30	360	294	4

（2）试验步骤

1）松散堆积密度测定：取试样一份，用小铲将试样从容量筒口中心上方 50mm 处徐徐倒入，让试样自由下落，当容量筒上部试样呈锥体，且容量筒四周溢满时，即停止加料。除去凸出容量口表面的颗粒，并以合适的颗粒填满凹陷部分，使表面凸起部分和凹陷部分的体积大致相等，称试样和容量筒总质量。

2）紧密堆积密度测定：取试样一份分三次装入容量筒。装完第一层后，在筒底放上垫棒，将筒按住，左右交替颠击地面各 25 次，再装第二层，第二层装完后用同样方法颠实（但筒底垫棒的方向与第一次时的方向垂直），然后装第三层，相同方法颠实。试样装颠完毕，再加试样直至超过筒口，用钢尺沿筒口边缘刮去高出的试样，并以合适的颗粒填满凹陷部分，使表面凸起部分和凹陷部分的体积大致相等，称试样和容量筒总质量。

（3）试验结果

按下式计算石子的松散或紧密堆积密度，精确至$10kg/m^3$。

$$\rho'_0=\frac{G_1-G_2}{V'_0}$$

式中 ρ'_0——松散或紧密堆积密度（kg/m^3）；

V'_0——容量筒容积（m^3）；

G_1——容量筒和试样的总质量（kg）；

G_2——容量筒质量（kg）。

石子堆积密度取两次试验结果的算术平均值作为试验结果，精确至$10kg/m^3$。

（三）石子空隙率测定

按下式计算石子的空隙率。

$$P'=\left(1-\frac{\rho'_0}{\rho'}\right)\times100\%$$

式中 P'——卵石或碎石的空隙率（%）；

ρ'_0——松散（或紧密）堆积密度（kg/m^3）；

ρ'——卵石或碎石的表观密度（kg/m^3）。

空隙率取两次试验结果的算术平均值作为试验结果，精确至1%。

二、石子筛分试验（测定颗粒级配）

（一）试验仪器设备

（1）鼓风烘箱：能使温度控制在（105±5）℃。

（2）台称：称量10kg，感量1g。

（3）标准方孔砂筛：孔径为2.36mm、4.75mm、9.50mm、16.0mm、19.0mm、26.5mm、31.5mm、37.5mm、53.0mm、63.0mm、75.0mm、90.0mm的筛各1只，并附有底盘和筛盖（筛框内径为300mm）。

（4）其他：摇筛机、搪瓷盘、毛刷等。

（二）试验步骤

（1）将用于石子颗粒级配的试样缩分至略大于表4-18规定的数量，烘干或风干后备用。

表4-18　石子颗粒级配所需试样数量

最大粒径/mm	9.5	16.0	19.0	26.5	31.5	37.5	63.0	75.0
最少试样质量/kg	1.9	3.2	3.8	5.0	6.3	7.5	12.6	16.0

（2）称取表4-18中规定数量的试样一份，并倒入按孔径大小从上到下按表4-7组合成为一套标准筛（附上筛底）。

（3）将套筛装入摇筛机内，筛分10min；取下套筛，按筛孔从大到小再逐个手筛，筛至每分钟通过量小于砂试样总量的0.1%为止。将通过的砂试样并入下一号筛中和下一号筛中的砂样一起手筛，直至各号筛全部筛完为止。当筛余颗粒大于19.0mm时，在筛分过程中，允许用手拨动颗粒。

（4）称取各号筛的筛余量。

（5）筛分后，若各号筛的筛余量和底盘中剩余量之和与筛分前原试样质量之差超过1%时，应重新取样试验。

（三）试验结果

（1）计算各号筛上的分计筛余率（a_n）：方法同砂。

（2）计算各号筛上的累计筛余率（A_n）：方法同砂。

（3）将各号筛的累计筛余率与表4-7对照，判断该试样的颗粒级配是否合格。

三、石子含泥量测定

（一）试验仪器设备

（1）鼓风烘箱：能使温度控制在（105±5）℃。

（2）天平：称量10kg，感量1g。

（3）标准方孔砂筛：孔径为0.075mm、1.18mm的筛各1只。

（4）其他：容器（用于淘洗试样）、搪瓷盘、毛刷等。

（二）试验步骤

（1）将用于含泥量测定的石子试样缩分至略大于表4-19规定的数量，放在温度为（105±5）℃的烘箱中烘干至恒量，待冷却至室温后，分成大致相等的两份备用。

（2）称取表4-19规定数量的试样一份。将试样倒入淘洗容器中，注入清水，使水面高于试样面约150mm，充分搅拌均匀后，浸泡2h，然后用手在水中淘洗试样，使尘屑、淤泥、黏土与石子分离，将浑水缓缓倒入1.18mm和0.075的套筛上（1.18mm筛放在0.075mm筛上面），滤去小于0.075mm的颗粒。试验前筛的两面应先用水润湿，整个过程中应防止砂粒流失。

表4-19　石子含泥量、泥块含量试验所需试样数量

最大粒径/mm	9.5	16.0	19.0	26.5	31.5	37.5	63.0	75.0
最少试样质量/kg	2.0	2.0	6.0	6.0	10.0	10.0	20.0	20.0

（3）再向容器内注入清水，重复上述操作过程，直至容器内的水清澈为止。

（4）用水淋洗剩余在筛上的细砂粒，并将0.075mm的筛放在水中（使水面略高出筛中砂粒的上表面）来回摇动，以充分洗掉小于0.075mm的颗粒，然后将两只筛上的筛余颗粒和清洗容器中已经洗净的试样一并倒入搪瓷盘中，放在温度为（105±5）℃的烘箱中烘干至恒量，待冷却至室温后，称其质量。

（三）试验结果

按下式计算石子含泥量，精确至0.1%。

$$Q_a = \frac{G_0 - G_1}{G_0} \times 100\%$$

式中　Q_a——石子的含泥量（%）；

G_0——试验前石子试样质量（500g）；

G_1——试验后烘干石子试样质量（g）。

石子含泥量取两次试验结果的算术平均值作为试验结果。

四、石子泥块含量

（一）试验仪器设备

（1）鼓风烘箱：能使温度控制在（105 ±5）℃。

（2）天平：称量10kg，感量1g。

（3）标准方孔砂筛：孔径为2.36mm、4.75mm的筛各1只。

（4）其他：容器、搪瓷盘、毛刷等。

（二）试验步骤

（1）将用于泥块含量试验的石子试样缩分至略大于表4-19规定的数量，放在温度为（105 ±5）℃的烘箱中烘干至恒量，待冷却至室温后，筛除小于4.75mm的颗粒，分成大致相等的两份备用。

（2）称取表4-19规定数量的试样一份。将试样倒入淘洗容器中，注入清水，使水面高于试样表面。充分搅拌均匀后，浸泡24h，然后用手在水中碾碎泥块，再将试样放在2.36mm的筛上，用水淘洗，直至容器内的水清澈为止。

（3）将保留下来的试样从筛中取出，装入浅盘后，放在温度为（105 ±5）℃的烘箱中烘干至恒量，待冷却至室温后，称其质量。

（三）试验结果

按下式计算石子泥块含量，精确至0.1%。

$$Q_b = \frac{G_1 - G_2}{G_1} \times 100\%$$

式中 Q_b——石子的泥块含量（%）；

G_1——4.75mm筛筛余石子试样质量（g）；

G_2——试验后烘干石子试样质量（g）。

石子泥块含量取两次试验结果的算术平均值作为试验结果。

五、针、片状颗粒含量测定

（一）试验仪器设备

（1）针、片状规准仪：如图4-1所示。

（2）台秤：称量10kg，感量1g。

（3）方孔筛：孔径为4.75mm、9.50mm、16.0mm、19.0mm、26.5mm、31.5mm、37.5mm的筛各1只。

（二）试验步骤

（1）将用于针、片状颗粒含量检测的石子试样缩分至略大于表4-20规定的数量烘干或风干后至备用。

表4-20　石子针、片状颗粒含量检测所需试样数量

最大粒径/mm	9.5	16.0	19.0	26.5	31.5	37.5	63.0	75.0
最少试样质量/kg	0.3	1.0	2.0	3.0	5.0	10.0	10.0	10.0

（2）按表4-20规定数量称取一份试样。再按表4-21的粒级进行筛分。

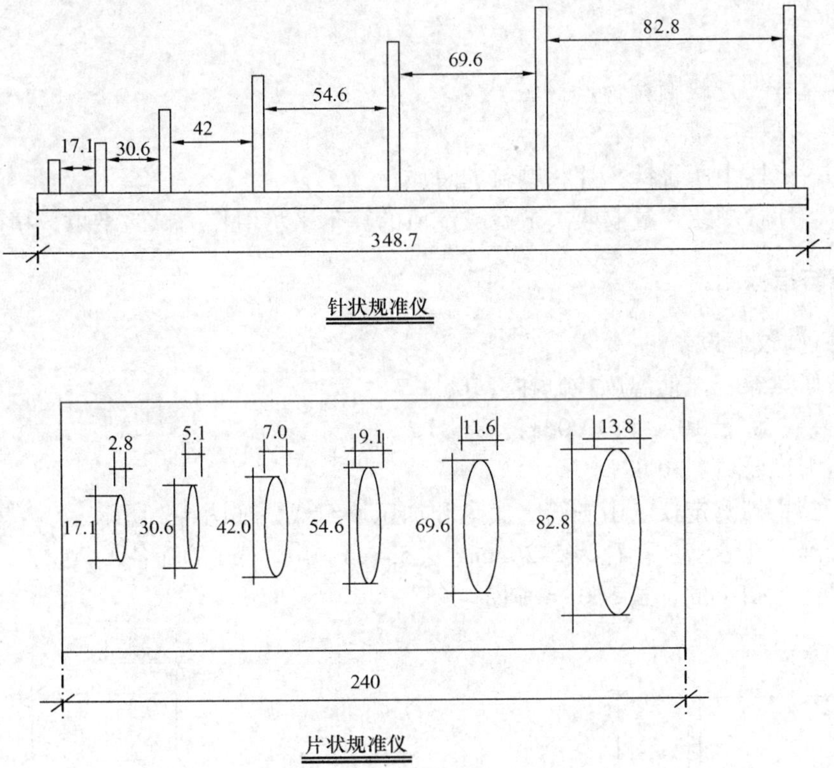

图 4-1 针、片状规准仪

表 4-21 石子针、片状颗粒含量检测的粒级划分及其相应的规准仪孔宽或间距

石子粒级/mm	4.72～9.5	9.5～16.0	16.0～19.0	19.0～26.5	26.5～31.5	31.5～37.5
片状规准仪相对应孔宽/mm	2.8	5.1	7.0	9.1	11.6	13.8
针状规准仪相对应孔宽/mm	17.1	30.6	42.0	54.6	69.6	82.8

（3）按表 4-21 规定的粒级分别用规准仪逐粒检验，凡颗粒长度大于针状规准仪上相应间距者，为针状颗粒；颗粒厚度小于片状规准仪相应孔宽者，为片状颗粒。称出其总质量。

（4）石子粒径大于 37.5mm 的碎石或卵石可用卡尺检验针、片状颗粒，卡尺卡口的设定宽度应符合表 4-22 的规定。

表 4-22 卡尺卡口的设定宽度

石子粒级/mm	37.5～53.0	53.0～63.0	63.0～75.0	75.0～90.0
检验片状颗粒的卡尺卡口设定宽度/mm	18.1	23.2	27.6	33.0
检验针状颗粒的卡尺卡口设定宽度/mm	108.6	139.2	165.6	198.0

（三）试验结果

按下式计算石子针、片状颗粒含量，精确至 1%。

$$Q_c = \frac{G_2}{G_1} \times 100\%$$

式中　Q_c——针、片状颗粒含量（%）；

G_1——试样质量（g）；

G_2——试样中所含针、片状颗粒的总质量（g）。

石子针、片状颗粒含量取两次试验测定值的算术平均值作为试验结果，精确至1%。

六、压碎指标测定

（一）试验仪器设备

（1）鼓风烘箱：能使温度控制在（105±5）℃。

（2）天平：称量10kg和1 000g，感量1g。

（3）压力试验机：300kN。

（4）压碎指标测定仪：由圆筒、底盘和加压块组成，如图4-2所示。

（5）标准方孔砂筛：孔径为2.36mm、9.53mm、19.0mm的筛各1只。

（6）垫棒：ϕ10mm，长500mm圆钢。

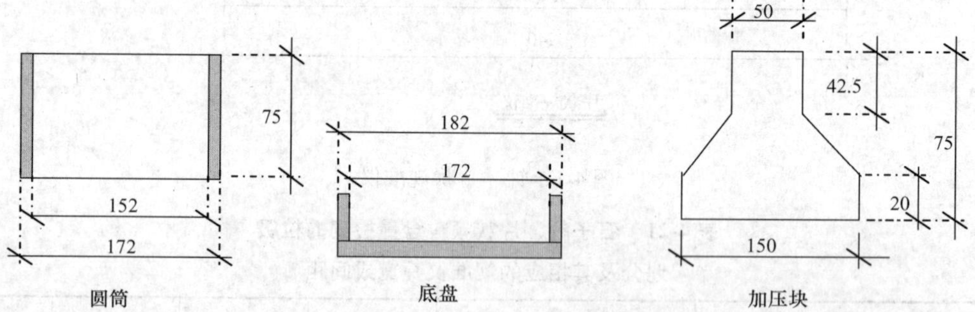

图4-2　压碎指标测定仪

（二）试验步骤

（1）将用于压碎指标试验的石子试样风干后，筛除大于19.0mm和小于9.5mm的颗粒，并除去针、片状颗粒，分成大致相等的三份备用。

（2）称取试样3 000g。将试样分两层装入已组装好的测定仪内，每装完一层试样后，在底盘下放上垫棒，将筒按住左右交替颠击地面各25次，二层颠实后平整模内试样表面，将加压块放入圆筒内。

（3）将装好试样的受压钢模置于压力机上，对准压板中心后，开动试验机，以1kN/s的速度均匀加荷200kN时稳荷5s后，以同样的速度卸荷。

（4）取下受压模，移去加压块，倒出试样，用孔径为2.36mm的筛筛除被压碎的颗粒，称出试样的筛余量。

（三）试验结果

按下式计算石子的压碎指标，精确至0.1%。

$$Q_c = \frac{G_1 - G_2}{G_1} \times 100\%$$

式中　Q_c——压碎指标值（%）；

G_1——试样质量（g）；

G_2——压碎试验后筛余质量（g）。

石子压碎指标值取三次试验结果的算术平均值作为试验结果，精确至1%。

七、石子的坚固性检验

（一）试剂和材料

（1）10%氯化钡溶液。

（2）硫酸钠溶液：在1L水中（水温30℃左右），加入无水硫酸钠（Na_2SO_4）350g，或结晶硫酸钠（$Na_2SO_4 \cdot H_2O$）750g，边加边用玻璃棒搅拌，使其溶解并饱和。然后冷却至20～25℃，在此温度下静置48h，即为试验溶液，其密度应为1.151～1.174g/cm^3。

（二）试验仪器设备

（1）鼓风烘箱：能使温度控制在（105±5）℃。

（2）台称（称量10kg，感量10g）、天平：称量1 000g，感量0.1g。

（3）三脚网篮：用金属丝制成，网篮直径和高均为100mm，高为150mm，网的孔径为2～3mm。

（4）标准方孔砂筛：孔径为2.36mm、4.75mm、9.50mm、16.0mm、19.0mm、26.5mm、31.5mm、37.5mm、53.0mm、63.0mm、75.0mm、90.0mm的筛各1只。

（5）其他：容器（瓷缸，容积不小于10L）、密度计、玻璃棒、搪瓷盘、毛刷等。

（三）试验步骤

（1）将用于坚固性试验的石子试样缩分至表4-23规定的数量。用水淋洗干净后放在温度为（105±5）℃的烘箱中烘干至恒量，待冷却至室温后，筛除小于4.75mm的颗粒，再按石子的筛分试验进行筛分后备用。

表4-23　石子坚固性试验所需试样的质量

石子粒级/mm	4.75～9.5	9.5～19.0	19.0～37.5	37.5～63.0	63.0～75.0
试样质量/g	500	1 000	1 500	3 000	3 000

（2）称取表4-23规定的试样质量。将不同粒级的试样分别装入网篮，并浸入盛有硫酸钠溶液的容器中，溶液的体积应不小于试样总体积的5倍。网篮浸入溶液时，应上下升降25次，以排除试样的气泡，然后静置于该容器中，网篮底面应距容器底面约30mm，网篮之间的距离应不小于30mm，液面至少高于试样表面30mm，溶液温度应保持在20～25℃。

（3）浸泡20h后，把装试样的网篮从溶液中取出，放在温度为（105±5）℃的烘箱中烘4h，此时，完成了第一次试验循环，待试样冷却至20～25℃后，再按上述方法进行第二次循环，从第二次开始浸泡与烘干时间均为4h，共做五次试验循环。

（4）最后一次循环后，用清洁的温水淋洗试样，直至淋洗试样后的水加入少量氯化钡溶液不出现白色混浊为止，将洗过的试样放在温度为（105±5）℃的烘箱中烘干至恒量，待冷却至室温后，用孔径为试样下限的筛过筛，称出各粒级试样试验后的筛余量，精确至0.1g。

（四）试验结果

（1）按下式计算各粒级试样质量损失百分率，精确至0.1%。

$$P_i = \frac{G_1 - G_2}{G_1} \times 100\%$$

式中 P_i——各粒级试样质量损失百分率（%）；

G_1——各粒级试样试验前的质量（g）；

G_2——各粒级试样试验后的筛余量（g）。

（2）按下式计算石子试样的总质量损失百分率，精确至1%。

$$P = \frac{a_1P_1 + a_2P_2 + a_3P_3 + a_4P_4}{a_1 + a_2 + a_3 + a_4}$$

式中 P——试样总质量损失率（%）；

P_1、P_2、P_3、P_4——各粒级试样质量损失百分率（%）；

a_1、a_2、a_3、a_4——各粒级试样的质量占试样（原试样中筛除大于4.75mm和小于0.3mm的颗粒）总质量的百分率（%）。

八、石子中有害物质含量测定

（一）有机物含量测定

（1）试剂和材料

1）试剂：氢氧化钠、鞣酸、乙醇、蒸馏水。

2）标准溶液：取2g鞣酸溶解于98mL浓度为10%的乙醇中（无水乙醇10mL加蒸馏水90mL）得所需的鞣酸溶液。取鞣酸溶液25mL注入975mL浓度为3%的氢氧化钠溶液中（3mL氢氧化钠溶于100mL蒸馏水中），加塞后剧烈摇动，静置24h即得标准溶液。

（2）试验仪器设备

1）台秤：称量10kg，感量10g。

2）天平：称量1 000g，感量0.1g和称量100g，感量0.01g各1台。

3）标准方孔砂筛：孔径为19.0mm的筛1只。

4）其他：量筒（100mL、1 000mL）、烧杯、玻璃棒、移液管等。

（3）试验步骤

1）将用于有机物含量试验的石子试样，筛除大于19.0mm以上的颗粒，缩分至约1.0kg，风干后备用。

2）向1 000mL容量筒中装入风干试样至600mL处，注入浓度为3%的氢氧化钠溶液至800mL处，剧烈搅动后静置24h。

3）比较试样上部溶液和标准溶液的颜色，盛装标准试样溶液与盛装试样的容量筒大小应一致。

（4）试验结果

试样上部的溶液颜色浅于标准溶液颜色时，则试样有机物含量合格，若两种溶液颜色接近，应把试样连同上部溶液一起倒入烧杯中，放在60～70℃的水浴中，加热2～3h，再与标准溶液比较，若颜色浅于标准溶液，认为有机物含量合格。若深于标准溶液颜色，则应配制成混凝土做进一步试验，即将一份原试样用3%氢氧化钠溶液洗除有机质，再用清水淋洗干净，与另一份原试样分别按相同的配合比配制成混凝土，测定28d的抗压强度。当原试样制成的混凝土试件强度不低于洗除有机物后试样制成的混凝土试件强度的95%时，则认为有机物含量合格。

（二）硫化物和硫酸盐含量测定

（1）试剂和材料

1）浓度为10%的氯化钡溶液（将5g氯化钡溶于50mL蒸馏水中）。

2）稀盐酸（将浓盐酸与同体积的蒸馏水混合）。

3）1%硝酸银溶液（将1g硝酸银溶于100mL蒸馏水中，再加入5～10mL硝酸，存于棕色瓶中）。

（2）试验仪器设备

1）鼓风烘箱：能使温度控制在（105±5）℃。

2）台秤：称量10kg，感量1g。

3）天平：称量1 000g，感量0.1g；称量100g，感量0.001g各1台。

4）标准方孔砂筛：孔径为0.075mm的筛1只。

5）高温炉：最高温度1 000℃。

6）粉磨钵或粉碎机。

7）其他：量筒（20mL和100mL）、烧杯（300mL）、定量滤纸、干燥器、瓷坩埚、搪瓷盘、毛刷等。

（3）试验步骤

1）将用于硫化物与硫酸盐试验的石子试样，筛除大于37.5mm以上的颗粒，缩分至约1.0kg，风干后粉磨，筛除大于0.075mm的颗粒。将小于0.075mm的试样缩分至30～40g，放在温度为（105±5）℃的烘箱中烘干至恒量，待冷却至室温后，进行粉磨（粉碎）后通过0.075mm的筛。再按四分法缩分至30～40g，放在温度为（105±5）℃的烘箱中烘干至恒量，待冷却至室温后备用。

2）称取粉末状试样1g。将粉末状试样倒入300mL烧杯中，加入20～30mL蒸馏水及10mL稀盐酸，放在电炉上加热至微沸，并保持微沸5min，使试样充分分解，用中速滤纸过滤。用温水洗涤10～12次。

3）加入蒸馏水调整滤液至200mL，煮沸后，搅拌滴加10mL浓度为10%的氯化钡溶液，并将溶液煮沸数分钟，取下静置4h（此时溶液应保持在200mL），用慢速滤纸过滤，用温水洗涤至氯离子反应消失（用1%硝酸银溶液检验）。

4）将沉淀物和滤纸一起移入已恒量的瓷坩埚内，灰化后在800℃高温炉内灼烧30min。取出瓷坩埚，在干燥器中冷却至室温后，称出试样质量。如此反复灼烧直至恒量。

（4）试验结果

按下式计算水溶性硫化物和硫酸盐含量（以SO_3计），精确至0.1%。

$$Q_c=\frac{G_2\times 0.343}{G_1}\times 100\%$$

式中　Q_c——水溶性硫化物和硫酸盐含量（%）；

G_1——粉磨试样质量（g）；

G_2——灼烧后沉淀物的质量（g）；

0.343——硫酸换算成 SO_3 的系数。

石子中硫化物和硫酸盐含量（以 SO_3 计）取两次试验结果的算术平均值作为试验结果，精确至0.1%。若两次测定的差值超过0.2%，应重新试验。

第五章　混　凝　土

第一节　混凝土配合比

一、配合比表示方法

混凝土配合比是指混凝土中各组成材料用量之间的比例关系。混凝土配合比常用的表示方法有两种：一种是以 $1m^3$ 混凝土中各组成材料的质量表示；如水泥（m_c）300kg、水（m_w）180kg、砂（m_s）720kg、石子（m_g）1 200kg；另一种表示方法是以各组成材料的质量比来表示（以水泥质量为 1），将上例换算成质量比则为：

水泥∶砂∶石子∶水＝1∶2.40∶4.00∶0.60

二、普通混凝土配合比设计

普通混凝土配合比设计是指确定混凝土拌和物中水、水泥、粗骨料、细骨料等组成材料的用量的过程。这是一个计算、试配、调整的复杂过程，大致可分为初步计算配合比、基准配合比、试验室配合比、施工配合比 4 个设计阶段。如图 5-1 所示。

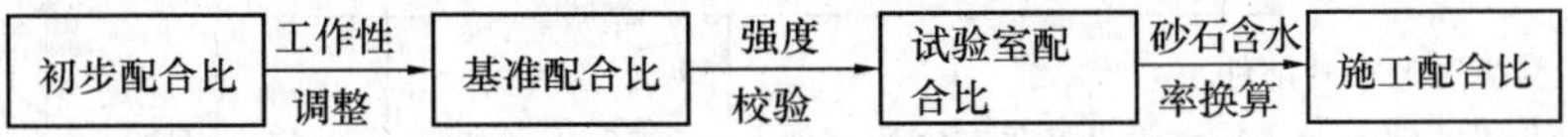

图 5-1　混凝土配合比设计的过程

初步配合比主要是依据设计的基本条件，参照理论和大量试验提供的参数进行计算，得到基本满足强度和耐久性要求的配合比；基准配合比是在初步计算配合比的基础上，通过试配、检测，进行工作性的调整，对配合比进行修正；试验室配合比是通过对水灰比的微量调整，在满足设计强度的前提下，确定水泥用量最少的方案，从而进一步调整配合比；而施工配合比是考虑实际砂、石的含水量对配合比的影响，对配合比最后的修正，是实际应用的配合比。

配合比设计的过程是一个逐步满足混凝土的强度、工作性、耐久性、节约水泥等设计目标的过程。

三、混凝土配合比设计的基本资料

在进行混凝土的配合比设计前，需确定和了解的基本资料主要有以下几个方面：

（1）组成材料的基本情况：包括水泥品种、强度等级、实际强度、密度；砂的种类、表观密度、细度模数、含水率；石子种类、表观密度、含水率；是否掺外加剂，外加剂种类。

（2）混凝土设计强度等级和强度标准差。

（3）混凝土的工作性要求，如坍落度指标。

（4）与耐久性有关的环境条件：如冻融状况、地下水情况等。

（5）工程特点及施工工艺：如构件几何尺寸、钢筋的疏密、浇筑振捣的方法等。

四、混凝土的三个基本参数

（一）水灰比

水灰比是指混凝土中用水量与水泥用量之比，反映混凝土中水与水泥之间的用量比例关系。

水灰比的确定主要取决于混凝土的强度和耐久性。从强度角度看，水灰比应小些，水灰比可根据混凝土的强度公式来确定。从耐久性角度看，水灰比小些，水泥用量多些，混凝土的密度就高，耐久性则优良，这可通过控制最大水灰比和最小水泥用量来满足（表5-1）。在强度和耐久性都已满足的前提下，水灰比应取较大值，以获得较高的流动性。

表 5-1　混凝土的最大水灰比和最小水泥用量

<table>
<tr><th colspan="2" rowspan="2">环境条件</th><th rowspan="2">结构物类别</th><th colspan="3">最大水灰比</th><th colspan="3">最小水泥用量/（kg/m³）</th></tr>
<tr><th>素混凝土</th><th>钢筋混凝土</th><th>预应力混凝土</th><th>素混凝土</th><th>钢筋混凝土</th><th>预应力混凝土</th></tr>
<tr><td colspan="2">干燥环境</td><td>正常居住或办公用房室内部件</td><td>不作规定</td><td>0.65</td><td>0.60</td><td>200</td><td>260</td><td>300</td></tr>
<tr><td rowspan="2">潮湿环境</td><td>无冻害</td><td>高湿度的室内部件
室外部件
在非侵蚀性土和（或）水中的部件</td><td>0.70</td><td>0.60</td><td>0.60</td><td>225</td><td>280</td><td>300</td></tr>
<tr><td>有冻害</td><td>经受冻害的室外部件
在非侵蚀性土（或）水中且经受冻害的部件
高湿度且经受冻害的室内部件</td><td>0.55</td><td>0.55</td><td>0.55</td><td>250</td><td>280</td><td>300</td></tr>
<tr><td colspan="2">有冻害和除冰剂的潮湿环境</td><td>经受冻害和有除冰剂作用的室内和室外部件</td><td>0.50</td><td>0.50</td><td>0.50</td><td>300</td><td>300</td><td>300</td></tr>
</table>

（二）砂率

砂率是指混凝土中砂用量占砂石总用量的百分比，反映混凝土中砂与石子之间的比例关系。

砂率主要应从满足工作性和节约水泥两个方面考虑。在水灰比和水泥用量不变的前提下，应取坍落度最大而黏聚性和保水性又好的砂率即合理砂率，这可由表5-2初步决定，经试拌调整而定。在工作性满足的情况下，砂率尽可能取小值以达到节约水泥的目的。

表 5-2　混凝土的砂率（%）

水灰比（W/C）	卵石最大粒径/mm			碎石最大粒径/mm		
	10	20	40	16	20	40
0.40	26～32	25～31	24～30	30～35	29～34	27～32
0.50	30～35	29～34	28～33	33～38	32～37	30～35

续表

水灰比（W/C）	卵石最大粒径/mm			碎石最大粒径/mm		
	10	20	40	16	20	40
0.60	33~38	32~37	31~36	36~41	35~40	33~38
0.70	36~41	35~40	34~39	39~44	38~43	36~41

注：（1）本表数值系中砂的选用砂率，对细砂或粗砂，可相应地减少或增大砂率。

（2）只用一个单粒级粗骨料配制混凝土时，砂率应适当增大。

（3）对薄壁构件，砂率取偏大值。

（4）本表适用于坍落度在10~60mm之间的混凝土。坍落度大于60mm时，可在本表的基础上，按坍落度每增加20mm，砂率增大1%的幅度予以调整；当坍落度小于10mm时，其砂率应经试验确定。

（三）单位用水量

单位用水量是指$1m^3$混凝土拌和物中所用水量。当在水灰比和水泥用量不变的情况下，单位用水量反映出水泥浆量与骨料用量之间的比例关系。水泥浆量要满足包裹粗、细骨料表面并保持足够流动性的要求，但用水量过大，会降低混凝土的耐久性。水灰比在0.40~0.80范围内时，根据粗骨料的品种、最大粒径，单位用水量可通过表5-3确定。

表5-3　塑性混凝土单位用水量（kg）

拌和物稠度		卵石最大粒径/mm				碎石最大粒径/mm			
项目	指标	10	20	31.5	40	16	20	31.5	40
坍落度/mm	10~30	190	170	160	150	200	185	175	165
	30~50	200	180	170	160	210	195	185	175
	55~70	210	190	180	170	220	205	195	185
	75~90	215	195	185	175	230	215	205	195

注：（1）本表用水量系采用中砂时的平均取值。采用细砂时，每立方米混凝土用水量可增加5~10kg，采用粗砂时，每立方米混凝土用水量则可减少5~10kg。

（2）采用各种外加剂时，用水量应相应调整。

五、普通混凝土配合比设计步骤

（一）确定初步计算配合比

（1）计算混凝土施工配制强度，按下式计算。

$$f_{cu,o} \geqslant f_{cu,k} + 1.645\sigma$$

式中　$f_{cu,o}$——混凝土配制强度（MPa）；

$f_{cu,k}$——混凝土立方体抗压强度标准值（MPa）

σ——混凝土强度标准差（MPa），可按①②两种方法确定。

①根据近期同类混凝土强度资料，按下式计算混凝土强度标准差。

$$\sigma = \sqrt{\frac{\sum_{i=1}^{n} f_{cu,i}^2 - n\overline{f_{cu}}}{n-1}}$$

式中　$f_{cu,i}$——统计周期内同类混凝土第i组试件的强度值（MPa）；

$\overline{f_{cu}}$——统计周期内同类混凝土 n 组试件强度平均值（MPa）；

n——统计周期内同类混凝土试件组数，$n \geqslant 25$。

注：对预拌混凝土厂，统计周期可取 1 个月；对现场拌制混凝土的施工单位，统计周期可根据实际情况确定，但不宜超过 3 个月。当混凝土强度等级为 C20、C25 时，如计算得到的 $\sigma < 2.5$MPa，则取 $\sigma = 2.5$MPa；当混凝土强度等级不小于 C30 时，如计算的 $\sigma < 3.0$MPa，则取 $\sigma \geqslant 3.0$MPa。

②当施工单位不具有近期同类混凝土强度统计资料时，则混凝土强度标准差取值按表 5-4 确定。

表 5-4　混凝土强度标准差与强度等级的关系

混凝土设计强度等级	< C20	C20 ~ C35	> C35
σ	4.0	5.0	6.0

（2）确定水灰比（W/C）：当混凝土强度等级小于 C60 时，水灰比可按下式计算。

$$\frac{W}{C} = \frac{\alpha_a f_{ce}}{f_{cu,o} + \alpha_a \alpha_b f_{ce}}$$

式中　α_a、α_b——回归系数，应根据工程所使用的水泥、骨料，通过试验建立的水灰比与混凝土强度关系式确定。当不具备试验统计资料时，回归系数按表 5-5 取值；

f_{ce}——水泥 28d 抗压强度实测值（MPa）。若无按下式计算：$f_{ce} = \gamma_c \cdot f_{ce,g}$；

γ_c——水泥强度等级值的富余系数，可按水泥的品种、产地、牌号等统计得出；

$f_{ce,g}$——水泥强度等级值（MPa）。

表 5-5　回 归 系 数

石子种类	α_a	α_b
碎石	0.46	0.07
卵石	0.48	0.33

（3）确定单位用水量（m_{wo}）

根据施工要求的混凝土拌和物的坍落度及所用骨料的种类和最大粒径，单位用水量可由表 5-3 查得。水灰比小于 0.40 的混凝土及采用特殊成型工艺的混凝土的用水量应通过试验确定。流动性和大流动性混凝土的用水量可以按表 5-3 中坍落度为 90mm 的用水量为基础，按坍落度每增大 20mm，用水量增加 5kg，计算出用水量。

（4）确定单位水泥用量（m_{co}）

由已求得的水灰比和用水量，可按下式计算出单位水泥用量。

$$m_{co} = \frac{m_{wo}}{\frac{W}{C}}$$

由上式计算出的水泥用量应大于表 5-1 中规定的最小水泥用量。若计算而得的水泥用量小于最小水泥用量时，应选取最小水泥用量，以保证混凝土的耐久性。

（5）确定砂率（β_s）

砂率可由试验或历史经验资料选取。如无历史资料，坍落度为 10 ~ 60mm 的混凝土的砂率可根据粗骨料品种、最大粒径及水灰比按表 5-2 选取。坍落度大于 60mm 的混凝土的砂率，可经试验确定也可在表 5-2 的基础上，按坍落度每增大 20mm，砂率增大 1% 的幅度予以调整。坍落度小于 10mm 的混凝土，其砂率应经试验确定。

（6）计算单位砂、石用量（m_{so}、m_{go}）

为求出单位砂和石子用量 m_{so}、m_{go}，可建立关于 m_{so} 和 m_{go} 的二元一次方程组。其中一个根据砂率的表达式建立，另一个根据以下两种假定建立。

1）体积法：该方法假定混凝土拌和物的体积等于各组成材料的体积与拌和物中所含空气的体积之和。如取混凝土拌和物的体积为 1m^3，则可得以下关于 m_{so}、m_{go} 的二元方程组。

$$\begin{cases} \dfrac{m_{co}}{\rho_c} + \dfrac{m_{go}}{\rho_g} + \dfrac{m_{so}}{\rho_s} + \dfrac{m_{wo}}{\rho_w} + 0.01\alpha = 1 \\ \beta_s = \dfrac{m_{so}}{m_{so} + m_{go}} \times 100\% \end{cases}$$

式中 ρ_c——水泥的密度（kg/m^3），可取 2 900～3 100（kg/m^3）；

ρ_g——粗骨料（石子）的表观密度（kg/m^3）；

ρ_s——细骨料（砂）的表观密度（kg/m^3）；

ρ_w——水的密度（1 000kg/m^3）；

α——混凝土的含气量百分数，在不使用引气型外加剂时，可取 1。

2）质量法：该方法假定混凝土拌和物质量，等于其各种组成材料质量之和，据此可得以下方程组。

$$\begin{cases} m_{co} + m_{so} + m_{go} + m_{wo} = m_{cp} \\ \beta_s = \dfrac{m_{so}}{m_{so} + m_{go}} \times 100\% \end{cases}$$

式中 m_{co}、m_{so}、m_{go}、m_{wo}——每立方米混凝土中的水泥、砂、石子、水的质量（kg）；

m_{cp}——混凝土拌和物的假定表观密度，其值可取 2 350～2 450（kg/m^3）。

解上述二元一次方程组，可解出 m_{so} 和 m_{go}。

则混凝土的初步计算配合比为 m_{co}： m_{so}： m_{go}： m_{wo}。

（二）确定基准配合比

按初步计算配合比进行混凝土拌和物试配，并对初步配合比进行调整。试配时，混凝土的搅拌量可按表 5-6 选取。当采用机械搅拌时，其搅拌不应小于搅拌机额定搅拌量的1/4。

表 5-6　混凝土试配的最小搅拌量

骨料最大粒径/mm	混凝土拌和物数量/L
31.5 及以下	15
40	25

试拌后立即测定混凝土拌和物的和易性。当测定出的混凝土拌和物坍落度或维勃稠度比要求值大时，应在水灰比不变前提下，增加用水量和水泥用量；当比要求值小时，应在砂率不变的前提下，增加砂、石用量；当黏聚性、保水性差时，可适当加大砂率。调整

时，应即时记录调整后的各材料用量（m_{cb}，m_{gb}，m_{sb}，m_{wb}），并实测调整后混凝土拌和物的表观密度ρ_{oh}（kg/m³）。则调整后的混凝土拌和物试样总质量为：

$$m_{Qb}=m_{cb}+m_{wb}+m_{sb}+m_{gb}$$

按下式计算出基准配合比（调整后，1m³混凝土拌和物中各组成材料用量）。

$$m_{cj}=\frac{m_{cb}}{m_{Qb}}\rho_{oh}(\mathrm{kg/m^3})$$

$$m_{wj}=\frac{m_{wb}}{m_{Qb}}\rho_{oh}(\mathrm{kg/m^3})$$

$$m_{sj}=\frac{m_{sb}}{m_{Qb}}\rho_{oh}(\mathrm{kg/m^3})$$

$$m_{gj}=\frac{m_{gb}}{m_{Qb}}\rho_{oh}(\mathrm{kg/m^3})$$

（三）确定试验室配合比

基准配合比是根据混凝土拌和物工作性要求调整得到的配合比，是否能真正满足混凝土的强度要求，还需进行强度试验检验。

做强度试验时，在基准配合比的基础上采用三个不同的配合比，其中一个为基准配合比中的水灰比，另外两个较基准配合比的水灰比分别增加和减少0.05。其用水量应与基准配合比的用水量相同，砂率可分别增大和减少1%。

制作混凝土强度试验试件时，应检测混凝土拌和物的坍落度或维勃稠度、黏聚性、保水性及拌和物的体积密度，并作为相应配合比混凝土拌和物性能指标。进行混凝土强度试验时，每种配合比至少应制作一组试件，标准养护28d，再进行力学试验，测出其立方体抗压强度。需要时可同时制作几组试件。

根据试验得出的混凝土强度与其相对应的灰水比（C/W）关系，用作图法或计算法求出与混凝土施工配制强度相对应的灰水比。

按下列原则确定1m³混凝土各组成材料的用量。

（1）用水量（m_w）应在基准配合比用水量的基础上，根据制作强度试件时测得的坍落度或维勃稠度进行调整确定。

（2）水泥用量（m_c）应以用水量乘以选定出来的灰水比计算确定。

（3）粗骨料和细骨料用量（m_g和m_s）应在基准配合比的粗骨料和细骨料用量的基础上，按选定的灰水比进行调整后确定。

经试配确定配合比后，尚应按下列步骤进行校正：据前述已确定的材料用量按下式计算混凝土的表观密度计算值$\rho_{c,c}$：

$$\rho_{c,c}=m_c+m_g+m_s+m_w$$

再按下式计算混凝土配合比校正系数δ：

$$\delta=\frac{\rho_{c,t}}{\rho_{c,c}}$$

式中 $\rho_{c,t}$——混凝土拌和物表观密度实测值（kg/m³）；

$\rho_{c,c}$——混凝土拌和物表观密度计算值（kg/m³）。

当混凝土拌和物表观密度实测值与计算值之差的绝对值不超过计算值的2%时，以前的配合比即为确定的试验室配合比；当二者之差超过2%时，应将配合比中每项材料用量均乘以校正系数δ，即为最终确定的试验室配合比。

但遇有下列情况之一时，应重新进行配合比设计：

1）对混凝土性能指标有特殊要求时；

2）水泥、外加剂或矿物掺和料品种、质量有显著变化时；

3）该配合比的混凝土生产间断半年以上时。

（四）确定施工配合比

经测定施工现场砂含水率为w_s，石子的含水率为w_g，则施工配合比为：

$$m'_c = m_c$$

$$m'_s = m_s\ (1 + w_s)$$

$$m'_g = m_g\ (1 + w_g)$$

$$m'_w = m_w - m_s \times w_s - m_g \times w_g$$

式中水　m'_c、m'_s、m'_g、m'_w——施工配合比中各组成材料的单位用量（kg）；

m_c、m_w、m_s、m_g——试验室配合比中各组成材料的单位用量（kg）。

在进行混凝土配合比计算时，其计算公式和有关参数表格中的数值均系以干燥状态骨料（含水率小于0.05%的细骨料或含水率小于0.2%的粗骨料）为基准。当以饱和面干骨料为基准进行计算时，则应做相应的调整，即施工配合比公式中的w_s和w_g分别表示现场砂石含水率与其饱和面干含水率之差。

第二节　混凝土的主要技术性能

混凝土按是否硬化分为混凝土拌和物、硬化混凝土两个阶段。不同阶段的混凝土的技术性能要求不同。混凝土拌和物的技术性能是和易性（又称工作性），硬化混凝土的技术性能有强度、耐久性和变形性能。

一、和易性

（一）和易性的概念

和易性是指混凝土拌和物在一定的施工条件下（如设备、工艺、环境等）易于各工序（搅拌、运输、浇注、捣实）施工操作，并能获得质量稳定、整体均匀、成型密实的硬化混凝土的性能。和易性是一项综合性的技术性能，包括流动性、黏聚性、保水性三个方面的性能。

流动性是指混凝土拌和物在自重或机械振捣作用下，易于流动并均匀密实地填满模板的性能。流动性的大小，反映混凝土拌和物的稀稠，直接影响浇捣施工的难易和混凝土的质量，流动性好，混凝土容易操作、成型。

黏聚性是指混凝土各组成材料之间有一定的黏聚力，使混凝土保持整体均匀完整和稳定的性能，在运输和浇注过程中不致产生分层和离析现象。黏聚性差会影响混凝土的成型、浇筑质量，造成强度下降，耐久性不满足要求。

保水性是指混凝土拌和物在施工过程中，具有一定的保持内部水分的能力而不致产生严重的泌水现象。新拌混凝土是由不同密度、不同粒径的颗粒和水组成，在自重和外力作用下，固体颗粒下沉，水上浮于混凝土表面，形成泌水，造成硬化后混凝土表面酥软，当泌水发生在骨料或钢筋下面时，影响混凝土的整体均匀性。保水性差的混凝土拌和物，因泌水会形成易透水的孔隙，使混凝土的密实性变差，强度和耐久性降低。

混凝土拌和物的流动性、黏聚性、保水性三者之间既互相联系，又互相矛盾。如黏聚性好则保水性一般也较好，但流动性可能较差；当增大流动性时，黏聚性和保水性往往会变差。因此，拌和物的和易性良好，一般是指这三方面性能在某种具体工作条件下达到统一，达到均为良好的状况。

（二）和易性的测定及评定

混凝土拌和物的和易性内涵比较复杂，难以用一种简单的测定方法和指标来全面恰当地评价。根据我国现行标准《普通混凝土拌和物性能试验方法》规定，用坍落度法和维勃稠度法定量测定混凝土拌和物的流动性，并辅以直观经验评定黏聚性和保水性，以此综合评定和易性。具体试验方法详见本章第四节一、二中内容。

混凝土拌和物可根据其坍落度值大小分为大流动性混凝土（坍落度值≥160mm）、流动性混凝土（坍落度值为100～150mm）、塑性混凝土（坍落度值为50～90mm）、低塑性混凝土（坍落度值为10～40mm）。当拌和物的坍落度值小于10mm时，为干硬性混凝土，须用维勃稠度（s）表示其流动性。

（三）和易性的选用

混凝土拌和物的坍落度根据施工方法和结构条件（断面尺寸、钢筋分布情况），并参考有关资料加以选择。对无筋厚大结构、钢筋配置稀疏易于施工的结构，尽可能选用较小的坍落度，以节约水泥。反之，对断面尺寸较小、形状复杂或配筋特密的结构，则应选用较大的坍落度。一般在便于操作和保证捣实的条件下，尽可能选用较小的坍落度，以节约水泥，提高强度，获得质量合格的混凝土拌和物，具体选择可参考表5-7。

表5-7　混凝土坍落度的适宜范围

项　目	结　构　特　点	坍落度/mm
1	无筋的厚大结构或配筋稀疏的构件	10～30
2	板、梁和大型及中型截面的柱子等	35～50
3	配筋较密的结构（薄壁、筒仓、细柱等）	55～70
4	配筋特密的结构	75～90

表5-7中系指采用机械振捣的坍落度，当采用人工捣实时可适当增大。当施工工艺采用混凝土泵送混凝土拌和物时，可通过掺入高效减水剂等措施提高流动性，使坍落度达到120～180mm。

二、强度

（一）普通混凝土受压破坏的特点

混凝土受压一般有三种破坏形式，一是骨料先破坏；二是水泥石先破坏；三是水泥石与粗骨料的接合面发生破坏。在普通混凝土中第一种破坏形式不可能发生，因拌制普通混凝土的骨料强度一般都大于水泥石。第二种仅会发生在骨料少而水泥石过多的情况下，在一般配合比正常时也不会发生。最可能发生的受压破坏形式是第三种，即最早的破坏发生在水泥石与粗骨料的结合面上。水泥石与粗骨料的结合面由于水泥浆的泌水及水泥石的干缩存在着早期微裂缝，随着所加外荷载的逐渐加大，这些微裂缝逐渐加大、发展，并迅速进入水泥石，最终造成混凝土的整体贯通开裂。由于普通混凝土这种受压破坏特点，水泥石与粗骨料结合面的黏结强度就成为普通混凝土抗压强度的主要决定因素。

（二）强度指标

强度是混凝土硬化后的主要力学性能，并且与其他性能关系密切。混凝土的强度指标有多种，具体如表 5-8 所示。

表 5-8　混凝土强度指标及其作用

序　号	强　度　指　标		主　要　作　用
1	抗压强度	立方体抗压强度	判定混凝土质量的最主要依据
		轴心抗压强度	混凝土结构设计的取值依据
2	抗折强度（又称抗弯拉强度）		道路路面混凝土质量的主要判断依据
3	劈裂抗拉强度		确定混凝土抗裂度的重要指标
4	混凝土与钢筋的黏结强度（又称握裹强度）		

（1）立方体抗压强度

按照国家标准《普通混凝土力学性能试验方法标准》（GB/T 50081—2002）的规定，以边长为 150mm 的立方体试件，在标准养护条件（温度 20℃ ±2℃，相对湿度≥90%）下养护 28d 进行抗压强度试验所测得的极限抗压强度称为混凝土的立方体抗压强度，以 $f_{c,c}$ 表示。

混凝土的立方体抗压强度试验，也可根据粗骨料的最大粒径而采用非标准试件得出强度值，但必须经乘系数换算。换算系数见表 5-9。

表 5-9　混凝土试件尺寸及强度的尺寸换算系数

试件尺寸/mm	强度的尺寸换算系数	最大粒径/mm
100×100×100	0.95	≤31.5
150×150×150	1.00	≤40.0
200×200×200	1.05	≤63.0

（2）轴心抗压强度

立方体抗压强度是评定混凝土质量的依据，而实际工程中绝大多数混凝土构件都是棱柱体或圆柱体。同样的混凝土，试件形状不同，测出的强度值会有较大差别。为与实际情况相符，结构设计中采用混凝土的轴心抗压强度作为混凝土轴心受压构件设计强度的取值依据。混凝土的轴心抗压强度是采用 150mm×150mm×300mm 的棱柱体标准试件，在标准养护条件下所测得的 28d 抗压强度值，以 $f_{c,p}$ 表示。根据大量的试验资料统计，轴心抗压强度与立方体抗压强度之间的关系为：$f_{c,p} = (0.7 \sim 0.8) f_{c,c}$。

（三）立方体抗压强度标准值和强度等级

影响混凝土强度的因素非常复杂，大量的统计分析和试验研究表明，同一等级的混凝土，在龄期、生产工艺和配合比基本一致的条件下，其强度呈正态分布。立方体抗压强度的标准值是指按标准试验方法测得的立方体抗压强度总体分布中的一个值，强度低于该值的百分率不超过5%（具有95%的强度保证率）。

为便于设计和施工选用混凝土，将混凝土按立方体抗压强度标准值分成若干等级，即强度等级。混凝土的强度等级采用符号C和立方体抗压强度标准值表示，普通混凝土划分为C10、C15、C20、C25、C30、C35、C40、C45、C50、C55、C60、C65、C70、C75、C80 15个等级。

三、耐久性

混凝土的耐久性是指混凝土在所处环境及使用条件下经久耐用的性能。环境（如空气、水的作用，温度变化、阳光辐射、侵蚀性介质作用等）对混凝土的物理和化学作用以及混凝土抵抗环境作用的能力，是影响混凝土结构耐久性的因素。

混凝土的耐久性是一个综合性概念，它包含的内容很多，如抗渗性、抗冻性、抗腐蚀性、抗碳化能力、抗碱集料反应等。这些性能都决定着混凝土经久耐用的程度，故统称为耐久性。

（一）抗渗性

抗渗性是指混凝土抵抗压力水渗透的性能。它不但关系到混凝土本身的抗渗性能（如地下工程、海洋工程等），还直接影响到混凝土的抗冻性、抗腐蚀性等其他耐久性指标。

混凝土渗透的主要原因是其本身内部的连通孔隙形成的渗水通道，这些通道是由于拌和水的占据作用和养护过程中的泌水造成的，同时外界环境的温度和湿度不宜也会造成水泥石的干缩裂缝，加剧混凝土的抗渗能力下降。改善混凝土抗渗性的主要技术措施是采用低水灰比的干硬性混凝土，同时加强振捣和养护，以提高密实度，减少渗水通道的形成。

混凝土的抗渗性采用抗渗等级表示。抗渗等级是以养护至28d的一组6个试件，在抗渗试验仪上所能承受的最大水压力（MPa）。共有P4、P6、P8、P10和P12五个抗渗等级，它们分别表示混凝土能抵抗0.4MPa、0.6MPa、0.8MPa、1.0MPa和1.2MPa的静水压力而不渗水。

（二）抗冻性

混凝土的抗冻性是指混凝土在饱水状态下，能经受多次冻融循环而不破坏，同时也不严重降低原有性能的能力。在寒冷地区，特别是接触水又受冻的环境下的混凝土，要求具有较高的抗冻性。

混凝土的抗冻性用抗冻等级来表示。抗冻等级是以28d龄期的混凝土标准试件，在饱水后反复冻融循环，以抗压强度损失不超过25%，且质量损失不超过5%时，所能承受的最大的循环次数来确定，如F10、F15、F25、F50、F100、F150、F200、F250和F300分别表示混凝土能承受冻融循环的最多次数不少于10、15、25、50、100、150、200、250和300次。

混凝土的密实度、孔隙率和孔隙构造、孔隙的充水程度是影响抗冻性的主要因素。密实的混凝土和具有封闭孔隙的混凝土（如引气混凝土），抗冻性较高。掺入引气剂、减水剂和防冻剂，可有效提高混凝土的抗冻性。

（三）抗腐蚀性

当混凝土所处的环境水有腐蚀性介质时，会对混凝土提出抗腐蚀性的要求。混凝土的抗腐蚀性取决于水泥品种及混凝土的密实性。密实度越高，连通孔隙越少，外界的侵蚀性介质越不易侵入，故混凝土的抗腐蚀性好。提高混凝土抗腐蚀性的主要措施，是合理选择水泥品种，降低水灰比，提高混凝土密实度和改善孔隙结构。

（四）抗碳化性

混凝土的碳化是指空气中的二氧化碳及水通过混凝土的裂缝与水泥石中的氢氧化钙反应生成碳酸钙，从而使混凝土的碱度降低的过程。

混凝土的碳化可使混凝土表面的强度提高，但对混凝土的有害作用却更为突出，碳化造成的碱度降低可使钢筋混凝土中的钢筋丧失碱性保护作用而发生锈蚀，锈蚀的生成物体积膨胀进一步造成混凝土的微裂。碳化还能引起混凝土的收缩，使碳化层处于受拉力状态而开裂，降低混凝土的受拉强度。采用水化后氢氧化钙含量高的硅酸盐水泥比采用掺混合材料的硅酸盐水泥的混凝土碱度要高，碳化速度慢，抗碳化能力强。低水灰比的混凝土孔隙率低，二氧化碳不易侵入，故抗碳化能力强。此外，环境的相对湿度在50%～75%时碳化最快，相对湿度小于25%或达到饱和时，碳化会因为水分过少或水分过多堵塞了二氧化碳的通道而停止。此外，二氧化碳浓度以及养护条件也是影响混凝土碳化速度及抗碳化能力的原因。研究表明，当钢筋混凝土碳化达到钢筋位置时，钢筋发生锈蚀，其寿命终结。故对于钢筋混凝土来说，提高其抗碳化能力的措施之一就是提高保护层的厚度。

在实际工程中，为减少碳化作用对钢筋混凝土结构的不利影响，可采取以下措施：

（1）在钢筋混凝土结构中采用适当的保护层，使碳化深度在建筑物设计年限内达不到钢筋表面。

（2）根据工程所处环境及使用条件，合理选择水泥品种。

（3）使用减水剂，改善混凝土的和易性，提高混凝土的密实度。

（4）采用水灰比小，单位水泥用量较大的混凝土配合比。

（5）加强施工质量控制，加强养护，保证振捣质量，减少或避免混凝土出现蜂窝等质量事故。

（6）在混凝土表面涂刷保护层，防止二氧化碳侵入。

（五）碱集料反应

碱集料反应生成的碱－硅酸凝胶吸水膨胀会对混凝土造成胀裂破坏，使混凝土的耐久性严重下降。

产生碱集料反应的原因：一是水泥中碱（Na_2O或K_2O）的含量较高；二是集料中含有活性氧化硅成分；三是存在水分的作用。解决碱集料反应的技术措施主要是选用低碱度水泥（含碱量<0.6%）；在水泥中掺活性混合材料以吸取水泥中钠、钾离子；掺加引气剂，释放碱－硅酸凝胶的膨胀压力。

第三节　混凝土取样规定及试块制作

一、混凝土取样

混凝土工程施工中，由于检查结构构件混凝土质量进行混凝土试验时，其取样方法和原则应按《混凝土结构工程施工质量验收规范》（GB 50204—2002）进行。取样应在混凝土的浇注地点随机抽样，取样与试件留置应符合下列规定：

（1）每拌制100盘且不超过100m^{3}的同配合比的混凝土，取样不得少于一次。

（2）每工作时间拌制的同一配合比的混凝土不足100盘时，取样不得少于一次。

（3）每一次连续浇筑超过1 000m^{3}时，同一配合比的混凝土每200m^{3}取样不得少于一次。

（4）每一楼层，同一配合比的混凝土，取样不得少于一次。

（5）每一次取样应至少留置一组标准养护试件，同条件养护试件的留置组数应根据实际需要确定。

二、混凝土试件制作及养护

（一）试验仪器设备

（1）试模：应具有足够的刚度并便于拆装。试模内表面应刨光，其不平度应不大于试件边长的0.05%。组装后各相邻面的不垂直度应不超过±1°。

（2）捣实设备可选用下列三种之一：

1）振动台：试验用振动台的振动频率应为（50±3）Hz，空载时振幅应约为0.5mm。

2）振动棒：直径30mm高频振动棒。

3）钢制捣棒：直径16mm、长600mm，一端为弹头形。

（3）混凝土标准养护室：温度应控制在（20±2）℃，相对湿度为90%以上。

（二）试件制备的一般技术规定

（1）混凝土物理力学性能试验一般以3个试件为一组。每组试件所用的拌和物应从同盘或同一车运送的混凝土中取出，或在试验室用机械或人工单独拌制。用以检验现浇混凝土工程或预制构件质量的试件分组及取样原则，应按现行《混凝土结构工程施工验收规范》（GB 50204—2002）及其他有关规定执行。

（2）所有试件应在取样后立即制作。确定混凝土设计特征值、强度等级或进行材料性能研究时，试件的成型方法应视混凝土设备条件、现场施工方法和混凝土的稠度而定。坍落度不大于70mm的混凝土，宜用振动台振实；大于70mm的宜用捣棒人工捣实。检验工程和构件质量的混凝土试件成型方法应尽可能与实际施工采用的方法相同。

（3）混凝土骨料的最大粒径应小于试件最小边长的1/3。

（4）制作不同力学性能试验所需标准试件的规格及最少制作数量的要求见表5-10。

表5-10　标准试件规格及制作数量

序号	试验项目	试件规格/mm	与标准试件比值	制作试件数量组/块	骨料最大粒径/mm
1	立方体抗压强度试验	150×150×150 100×100×100 200×200×200	1 0.95 1.05	1（3） 1（3） 1（3）	40 30 60
2	轴心抗压强度试验	150×150×300 100×100×300 200×200×400	1 0.95 1.05	1（3） 1（3） 1（3）	40 30 60

续表

序号	试验项目	试件规格/mm	与标准试件比值	制作试件数量组/块	骨料最大粒径/mm
3	劈裂抗拉强度试验	150×150×150 100×100×100	1 0.85	1（3） 1（3）	40 20
4	抗折强度试验	150×150×600（或550） 100×100×400	1 0.85	1（3） 1（3）	40 30
5	混凝土与钢筋握裹力试验	100×100×200 150×150×150	1 1	1（6） 1（6）	30 40

（三）混凝土试件制作步骤

（1）在制作试件前，检查试模，拧紧螺栓并清刷干净。在其内壁涂上一薄层矿物油脂。

（2）室内混凝土拌和应按规范的要求进行拌和。

（3）振捣成型

1）采用振动台成型时，应将混凝土拌和物一次装入试模，装料时应用抹刀沿试模内壁略加插捣，并使混凝土拌和物高出试模上口。振动时应防止试模在振动台上自由跳动。振动应持续到混凝土表面出浆为止，刮除多余的混凝土，并用抹刀抹平。

2）采用人工插捣时，混凝土拌和物应分2层装入试模，每层的装料厚度大致相等。插捣用的钢制捣棒长为600 mm，直径为16 mm，端部应磨圆。插捣应按螺旋方向从边缘向中心均匀进行，插捣底层时，捣棒应达到试模底部，插捣上层时，捣棒应穿入下层深度为20～30 mm，插捣时捣棒应保持垂直，不得倾斜。同时，还应用抹刀沿试模内壁插入数次。每层的插捣次数应根据试件的截面而定，一般每100 cm^2截面面积不应少于12次。插捣完后，应用橡皮锤轻轻敲击试模四周，直至插捣留下的空洞消失为止，刮除多余的混凝土，并用抹刀抹平。

（4）试件成型后，在混凝土初凝前1～2h需进行抹面，要求沿模口抹平，进行编号。

（四）试件养护

试件成型后应立即用不透水的薄膜覆盖表面。

（1）养护方法

根据试验目的不同，试件可采用标准养护或与构件同条件养护。

1）确定混凝土特征值、强度等级或进行材料性能研究时应采用标准养护；检验现浇混凝土工程或预制构件中混凝土强度时，试件应采用同条件养护。

2）试件一般养护龄期为28d（由成型时算起）进行试验。但也可以按要求（如需确定拆模、起吊、施加预应力或承受施工荷载等时的力学性能）养护到所需的龄期。

（2）养护条件

1）标准养护：采用标准养护的试件，应在温度为20℃±5℃的环境中静置一昼夜至二昼夜，然后编号、拆模。拆模后应立即放入温度为20℃±2℃，相对湿度为95%以上的标准养护室中养护，或在温度为20℃±2℃的不流动的$Ca(OH)_2$饱和溶液中养护。标准养护室内的试件应放在支架上，彼此间隔10～20mm，试件表面应保持潮湿，并不得被水直接冲淋。

2）同条件养护：同条件养护试件的拆模时间可与实际构件的拆模时间相同，拆模后，试件仍需保持同条件养护。

第四节 普通混凝土拌和物试验

采用标准：《普通混凝土拌和物性能试验方法标准》（GB/T 50080 —2002）。

一、坍落度试验

本方法适用于测定骨料最大粒径不大于40mm、坍落度值不小于10mm的塑性混凝土拌和物坍落度，并评定混凝土拌和物的黏聚性和保水性。

（一）试验仪器设备

（1）坍落度筒：由薄钢板或其他金属制成的圆台形筒，如图5-2所示。其内壁应光滑，无凹凸部位。底面和顶面应互相平行并与锥体的轴线垂直，在坍落度筒外部2/3高度处安2个手把，下端应焊上脚踏板。筒的内部尺寸如表5-11所示。

表5-11 坍落度筒内部尺寸

筒底部直径/mm	筒顶部直径/mm	筒高度/mm	筒壁厚度/mm
200±2	100±2	300±2	≥1.5

（2）捣棒：直径16mm、长600mm的钢棒，端部应磨圆，如图5-2所示。

（3）其他：小铲、钢尺、喂料斗等。

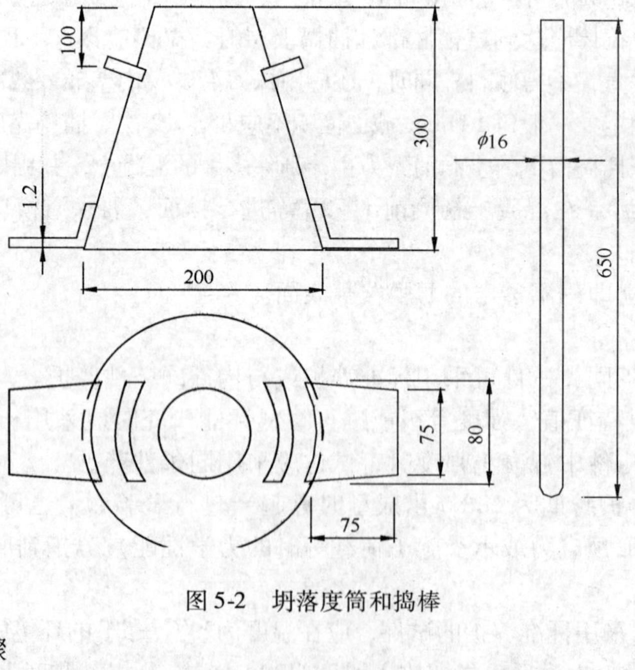

图5-2 坍落度筒和捣棒

（二）试验步骤

（1）湿润坍落度筒及其他用具，并把筒放在不吸水的刚性水平底板上，然后用脚踩住两个脚踏板，使坍落度筒在装料时保持位置固定。

（2）把按要求取得的混凝土试样用小铲分3层均匀地装入筒内，使捣实后每层高度为筒高的1/3左右。每层用捣棒沿螺旋方向在截面上由外向中心均匀插捣25次。插捣筒边混凝土时，捣棒可以稍稍倾斜。插捣底层时，捣棒应贯穿整个深度，插捣第二层和顶层时，捣棒应插透本层至下一层的表面。

装到顶层时，混凝土应高出筒口。插捣过程中，如混凝土沉落到低于筒口，则应随时添加。顶层插捣完后，刮出多余的混凝土，并用抹刀抹平。

（3）清除筒边底板上的混凝土，然后垂直平稳地提起坍落度筒。坍落度筒的提离过程应在5~10s内完成。从开始装料到提起坍落度筒的整个过程应不间断地进行，并应在150s内完成。

（4）提起坍落度筒后，量测筒高与坍落后混凝土试体最高点之间的高度差，即为该混凝土拌和物的坍落度值。

（三）试验结果

（1）坍落度筒提离后，如混凝土发生崩坍或一边剪坏现象，则应重新取样另行测定。如第二次试验仍出现上述现象，则表示该混凝土拌和物和易性不好，应予记录备查。

（2）观察坍落后的混凝土试体的黏聚性和保水性。黏聚性的检查方法是用捣棒在已坍落的混凝土锥体侧面轻轻敲打，此时，如果锥体逐渐下沉，则表示黏聚性良好，如果锥体倒塌、部分崩裂或出现离析现象，则表示黏聚性不好。

（3）保水性以混凝土拌和物中稀浆析出的程度来评定。坍落度筒提起后如有较多的稀浆从底部析出，锥体部分的混凝土也因失浆而骨料外露，则表明此混凝土拌和物的保水性能不好。

（4）当混凝土拌和物的坍落度大于220mm时，用钢尺测量混凝土扩展后最终的最大直径和最小直径，在这两个直径之差小于50mm的条件下，用其算数平均值作为坍落度扩展值；否则，此次试验无效。如果发现粗骨料在中央堆集或边缘有水泥浆析出，表示此混凝土拌和物抗离析性不好，应予记录。

（5）混凝土拌和物坍落度以mm为单位，测量精确至1mm，结果表达修约至5mm。

二、维勃稠度试验

本方法适用于评定坍落度在10mm以内、骨料最大粒径不大于40mm、维勃稠度在5~30s之间的干硬性混凝土拌和物稠度的测定。

（一）试验仪器设备：

（1）维勃稠度仪由以下部分组成，如图5-3所示。

1）振动台：台面长380mm，宽260mm，支承在4个减震器上。台面底部安有频率为50Hz±3Hz的振动器。装有空容器时台面的振幅应为0.5mm±0.1mm。

2）容器：由钢板制成，内径为240mm±5mm，高为200mm±2mm，筒壁厚为3mm，筒底厚为7.5mm。

3）坍落度筒：其内部尺寸如表5-11所示，无下端脚踏板。

4）旋转架：与测杆及喂料斗相连。测杆下部安装有透明且水平的圆盘，并用测杆螺丝把测杆固定在套管中。旋转架安装在支柱上，通过十字凹槽来固定方向，并用定位螺丝来固定其位置。就位后，测杆或喂料斗的轴线均应与容器的轴线重合。

5）透明圆盘直径为230mm±2mm，厚度为10mm±2mm。荷重块直接固定在圆盘上。

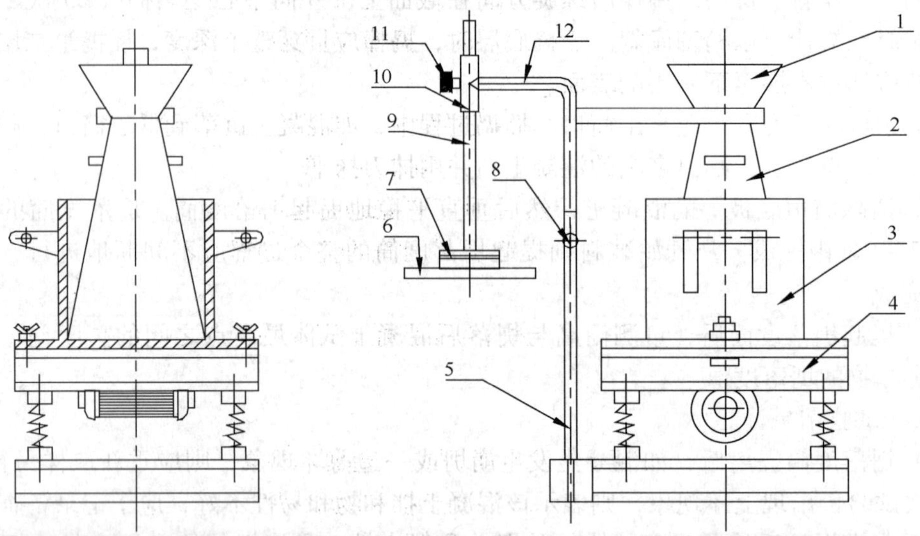

1—喂料器；2—坍落度筒；3—容器；4—振动台；5—支柱；6—透明圆盘；
7—荷重块；8—定位螺丝；9—测杆；10—套管；11—测杆螺丝；12—旋转架

图 5-3　维勃稠度仪

由测杆、圆盘及荷重块组成的滑动部分总重量应为 2 750g ± 50g。

（2）捣棒：直径 16mm、长 600mm 的钢棒，端部应磨圆。

（二）试验步骤

（1）把维勃稠度仪放置在坚实水平的基面上，用湿布把容器、坍落度筒、喂料斗内壁及其他用具擦湿。

（2）将喂料斗提到坍落度筒上方扣紧，校正容器位置，使其中心与喂料斗中心重合，然后拧紧固定螺丝。

（3）按要求取得的混凝土试样用小铲分三层经喂料斗均匀地装入筒内，装料及插捣的方法应符合上述坍落度试验步骤（2）的规定。

（4）转离喂料斗，小心并垂直地提起坍落度筒，此时应注意不使混凝土试体产生横向的扭动。

（5）把透明圆盘转到混凝土圆台体顶面，放松测杆螺丝，小心地降下圆盘，使它轻轻接触到混凝土顶面。

（6）拧紧固定螺丝，并检查测杆螺丝是否已经完全放松，同时开启振动台和秒表，当振动到透明圆盘的底面被水泥浆布满的瞬间停下秒表，关闭振动台，记下秒表上的时间，读数精确至 1s。

（三）试验结果

由秒表读出的时间（s），即为该混凝土拌和物的维勃稠度值。

三、混凝土拌和物凝结时间测定

本方法适用于从混凝土拌和物中筛出的砂浆用贯入阻力仪来确定坍落度值不为零的混凝土拌和物凝结时间的测定。

（一）试验仪器设备

贯入阻力仪由加荷装置、测针、砂浆试样筒和标准筛组成。

（1）加荷装置：最大测量值应不小于1 000N，精度为±10N。

（2）测针：长为100mm，承压面积为100mm^2、50mm^{2}和20mm^{2}三种测针；在距贯入端25mm处刻有一圈标记。

（3）砂浆试样筒：上口径为160mm，下口径为150mm，净高为150mm刚性不透水的金属圆筒，并配有盖子。

（4）标准筛：筛孔为5mm的符合现行国家标准《试验筛》（GB/T 6005）规定的金属圆孔筛。

（二）试验步骤

（1）采用筛孔5mm标准筛，从按标准方法制备或现场取样的混凝土拌和物试样中，筛出砂浆，并将其拌和均匀。

（2）将砂浆一次分别装入三个试样筒中，做三个试验。坍落度不大于70mm的混凝土宜用振动台振实砂浆；坍落度大于70mm的宜用捣棒人工捣实砂浆。用振动台振实砂浆时，振动应持续到表面出浆为止，不得过振；用捣棒人工捣实时，应沿螺旋方向由外向中心均匀插捣25次，然后用橡皮锤轻轻敲打筒壁，直到插捣孔消失为止。振实或插捣后，砂浆表面应低于砂浆试样筒口约10mm；砂浆试样筒应立即加盖。

（3）砂浆试样制备完毕，编号后置于温度为20℃±2℃的环境中或现场同条件下待试，并在以后的整个测试过程中，环境温度应始终保持20℃±2℃。现场同条件测试时，应与现场条件保持一致。在整个测试过程中，除在吸取泌水或进行贯入试验外，试样筒应始终加盖。

（4）凝结时间测定从水泥与水接触瞬间开始计时。根据混凝土拌和物的性能，确定测针试验时间，以后每隔0.5h测试一次，在临近初、终凝时可增加测定次数。

（5）在每次测试前2min，将一片20mm厚的垫块垫入筒底一侧使其倾斜，用吸管吸去表面的泌水，吸水后平稳地复原。

（6）测试时将砂浆试样筒置于贯入阻力仪上，测针端部与砂浆表面接触，然后在10s±2s内均匀地使测针贯入砂浆25mm±2mm深度，记录贯入压力，精确至10N；记录测试时间，精确至1min；记录环境温度，精确至0.5℃。

（7）各测点的间距应大于测针直径的两倍且不小于15mm，测点与试样筒壁的距离应不小于25mm。

（8）贯入阻力测试在0.2～28MPa之间应至少进行6次，直至贯入阻力大于28MPa为止。

（9）在测试过程中应根据砂浆凝结状况，适时更换测针，更换测针宜按表5-12选用。

表5-12　测针选用规定表

贯入阻力/MPa	0.2～3.5	3.5～20	20～28
测针面积/mm^2	100	50	20

（三）试验结果

（1）按下式计算贯入阻力，精确至0.1MPa。

$$f_{PK} = \frac{F}{A}$$

式中 f_{PK}——贯入阻力（MPa）；

F——贯入压力（N）；

A——测针面积（mm^2）。

（2）确定凝结时间

1）采用线性回归方法确定，方法较难，不作讲述。

2）采用绘图拟合方法确定。以贯入阻力为纵坐标，经过的时间为横坐标（精确至1min），绘制出贯入阻力与时间之间的关系曲线，以3.5MPa和28MPa划两条平行于横坐标的直线，分别与曲线相交的两个交点的横坐标即为混凝土拌和物的初凝和终凝时间。

3）用三个试验结果的初凝和终凝时间的算术平均值作为此次试验结果。如果三个测值的最大值或最小值之差均超过中间值的10%时，则此次试验无效。

4）凝结时间用h∶min表示，并修约至5min。

四、混凝土拌和物表观密度测定

（一）试验仪器设备

（1）容量筒：金属制成的圆筒，两旁装有手把。对骨料最大粒径不大于40mm的拌和物采用容积为5L的容量筒，其内径与筒高均为186mm±2mm，筒壁厚为3mm；骨料最大粒径大于40mm时，容量筒的内径与筒高均应大于骨料最大粒径的4倍。容量筒上缘及内壁应光滑平整，顶面与底面应平行并与圆柱体的轴垂直。

（2）台秤：称量50kg，感量50g。

（3）振动台：频率应为50Hz±3Hz，空载时的振幅应为0.5mm±0.1mm。

（4）捣棒：直径16mm、长600mm的钢棒，端部磨圆。

（5）其他：小铲、抹刀、刮尺等。

（二）试验步骤

（1）用湿布把容量筒内外擦干净，称出重量（m_1），精确至50g。

（2）混凝土的装料及捣实方法应视拌和物的稠度而定。一般来说，坍落度不大于70mm的混凝土，用振动台振实，大于70mm的用捣棒捣实。

1）采用捣棒捣实时，应根据容量筒的大小决定分层与插捣次数。用5L容量筒时，混凝土拌和物应分两层装入，每层的插捣次数应为25次。用大于5L的容量筒时，每层混凝土的高度不应大于100mm，每层插捣次数应按每100cm^2截面不小于12次计算。各次插捣应均衡地分布在每层截面上，插捣底层时捣棒应贯穿整个深度，插捣顶层时，捣棒应插透本层，并使之刚刚插入下面一层。每一层捣完后可把捣棒垫在筒底，将筒按住，用橡皮锤轻轻沿外壁敲打5~10次，进行振实，直至拌和物表面插捣孔消失并不见大气泡为止。插捣后如有棒坑留下，可用捣棒轻轻填平。

2）采用振动台振实时，应一次将混凝土拌和物灌满到稍高出容量筒口。装料时允许用捣棒稍加插捣，振捣过程中如混凝土高度沉落到低于筒口，则应随时添加混凝土。振动直至表面出浆为止。

（3）用刮尺齐筒口将多余的混凝土拌和物刮去，表面如有凹陷应予以填平。将容量筒外壁擦净，称出混凝土与容量筒总重（m_2），精确至50g。

（三）试验结果

按下式计算混凝土拌和物表观密度 ρ_h（kg/m^3），精确到 $10kg/m^3$。

$$\rho_h = \frac{m_2 - m_1}{V} \times 1\,000$$

式中 m_1——容量筒质量（kg）；

m_2——容量筒及试样总重（kg）；

V——容量筒容积①（L）。

五、混凝土拌和物泌水试验

本方法适用于骨料最大粒径不大于 40mm 的混凝土拌和物泌水测定。

（一）试验仪器设备

（1）试样筒：内径和高 186mm ±2mm，壁厚 3mm，容积为 5L 的带盖金属圆筒。

（2）振动台或捣棒。

（3）磅秤：称量 50kg，感量 50g。

（4）带盖量筒：容积 100mL，50mL，最小刻度 1mL。

（5）其他：抹刀、秒表、吸水管等。

（二）试验步骤

（1）用湿布湿润试样筒的内壁后立即称量，记录试样筒的质量。再将混凝土装入试样筒，混凝土的装料及捣实方法有下述两种。

1）用振动台振实。将试样一次装入试样筒内，开启振动台，振动应持续到表面出浆为止，并使混凝土表面低于试样筒筒口 30mm ±3mm，用抹刀抹平后立即计时并称量，记录试样筒与试样的总质量。

2）用捣棒捣实。采用捣棒捣实时，混凝土拌和物应分两层装入，每层的插捣次数为 25 次；捣棒由边缘向中心均匀地插捣，插捣底层时捣棒应贯穿整个深度，插捣第二层时，捣棒应插透本层至下一层的表面；每一层捣完后用橡皮锤轻轻沿容量外壁敲打 5 ~ 10 次，进行振实，并使混凝土拌和物表面低于试样筒筒口 30mm ±3mm，用抹刀抹平后立即计时并称量，记录试样筒与试样的总质量。

（2）在吸取混凝土拌和物表面泌水的整个过程中，应使试样筒保持水平、不受振动；除了吸水操作外，应始终盖好盖子；室温应保持在 20℃ ±2℃。

（3）从计时开始后 60min 内，每隔 10min 吸取一次试件表面渗出的水。60min 后，每隔 30min 吸一次水，直至认为不再泌水为止。每次吸水前 2min，将筒底一侧垫高 35mm，以便吸水，吸出水后将筒轻轻放平。吸出的水放入量筒中，记录每次吸水的水量并计算累计水量，精确至 1mL。

（三）试验结果

（1）按下式计算混凝土拌和物的泌水量，精确至 $0.01mL/mm^2$。

---

① 容量筒容积应经常予以校正，校正方法可采用一块能覆盖住容量筒顶面的玻璃板，先称出玻璃板和空桶的质量；然后向容量筒中灌入清水，灌到接近上口时，一边不断加水，一边把玻璃板沿筒口徐徐推入盖严。应注意使玻璃板下不带入任何气泡，然后擦净玻璃板面及筒壁外的水分，将容量筒连同玻璃板放在台秤上称重，两次称重之差（以 kg 计）即为容量筒的容积。

$$B_a = \frac{V}{A}$$

式中　B_a——泌水量（mL/mm^2）；

V——最后一次吸水后累计的泌水量（mL）；

A——试样外露的表面面积（mm^2）。

混凝土拌和物的泌水量取三个试样测值的平均值作为试验结果。三个测值中的最大值或最小值，如果有一个与中间值之差超过中间值的15%，则以中间值为试验结果；如果最大值和最小值与中间值之差均超过中间值的15%时，则此次试验无效。

（2）按下式计算混凝土拌和物的泌水率，精确至$0.01mL/mm^2$。

$$B = \frac{V_W}{\frac{W}{G} \times G_W} \times 100\% = \frac{V_W \times G}{W \times G_W} \times 100\%$$

$$G_W = G_1 - G_0$$

式中　B——泌水率；

V_W——泌水总量；

G——混凝土拌和物总质量；

W——混凝土拌和物总用水量；

G_W——混凝土试样质量；

G_1——试样筒及试样总质量；

G_0——试样筒质量。

混凝土拌和物的泌水率取三个试样的算术平均值作为试验结果。若三个试样的最大值或最小值超过中间值的15%，则以中间值作为结果；若最大值和最小值均超过中间值的15%，则试验无效。

六、混凝土拌和物压力泌水试验

本方法适用于骨料最大粒径不大于40mm的混凝土拌和物泌水测定。

（一）试验仪器设备

（1）压力泌水仪：由压力表、缸体、活塞、筛网等构成。工作活塞压强为3.2MPa，工作活塞公称直径为125mm，筛网孔径为0.315mm。

（2）其他：捣棒、200mL量筒。

（二）试验步骤

（1）混凝土拌和物应分两层装入压力泌水仪的缸体容器内，每层的插捣次数为20次。用捣棒从外向内（螺旋形）插捣25次。捣棒由边缘向中心均匀地插捣，插捣底层时捣棒应贯穿整个深度，插捣第二层时，捣棒应插透本层至下一层的表面；每一层捣完后用橡皮锤轻轻沿容量外壁敲打5~10次，进行振实，并使混凝土拌和物表面低于容器口以下30mm±3mm，用抹刀将表面抹平。

（2）将容器外表面擦干净，压力泌水仪按规定安装完毕后应立即给混凝土试样施加压力至3.2MPa，并打开泌水阀门，同时开始计时，保持恒压，泌出的水用200mL的量筒接住，加压10s读出泌水量V_{10}，加压140s读出泌水量V_{140}。

（三）试验结果

按下式计算混凝土拌和物的压力泌水率。

$$B_V=\frac{V_{10}}{V_{140}}\times 100\%$$

式中 B_V——压力泌水率（%）；

V_{10}——加压 10s 的泌水量（mL）；

V_{140}——加压 140s 的泌水量（mL）。

混凝土拌和物的压力泌水率取三次试验的算术平均值作为试验结果。

第五节 普通混凝土力学性能试验

采用标准：《普通混凝土力学性能试验方法标准》（GB/T 50081—2002）。

一、普通混凝土立方体抗压强度检验

（一）试验仪器设备

（1）压力试验机：精度（示值的相对误差）至少应为 ±2%，其量程应能使试件的预期破坏荷载值不小于全量程的 20%，也不大于全量程的 80%。

试验机上、下压板及试件之间可各垫以钢垫板，钢垫板的 2 个承压面均应机械加工，与试件接触的压板或垫板的尺寸应大于试件的承压面，其不平度应不超过 0.02%。

（2）钢尺：量程 300mm，最小刻度 1mm。

（二）试验步骤

（1）试件从养护地点取出后，应尽快进行试验，以免试件内部的温湿度发生显著变化。

（2）先将试件擦拭干净，测量尺寸，并检查外观。试件尺寸测量精确至 1mm，并据此计算试件的承压面积。如实测尺寸与公称尺寸之差不超过 1mm，可按公称尺寸进行计算。试件承压面的不平度应为每 100mm 不超过 0.05mm，承压面与相邻面的不垂直度不应超过 ±1°。

（3）将试件安放在试验机的下压板上，试件的承压面应与成型时的顶面垂直。试件的中心应与试验机下压板中心对准。开动试验机，当上板与试件接近时，调整球座，使接触均衡。

混凝土试件的试验应连续而均匀地加荷，混凝土强度等级低于 C30 时，其加荷速度为 0.3～0.5MPa/s；若混凝土强度等级高于 C30 且小于 C60 时，则为 0.5～0.8MPa/s；若混凝土强度等级高于或等于 C60，则为 0.8～1.0MPa/s。

（4）当试件接近破坏而开始迅速变形时，停止调整试验机油门，直至试件破坏。然后记录最大破坏荷载。

（三）试验结果

（1）按下式计算混凝土立方体试件抗压强度，精确至 0.1MPa。

$$f_{cc}=\frac{F}{A}$$

式中 f_{cc}——混凝土立方体试件抗压强度（MPa）；

F——最大破坏荷载（N）；

A——试件承压面积（mm^2）。

（2）混凝土立方体试件抗压强度取三个试件测值的算术平均值作为试验结果。三个测值中的最大值或最小值中如有一个与中间值的差值超过中间值的15%时，则把最大及最小值舍去，取中间值作为该组试件的抗压强度值。如有两个测值与中间值的差均超过中间值的15%，则该组试件的试验结果无效。

（3）取150mm×150mm×150mm试件的抗压强度为标准值，用其他尺寸试件测得的强度值均应乘以尺寸换算系数：200mm×200mm×200mm试件为1.05，对100mm×100mm×100mm试件为0.95，如表5-9所示。

二、普通混凝土轴心抗压强度检验

（一）试验仪器设备

（1）压力试验机：符合“立方体抗压强度试验”中对设备的要求。

（2）钢尺：量程300mm，最小刻度1mm。

（二）试验步骤

（1）制作试件：试件尺寸如表5-10所示，试件允许的骨料最大粒径应不大于表5-13的规定数值。试件制作好以后应及时进行养护。

表5-13　轴心抗压试件允许骨料最大粒径

试件最小边长/mm	100	150	200
骨料最大粒径/mm	30	40	60

（2）将试件从养护地点取出后应及时进行试验，以免试件内部的温湿度发生显著变化。

（3）试件在试压前应先擦拭干净，测量尺寸，并检查其外观。试件尺寸测量精确至1mm，并据此计算试件的承压面积A。如实测尺寸与公称尺寸之差不超过1mm，可按公称尺寸计算。试件承压面的不平度要求应为每100mm不超过0.05mm，承压面与相邻面的不垂直度偏差应不大于±1°。

（4）将试件直立放置在试验机的下压板上，试件的轴心应与压力机下压板中心对准。开动试验机，当上压板与试件接近时，调整球座，使接触均衡。混凝土试件的试验应连续而均匀地加荷，其加荷速度同“立方体抗压强度检验”中的要求。

（5）当试件接近破坏而开始迅速变形时，停止调整试验机油门，直至试件破坏。然后记录最大破坏荷载。

（三）试验结果

（1）按下式计算混凝土轴心抗压强度，结果精确至0.1MPa。

$$f_{cp}=\frac{F}{A}$$

式中　f_{cp}——混凝土轴心抗压强度（MPa）；

F——破坏荷载（N）；

A——试件承压面积（mm^2）。

（2）混凝土轴心抗压强度取三个试件测值的算术平均值作为试验结果。三个测值中的最大值或最小值中如有一个与中间值的差值超过中间值的15%时，则把最大及最小值舍去，取中间值作为该组试件的抗压强度值。如有两个测值与中间值的差均超过中间值的15%，则该组试件的试验结果无效。

（3）当混凝土强度等级大于或等于C60时，宜采用标准试件（150mm × 150mm × 300mm），使用非标准试件时，尺寸换算系数应由实验确定。当混凝土强度等级小于C60时，用非标准尺寸试件测得的轴心抗压强度值应乘以尺寸换算系数：200mm × 200mm × 400mm截面试件乘以1.05；100mm × 100mm × 300mm截面试件乘以0.95，如表5-10所示。

三、普通混凝土抗拉强度检验（劈裂法）

（一）试验仪器设备

（1）劈裂抗拉试验用的试验机：符合“立方体抗压强度试验”中对设备的要求。

（2）垫块：混凝土劈裂抗拉强度试验采用直径为150mm的钢制弧形垫块，其截面尺寸如图5-4所示，垫块的长度不短于试件的边长。

（3）垫层：采用三层胶合板制成，宽度为20mm，厚度为3～4mm，长度不短于试件边长。垫层不得重复使用。

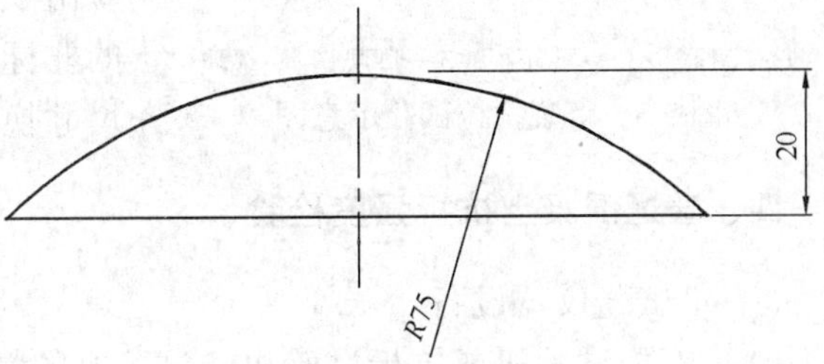

图5-4　劈裂抗拉用垫块

（二）试验步骤

（1）制作试件：试件尺寸如表5-10所示，标准试件所用混凝土中骨料的最大粒径应不大于40mm，非标准试件所用骨料的最大粒径应不大于20mm。试件制作好以后应及时进行养护。

（2）将试件从养护地点取出后，应及时进行试验。在试验前，试件应保持与原养护地点相似的干湿状态。

（3）试件在试验前应擦拭干净，测量尺寸，检查外观，并在试件中部划线定出劈裂面的位置，劈裂面应与试件成型时的顶面垂直。试件承压区的不平度要求应为每100mm不超过0.05mm，承压面与相邻面的不垂直度偏差应不大于±1°。

试件尺寸测量精确至1mm，并据此计算试件的劈裂面面积A。如实测尺寸与公称尺寸之差不超过1mm，可按公称尺寸计算。

（4）将试件放在材料试验机下压板的中心位置，在上、下压板与试件之间垫以圆弧形垫条和垫层各1条，垫层与垫条应与试件上、下面的中心线对准并与成型时顶面垂直（图5-5）。为了保证上、下垫条对准及提高试验效率，可以把垫条安装在定位架上使用。

（5）开动试验机，当上压板与试件接近时，调整球座，使接触均衡。混凝土试件的试验应连续而均匀地加荷，其加荷速度同“立方体抗压强度试验”中的要求。

（6）当试件接近破坏时，应停止调整油门，直至试件破坏，然后记录最大破坏荷载。

（三）试验结果

（1）按下式计算混凝土的劈裂抗拉强度，精确至0.1 MPa。

$$f_{ts} = \frac{2F}{\pi A} = 0.637\frac{F}{A}$$

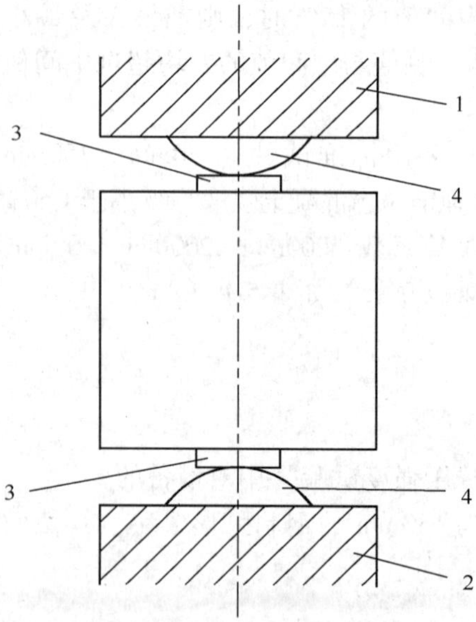

1—上压板；2—下压板；3—垫层；4—垫块

图 5-5　劈裂抗拉试验示意图

式中　f_{ts}——混凝土劈裂抗拉强度（MPa）；

F——最大破坏荷载（N）；

A——试件劈裂面面积（mm^2）。

（2）混凝土的劈裂抗拉强度取三个试件测值的算术平均值作为试验结果。三个测值中的最大值或最小值中如有一个与中间值的差值超过中间值的 15% 时，则把最大值及最小值舍去，取中间值作为该组试件的抗压强度值。如有两个测值与中间值的差均超过中间值的 15%，则该组试件的试验结果无效。

（3）当混凝土强度等级大于或等于 C60 时，宜采用标准试件（150mm × 150mm × 150mm 正立方体试件）；使用非标准试件时，尺寸换算系数应由实验确定。采用 100mm × 100mm × 100mm 的非标准试件时，取得的劈裂抗拉强度值应乘以尺寸换算系数 0.85，如表 5-10 所示。

四、普通混凝土抗折强度检验

（一）试验仪器设备

（1）万能试验机或抗折试验机：试验机的精度应为 ±1%，其量程应能使试件的预期破坏荷载值不小于全量程的 20%，也不大于全量程的 80%。

试验机与试件接触的 2 个支座和 2 个加压头应具有直径 20 ~ 40mm 的弧形顶面，并应至少比试件的宽度长 10mm。其中的 3 个（1 个支座及 2 个加压头）应尽量做到能滚动并前后倾斜。

（2）钢尺：量长大于 600mm，最小刻度 1mm。

（二）试验步骤

（1）制作试件：试件尺寸如表 5-10 所示。制作标准试件所用骨料的最大粒径不应大于 40mm。制作非标准试件所用骨料的最大粒径不应大于 30mm。试件制作好以后应及时进行养护。

（2）将试件从养护地点取出后应及时进行试验。试验前，试件应保持与原养护地点相似的干湿状态。

（3）试件在试验前应先擦拭干净，测量尺寸并检查其外观。试件尺寸测量精确至 1mm，并据此进行强度计算。试件不得有明显缺损。在跨中 1/3 梁的受拉区内，不得有表面直径超过 7mm，并深度超过 2mm 的孔洞。试件承压区及支承区接触线的不平度应为每 100mm 不超过 0.05mm。

（4）按图 5-6 的要求调整支承架及压头的位置，其所有间距的尺寸偏差不应大于 ±1mm。

（5）将试件在试验机的支座上放稳对中，承压面应选择试件成型时的侧面。

（6）开动试验机，当压头与试件快接近时，调整加压头及支座，使接触均衡。加压

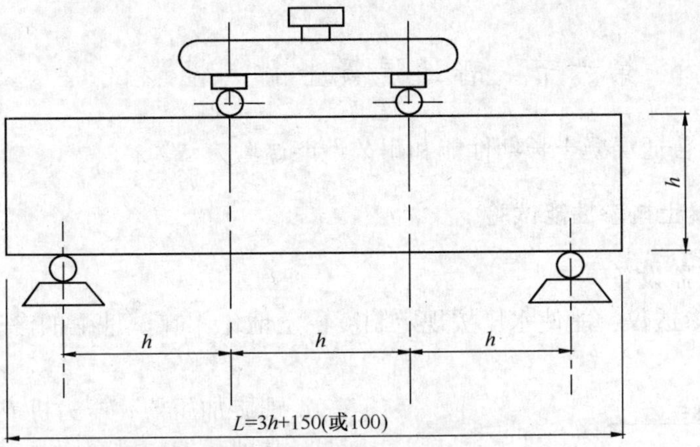

图 5-6　抗折试验示意图

头及支座均不能前后倾斜，各接触不良之处应予以垫平。

试件的试验应连续而均匀地加荷，其加荷速度为：混凝土强度等级小于 C30 时，取 0. 02 ~0. 05MPa/s；若混凝土强度等级在 C30 ~ C60 之间时，取 0. 05 ~0. 08MPa/s；若混凝土强度等级不小于 C60，取 0. 08 ~0. 10MPa/s。

（7）当试件接近破坏时，应停止调整油门，直至试件破坏，记录最大破坏荷载及破坏特征。

（三）试验结果

（1）试件破坏时，如折断面位于两个集中荷载之间时，按下式计算抗折强度，精确至 0. 1MPa。

$$f_f = \frac{FL}{bh^2}$$

式中 f_f——混凝土抗折强度（MPa）；

F——最大破坏荷载（N）；

L——支座间距即跨度（mm）；

b——试件截面宽度（mm）；

h——试件截面高度（mm）。

（2）混凝土抗折强度取三个试件测值的算术平均值作为试验结果。三个测值中的最大值或最小值中如有一个与中间值的差值超过中间值的 15%，则把最大及最小值一并舍去，取中间值作为该组试件的抗折强度值，如有两个测值与中间值的差均超过中间值的 15%，则该组试件的试验结果无效。

（3）三个试件中如有一个试件的折断面位于两个集中荷载之外（以受拉区为准），则该试件的试验结果应予以舍弃，混凝土抗折强度按另两个试件的试验结果计算。如有两个试件的折断面均超出两集中荷载之外，则该组试验无效。

（4）当混凝土强度等级大于或等于 C60 时，宜采用标准试件［150mm×150mm×600（或 550）mm 小梁体试件］；使用非标准试件时，尺寸换算系数应由实验确定。采用 100mm×100mm×400mm 非标准试件时，取得的抗折强度值应乘以尺寸换算系数 0. 85，如表 5-10 所示。

第六节　普通混凝土耐久性能试验

采用标准：《普通混凝土长期性能和耐久性能试验方法》。

一、普通混凝土抗渗性能试验

（一）试验仪器设备

（1）混凝土渗透仪：能使水压按规定制度稳定地作用在试件上的渗透装置，如图 5-7 所示。

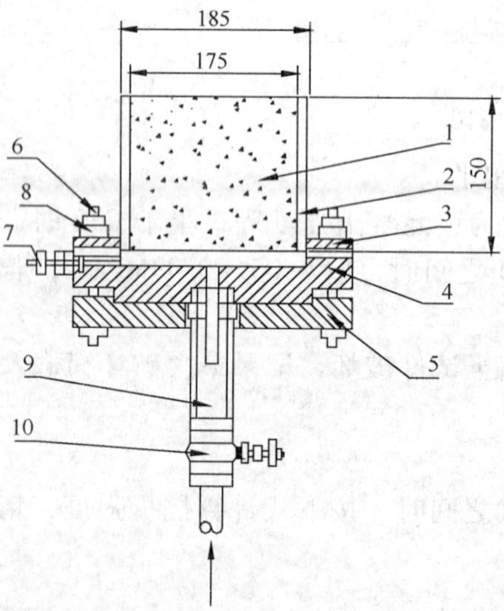

1—试件；2—试件套；3—压板；4—托板；5—承台；6—螺杆；7—排水孔；8—螺栓；9 —进水管；10 —阀门

图 5-7　混凝土抗渗试验装置示意图

（2）螺旋加压器、压力机或其他加压装置。

（3）其他：钢丝刷、电炉、铁槽、开刀、密封材料（石蜡、火漆、松香等）。

（二）试件制备

采用顶面直径为 175mm，底面直径为 185mm，高为 150mm 的圆台或直径与高度均为 150mm 的圆柱体试件（视抗渗设备要求而定）。抗渗试件以 6 个为一组。

试件成型后 24h 拆模，用钢丝刷刷去两端面水泥浆膜，然后送入标准养护室养护。试件一般养护至 28d 龄期进行试验，如有特殊要求，可在其他龄期进行。

（三）试验步骤

（1）试件养护至试验前 1d 取出，将表面晾干并擦拭干净。然后将所用的密封材料（石蜡与火漆的重量比约 4∶1，石蜡与松香比约 5∶1，也可用沥青等材料）放在平底小铁盘内进行加热熔化，待完全熔化后将试件侧面放在熔化后的铁盘内进行均匀滚涂 1 层。

（2）用螺旋加压器或压力机将涂有密封材料的试件压入预热的抗渗试件套内（预热温度约 50℃），要求试件与试件套的底面压平为止，待试件套稍冷却后即可解除压力。

（3）排除渗透仪管路系统中的空气，并将密封好的试件安装在渗透仪上。

（4）试压从水压为 0. 1MPa 开始，以后每隔 8h 增加水压 0. 1MPa，并随时注意观察试件端面渗水情况。

（5）当 6 个试件中有 3 个试件端面呈有渗水现象时，即可停止试验，① 记下当时的水压。如加压至规定压力，在 8h 内 6 个试件中表面渗水的试件不超过两个时，或压力到 1. 2MPa，并经过 8h 持压，渗水试件仍不超过两个时，也应停止试验，记下当时的水压力。

（四）试验结果

（1）混凝土抗渗等级以每组 6 个试件中 4 个试件未出现渗水时的最大水压表示，按

① 在试验过程中，如发现水从试件周边渗出，则应重新密封。

下式计算。

$$P = H - 0.1$$

式中 P——抗渗等级；

H——6 个试件中第 3 个试件顶面开始渗水时的水压力（MPa）。

（2）如果压力加至 1.2MPa，经过 8h，渗水仍不超过两个试件时，则混凝土的抗渗等级应等于或大于 P12。

二、普通混凝土抗冻性能试验

普通混凝土抗冻性能试验有两种方法：慢冻法和快冻法。

（一）慢冻法

（1）试验仪器设备

1）冷冻箱（室）：装入试件后，冷冻箱（室）内温度能保持在 -15 ~ -20℃ 范围以内。

2）融解水槽：装入试件后，水温能保持在 15 ~ 20℃ 范围以内。

3）框篮：用钢筋焊成，其尺寸应与所装的试件相适应。

4）案秤：称量 10kg，感量 5g。

5）压力试验机：精度不低于 ±2%，量程能使试件的预期破坏荷载值不小于全量程的 20%，也不大于全量程的 80%。

（2）试件制备

混凝土抗冻性能试验应采用立方体试件，试件的具体尺寸应根据混凝土中骨料的最大粒径选定，每次试验所需试件组数如表 5-14 所示，每组试件应为 3 块。

表 5-14　慢冻法试验所需的试件组数

设计抗冻等级	F25	F50	F100	F150	F200	F250	F300
检验强度时的冻融循环次数	25	50	50 及 100	100 及 150	150 及 200	200 及 250	250 及 300
鉴定 28d 强度所需试件组数	1	1	1	1	1	1	1
冻融试件组数	1	1	2	2	2	2	2
对比试件组数	1	1	2	2	2	2	2
总计试件组数	3	3	5	5	5	5	5

（3）试验步骤

1）如无特殊要求，试件应在 28d 龄期时进行冻融试验，试验前 4d 应把冻融试件从养护地点取出，进行外观检查，随后放在 15 ~ 20℃ 水中浸泡，浸泡时水面至少应高出试件顶面 20mm，冻融试件浸泡 4d 后进行冻融试验。对比试件则应保留在标准养护室内，直到完成冻融循环后，与抗冻试件同时试压。

2）浸泡完毕后，取出试件，用湿布擦除表面水分，称重，按编号置入框篮后即可放入冷冻箱（室）开始冻融试验。在箱（室）内，框篮应架空，试件与框篮接触处应垫以垫条，并保证至少留有 20mm 的空隙，框篮中各试件之间至少保持 50mm 的空隙。

3）抗冻试验冻结时温度应保持在 -15 ~ -20℃。试件在箱内温度到达 -20℃ 时放入，装完试件如温度有较大升高，则以温度重新降至 -15℃ 时起算冻结时间。每次从装完试件

到重新降至 -15℃所需的时间不应超过 2h，冷冻箱（室）内温度均以其中心处温度为准。

每次循环中试件的冻结时间应按其尺寸而定，对 100mm × 100mm × 100mm 及 150mm ×150mm ×150mm 试件的冻结时间应不小于 4h，对 200mm ×200mm ×200mm 试件不应小于 6h。如果在冷冻箱（室）内同时进行不同规格尺寸试件的冻结试验，其冻结时间应按最大尺寸试件计。

4）冻结试验结束后，试件即可取出并应立即放入能使水温保持在 15 ~20℃的水槽中进行融化。此时，槽中水面应至少高出试件表面 20mm，试件在水中融化的时间不应小于 4h。融化完毕即为该次冻融循环结束，取出试件送入冷冻箱（室）进行下一次循环试验。

5）应经常对冻融试件进行外观检查。发现有严重破坏时应进行称重，如试件的平均失重率超过 5%，即可停止其冻融循环试验。

6）混凝土试件达到规定的冻融循环次数后，即应进行抗压试验，抗压试验前应称重，并进行外观检查，详细记录试件表面破损、裂缝及边角缺损情况。如果试件表面破损严重，则应用石膏找平后再进行试压。

7）在冻融过程中，如因故需中断试验，为避免失水和影响强度，应将冻融试件移入标准养护室保存，直至恢复冻融试验为止，此时应将故障原因及暂停时间在试验结果中注明。

（4）试验结果

1）按下式计算混凝土冻融试验后的强度损失率 Δf_c。

$$\Delta f_c = (f_{co} - f_{cn}) \times 100 / f_{co}$$

式中 Δf_c——n 次冻融循环后的混凝土强度损失率，以 3 个试件的平均值计算（%）；

f_{co}——对比试件的抗压强度平均值（MPa）；

f_{cn}——n 次冻融循环后的 3 个试件抗压强度平均值（MPa）。

2）按下式计算混凝土试件冻融后的重量损失率。

$$\Delta W_0 = (G_0 - G_n) \times 100 / G_0$$

式中 ΔW_0——n 次冻融循环后的重量损失率，以 3 个试件的平均值计算（%）；

G_0——冻融循环试验前的试件重量（kg）；

G_n——n 次冻融循环后的试件重量（kg）。

3）混凝土的抗冻等级，以同时满足强度损失率不超过 25%，重量损失率不超过 5% 时的最大循环次数来表示。

（二）快冻法

（1）试验仪器设备

1）快速冻融装置：能使试件静置在水中不动，依靠热交换液体的温度变化连续自动地按照冻融循环的要求进行冻融的装置。满载运转时冻融箱内各点温度的极差不得超过 2℃。

2）试件盒：由 1 ~2mm 厚的钢板制成。其净截面尺寸为 110mm ×110mm，高度应比试件高出 50 ~100mm。试件底部垫起后，盒内水面应至少能高出试件顶面 5mm。

3）案秤：称量 10kg，感量 5g 或称量 20kg，感量 10g。

4）动弹性模量测定仪：共振法或敲击法动弹性模量测定仪。

5）热电偶、电位差计：能在 -20 ~ 20℃ 范围内测定试件中心温度，测量精度不低于 ±0.5℃。

（2）试件制备

棱柱体试件尺寸为 100mm × 100mm × 400mm。每组 3 块，在试验过程中可连续使用，除制作冻融试件外，尚应制备同样形状尺寸、中心埋有电偶的测温试件，制作测温试件所用混凝土的抗冻性能应高于冻融试件。

（3）试验步骤

1）如无特殊要求，试件应在 28d 龄期时进行冻融试验，试验前 4d 应把冻融试件从养护地点取出，进行外观检查，随后放在 15 ~ 20℃ 水中浸泡（包括测温试件），浸泡时水面至少应高出试件顶面 20mm，冻融试件浸泡 4d 后进行冻融试验。

2）浸泡完毕后，取出试件，用湿布擦除表面水分、称重，并按《普通混凝土长期性能和耐久性能试验》中动弹性模量试验的规定测定其横向基频的初始值。

3）将试件放入试件盒内，为了使试件受温均衡，并消除试件周围因水分结冰引起的附加压力，试件的侧面与底部应垫放适当宽度与厚度的橡胶析，在整个试验过程中，盒内水位高度应始终保持高出试件顶面 5mm 左右。

4）把试件盒放入冻融箱内，其中装有测温试件的试件盒应放在冻融箱的中心位置。此时即可开始冻融循环。

5）冻融循环过程应符合下列要求。

每次冻融循环应在 2 ~ 4h 内完成，其中用于融化的时间不得小于整个冻融时间的 1/4。

在冻结和融化终了时，试件中心温度应分别控制在 -17℃ ±2℃ 和 8℃ ±2℃。

每块试件从 6℃ 降至 -15℃ 所用的时间不得少于冻结时间的 1/2。每块试件从 -15℃ 升至 6℃ 所用的时间也不得少于整个融化时间的 1/2，试件内外的温差不宜超过 28℃。

冻和融之间的转换时间不宜超过 10min。

6）试件一般应每隔 25 次循环做 1 次横向基频测量，测量前应将试件表面浮渣清洗干净，擦去表面积水，并检查外部损伤及重量损失。横向基频的测量方法及步骤应按《普通混凝土长期性能和耐久性能试验》中动弹性模量试验的规定执行。测完后，应立即把试件掉一个头重新装入试件盒内。试件的测量、称重及外观检查应尽量迅速，以免水分损失。

7）为保证试件在冷液中冻结时温度稳定均衡，当有一部分试件停冻取出时，应另用试件填充空位。如冻融循环因故中断时，试件应保持在冻结状态下，并最好能将试件保存在原容器内并用冰块围住。如无条件时，则应将试件在潮湿状态下用防水材料包裹，加以密封，并存放在 -17℃ ±2℃ 的冷冻室或冰箱中。试件处在融解状态下的时间不宜超过 2 个循环。在特殊情况下，超过 2 个循环周期的次数，在整个试验过程中只允许 1 ~ 2 次。

8）冻融试验到达以下三种情况的任何一种时即可停止试验。

①已达到 300 次循环；

②相对动弹性模量下降到 60% 以下；

③重量损失率达 5%。

（4）试验结果

1）按下式计算混凝土试件的相对动弹性模量。

$$P = (f_n^2 / f_0^2) \times 100$$

式中　P——n 次冻融循环后试件的重量损失率，以 3 个试件的平均值计算（%）；

f_n——n 次冻融循环后试件的横向基频（Hz）；

f_0——冻融循环试验前测得的试件横向基频初始值（Hz）。

2）按下式计算混凝土试件冻融后的重量损失率。

$$\Delta W_0 = (G_0 - G_n) \times 100/G_0$$

式中　ΔW_0——n 次冻融循环后的重量损失率，以 3 个试件的平均值计算（%）；

G_0——冻融循环试验前的试件重量（kg）；

G_n——n 次冻融循环后的试件重量（kg）。

3）混凝土耐快速冻融循环次数，以同时满足相对动弹性模量值不小于 60% 和重量损失率不超过 5% 时的最大循环次数来表示。

4）按下式计算混凝土的耐久性系数。

$$K_n = P \times n/300$$

式中　K_n——混凝土的耐久性系数；

P——n 次冻融循环后试件的相对动弹性模量；

n——达到（3）8）要求时的冻融循环次数。

三、普通混凝土碳化试验

（一）试验仪器设备

（1）碳化箱：带有密封盖的密闭容器，容器的容积至少应为预定进行试验的试件体积的 2 倍，箱内应有架空试件的铁架，二氧化碳引入口，分析取样用的气体引出口，箱内气体对流循环装置，温湿度测量以及为保持箱内恒温湿所需的设施，必要时并应有玻璃观察口以进行箱内温湿度读数。

（2）气体分析仪：能分析箱内气体的二氧化碳浓度，精确到 1%。

（3）二氧化碳供气装置：包括气瓶、压力表及流量计。

（4）烘箱等。

（二）试件制备

碳化试验采用棱柱体混凝土试件，以 3 块为一组。试件的最小边长应符合表 5-15 的要求。棱柱体的高宽比应不小于 3。如无棱柱体时，也可用立方体试件代替，但其数量应相应增加。

表 5-15　碳化试验试件尺寸选用表

混凝土试件最小边长/mm	100	150	200
骨料最大粒径/mm	30	40	60

（三）试验步骤

（1）试件一般在 28d 龄期进行碳化，采用掺和料的混凝土可根据其特性决定碳化前的养护龄期。碳化试验的试件宜采用标准养护。应在试验前 2d 从养护室取出，然后在 60℃ 温度下烘干 48h。

（2）经烘干处理后的试件，除留下 1 个或相对的 2 个侧面外，其余表面均应用加热的石蜡密封。在侧面上顺长度方向用铅笔以10mm间距画出平行线以预定碳化深度的测量点。

（3）将经过处理的试件放入碳化箱内的铁架上，各试件经受碳化的表面之间至少应保持50mm的间距。

（4）将碳化箱盖严密封，密封可采用机械办法或油封，但不得采用水封，以免影响箱内的湿度调节，开动箱内气体对流装置，徐徐充入二氧化碳。并测定箱内气体的二氧化碳浓度，逐步调节二氧化碳的流量，使箱内的二氧化碳浓度保持在20% ±3%。在整个试验期间应用去湿装置或放入硅胶，使箱内的相对湿度控制在70% ±5%的范围内。碳化试验应在20℃ ±5℃的条件下进行。

（5）每隔一定的时间对箱内的二氧化碳浓度、温度及湿度做1次测定。一般在第一天、第二天每隔2h测定1次，以后每隔4h测定1次。并根据测得的二氧化碳浓度，随时调节其流量，去湿用的硅胶也应经常更换。

（6）碳化到3d、7d、14d、28d时，分别取出试件，破型，以测定其碳化深度，棱柱体试件在压力试验机上用劈裂法从一端开始破型，每次切除的厚度约为试件宽度的一半，破型后剩余的试件用石蜡将切断面封好，再放入箱内继续碳化直至下一个试验龄期，如采用立方体试件，则在试件中部劈开，立方体试件只做1次检验，劈开后不再放回碳化箱重复使用。

（7）将切除所得的试件部分，刮去断面上残存的粉末，立即喷上浓度为1%的酚酞酒精溶液。经过30s后，按原先标划的每10mm一个测量点用钢板尺分别测出两侧面各点的碳化深度。如果测点处的碳化分界线刚好嵌有粗骨料颗粒，则可取该颗粒两侧处碳化深度的平均值作为该点的深度值。碳化深度测量精确至1mm。

第七节　混凝土质量评定

一、混凝土质量

由于多种因素影响，混凝土质量是波动的。为了保证生产的混凝土技术性能满足设计要求，就必须对混凝土质量进行控制。了解引起混凝土质量波动的因素是控制混凝土质量的前提。引起混凝土质量波动的主要因素有以下几个方面。

（1）混凝土各组成材料的质量、混凝土配合比。

（2）生产全过程各工序，如计量、搅拌、浇筑、养护及生产人员、要器设备、用具等。

（3）混凝土成品质量的控制与评定等。

二、混凝土强度的合格评定

（1）已知标准差的统计方法

当混凝土的生产条件在较长时间内能保持一致，且同一品种混凝土的强度变异性能保持稳定时，应由连续的3组试件组成1个验收批，其强度应同时满足下列要求：

$$m_{f_{cu}} \geq f_{cu,k} + 0.7\sigma_0$$

$$f_{cu,min} \geqslant f_{cu,k} - 0.7\sigma_0$$

当混凝土强度等级不高于 C20 时，其强度的最小值尚应满足下式要求：

$$f_{cu,min} \geqslant 0.85 f_{cu,k}$$

当混凝土强度等级高于 C20 时，其强度的最小值尚应满足下式要求：

$$f_{cu,min} \geqslant 0.90 f_{cu,k}$$

式中　$m_{f_{cu}}$——同一验收批混凝土立方体抗压强度的平均值（MPa）；

$f_{cu,min}$——同一验收批混凝土立方体抗压强度的最小值（MPa）；

$f_{cu,k}$——混凝土立方体抗压强度标准值（MPa）；

σ_0——验收批混凝土立方体抗压强度的标准差（MPa），按下式计算。

$$\sigma_0 = \frac{0.59}{m}\sum_{i=1}^{m}\Delta f_{cu,i}$$

式中　$\Delta f_{cu,i}$——第 i 批试件立方体抗压强度中最大值与最小值之差；

m——用以确定验收批混凝土立方体抗压强度标准差的数据总组数。

上述检验期不应超过 3 个月，且在这期间内强度数据的总组数不得少于 15。

（2）未知标准差的统计方法

当混凝土的生产条件在较长时间内不能保持一致，且混凝土强度变异性不能保持稳定时，或在前一个检验期内的同一品种混凝土没有足够的数据用以确定验收批混凝土立方体抗压强度的标准差时，应由不少于 10 组的试件组成 1 个验收批，其强度应同时满足下列公式的要求：

$$m_{f_{cu}} - \lambda_1 S_{f_{cu}} \geqslant 0.9 f_{cu,k}$$

$$f_{cu,min} \geqslant \lambda_2 f_{cu,k}$$

式中　$S_{f_{cu}}$——同一验收批混凝土立方体抗压强度标准差（MPa）；当计算值小于 $0.06f_{cu,k}$ 时，取 $S_{f_{cu}} = 0.06f_{cu,k}$；

λ_1、λ_2——合格判定系数，按表 5-16 取用。

表 5-16　混凝土强度的合格判定系数

试件组数	10～14	15～24	≥25
λ_1	1.70	1.65	1.60
λ_2	0.90	0.85	

（3）非统计方法

对于某些小批量零星混凝土的生产，由于其试件组数有限，不具备采用统计方法来评定混凝土强度时，可采用非统计方法。其强度应同时满足下列要求：

$$m_{f_{cu}} \geqslant 1.15 f_{cu,k}$$

$$f_{cu,min} \geqslant 0.95 f_{cu,k}$$

三、混凝土强度的合格性判断

（1）当验收批的混凝土强度检验结果能满足上述规定时，则该批混凝土强度判为合格；当不能满足上述规定时，该批混凝土强度判为不合格。

（2）由不合格批混凝土制成的结构或构件，应进行鉴定。对不合格的结构或构件必须及时处理。

（3）当对混凝土试件强度的代表性有怀疑时，可采用从结构或构件中钻取试件的方法或采用非破损检验方法，按有关标准的规定对结构或构件中混凝土的强度进行推定。

（4）结构或构件拆模、出池、出厂、吊装、预应力筋张拉或放张，以及施工期间需要短暂负荷时的混凝土强度，应满足设计要求或现行国家标准的有关规定。

第六章 建筑砂浆

第一节 概 述

建筑砂浆是由胶凝材料、细骨料和水，有时也加入适量掺和料和外加剂，混合而成的建筑工程材料，又称为无骨料的混凝土。在建筑施工过程中，主要用做砌筑、抹灰、灌缝和粘贴饰面的材料。

砂浆的种类很多，根据用途不同可分为砌筑砂浆、抹面砂浆。抹面砂浆包括普通抹面砂浆、装饰抹面砂浆、特种砂浆（如防水砂浆、耐酸砂浆、绝热砂浆、吸声砂浆等）。根据胶凝材料的不同可分为水泥砂浆、石灰砂浆、混合砂浆（包括水泥石灰砂浆、水泥黏土砂浆、石灰黏土砂浆、石灰粉煤灰砂浆等）。

第二节 建筑砂浆的主要技术性能

一、砂浆的和易性

新拌砂浆应具有良好的和易性。和易性良好的砂浆容易在粗糙的砖石底面上铺设成均匀的薄层，而且能够和底面紧密黏结。使用和易性良好的砂浆，既便于操作，提高劳动生产率，又能保证工程质量。砂浆和易性包括流动性和保水性。

（1）流动性

砂浆的流动性也叫稠度，是指在自重或外力作用下流动的性能，用沉入度（mm）表示。沉入度越大，砂浆流动性也越大，但流动性过大，硬化后强度将会降低；若流动性过小，则不便于施工操作。

砂浆流动性的大小与砌体材料种类、施工条件及气候条件等因素有关。对于多孔吸水的砌体材料和干热的天气，则要求砂浆的流动性大些；相反对于密实不吸水的材料和湿冷的天气，则要求流动性小些。根据《砌筑砂浆配合比设计规程》（JGJ 98—2000）的规定，用于砌体的砂浆的稠度应符合表6-1的规定。

表6-1 砌筑砂浆的稠度

砌体种类	砂浆稠度/mm
烧结普通砖砌体	70～90
轻骨料混凝土小型空心砌块砌体	60～90
烧结多孔砖、空心砖砌体	60～80
烧结普通砖平拱式过梁 空斗墙、筒拱 普通混凝土小型空心砌块砌体 加气混凝土砌块砌体	50～70
石砌体	30～50

（2）保水性

新拌砂浆能够保持水分的能力称为保水性，保水性也指砂浆中各项组成材料不易分离的性质。新拌砂浆在存放、运输和使用的过程中，必须保持其中的水分不致很快流失，才能形成均匀密实的砂浆缝，保证砌体的质量。

砂浆的保水性用分层度（mm）表示。砂浆的分层度在 10～20mm 之间为宜，不得大于 30mm。分层度大于 30mm 的砂浆，容易产生离析，不便于施工；分层度接近于零的砂浆，容易发生干缩裂缝。

二、砂浆的强度

砂浆在砌体中主要起传递荷载的作用，并经受周围环境介质作用，因此砂浆应具有一定的黏结强度、抗压强度和耐久性。试验证明：砂浆的黏结强度、耐久性均随抗压强度的增大而提高，即它们之间有一定的相关性，而且抗压强度的试验方法较为成熟，测试较为简单准确，所以工程上常以抗压强度作为砂浆的主要技术指标。

砂浆的强度等级是以边长为 70.7mm 的立方体试块，在标准养护条件（水泥混合砂浆为温度 20±3℃，相对湿度 60%～80%；水泥砂浆为温度 20±3℃，相对湿度 90% 以上）下，用标准试验方法测得 28d 龄期的抗压强度来确定的。砌筑砂浆的强度等级有 M20、M15、M10、M7.5、M5、M2.5。

影响砂浆的抗压强度的因素很多，其中主要的影响因素是原材料的性能和用量，以及砌筑层（砖、石、砌块）吸水性，最主要的材料是水泥。砂的质量、掺和材料的品种及用量，养护条件（温度和湿度）都会影响砂浆的强度和强度增长。

（1）用于黏结吸水性较小、密实的底面材料（如石材）的砂浆，其强度取决于水泥强度和水灰比，与混凝土类似，计算公式如下：

$$f_{m,o} = 0.29 f_{ce}\left(\frac{C}{W} - 0.4\right)$$

式中 $f_{m,o}$——砂浆 28d 抗压强度平均值（MPa）；

f_{ce}——水泥 28d 实测抗压强度（MPa）；

$\frac{C}{W}$——灰水比。

（2）用于黏结吸水性较大的底面材料（如砖、砌块）的砂浆，砂浆中一部分水分会被底面吸收，由于砂浆必须具有良好的和易性，因此，不论拌和时用多少水，经底层吸水后，留在砂浆中的水分大致相同，可视为常量。在这种情况下，砂浆的强度取决于水泥强度和水泥用量，可不必考虑水灰比，可用下面经验公式：

$$f_{m,o} = \frac{\alpha f_{ce} Q_c}{1\,000} + \beta$$

式中 $f_{m,o}$——砂浆的试配强度（MPa），精确至 0.1MPa；

Q_c——每立方米砂浆的水泥用量，精确至 1kg；

f_{ce}——水泥 28d 时的实测强度值（MPa），精确至 0.1MPa；

α、β——砂浆的特征系数，$\alpha = 3.03$，$\beta = -15.09$。

三、砂浆的黏结力

砖石砌体是靠砂浆把许多块砖石材料黏结成为坚固整体的，因此要求砂浆对于砖石必须有一定的黏结力。砌筑砂浆的黏结力随其强度的增大而提高，砂浆强度等级越高，黏结力越大。此外，砂浆的黏结力与砖石的表面状态、洁净程度、湿润情况及施工养护条件等有关。所以砌筑前砖要浇水湿润，其含水率控制在 10% ~15%，表面不沾泥土，以提高砂浆与砖之间的黏结力，保证砌筑质量。

第三节　建筑砂浆取样规定

（1）建筑砂浆试验用料应根据不同要求，可从同一搅拌机或同一车运送的砂浆中取出；在实验室取样时，可从机械或人工拌和的砂浆中取出。

（2）施工取样进行砂浆试验时，其取样方法和原则按相应的施工验收规范进行。应在使用地点的砂浆槽、砂浆运送车或搅拌机出料口，至少从 3 个不同部位采取。所取试样的数量应多于试验用料的 1 ~2 倍。

（3）实验室拌制砂浆进行试验时，拌和用的材料要求提前运入室内，拌和时试验室的温度应保持在 20 ±5℃。

注：需要模拟施工条件下所用的砂浆时，试验室原材料的温度宜保持与施工现场一致。

（4）试验用水泥和其他原材料应与现场使用材料一致。水泥如有结块应充分混合均匀，以 0.9mm 筛过筛；砂也应以 4.75mm 筛过筛。

（5）实验室拌制砂浆时，材料应称重计量。称量的精确度：水泥、外加剂等为 ±0.5%；砂、石灰膏、黏土膏、粉煤灰和磨细生石灰粉为 ±1%。

（6）实验室用搅拌机搅拌砂浆时，砂浆的用量不宜少于搅拌机容量的 20%，搅拌时间不少于 2min。

（7）砂浆拌和物取样后，应尽快进行试验。现场取来的试样，在试验前应经人工再翻拌，以保证其质量均匀。

第四节　试　　验

一、砂浆稠度试验

（一）试验仪器设备

（1）砂浆稠度仪：由试锥、容器和支座三部分组成，如图 6-1 所示。试锥由钢材或铜材制成，试锥高度为 145mm，锥底直径为 75mm，试锥连同滑杆的重量应为 300g；盛砂浆容器由钢板制成，筒高为 180mm，锥底内径为 150mm；支座分底座、支架及稠度显示三个部分，由铸铁、钢及其他金属制成。

（2）钢制捣棒：金属直径 10mm，长 350mm，端部磨圆。

（二）试验步骤

（1）盛浆容器和试锥表面用湿布擦干净，并用少量润滑油轻擦滑杆，后将滑杆上多余的油用吸油纸擦净，使滑杆自由滑动。

（2）将砂浆拌和物一次装入容器，使砂浆表面低于容器口约 10mm，用捣棒自容器中心向边缘插捣 25 次，然后轻轻地将容器摇动或敲击 5～6 下，使砂浆表面平整，随后将容器置于稠度测定仪的底座上。

（3）拧开试锥滑杆的制动螺丝，向下移动滑杆，当试锥尖端与砂浆表面刚接触时，拧紧制动螺丝，使齿条测杆下端刚接触滑杆上端，并将指针对准零点上。

（4）拧开制动螺丝，同时计时间，待 10s 立即固定螺丝，将齿条测杆下端接触滑杆上端，从刻度盘上读出下沉深度（精确至 1mm）即为砂浆的沉入度。

（5）圆锥形容器内的砂浆，只允许测定一次沉入度，重复测定时，应重新取样测定。

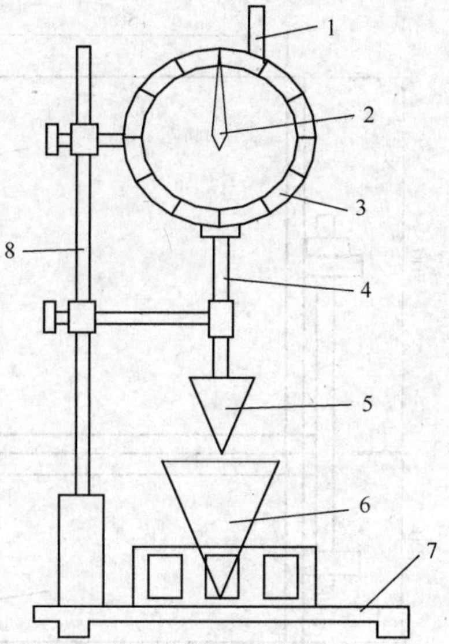

1—齿条测杆；2—指针；3—刻度盘；4—滑杆；5—圆锥体；6—圆锥筒；7—底座；8—支架

图 6-1　砂浆稠度测定仪

（三）试验结果

（1）取两次试验结果的算术平均值作为试验结果，精确至 1mm。

（2）两次试验值之差如大于 20mm，则应另取砂浆搅拌后重新测定。

二、砂浆分层度试验

（一）试验仪器设备

（1）砂浆分层度筒：如图 6-2 所示，内径为 150mm，上节高度为 200mm，下节带底净高为 100mm，用金属板制成，上、下层连接处需扩宽到 3～5mm，并设有橡胶垫圈。

（2）稠度仪、木锤。

（二）试验步骤

（1）首先将砂浆拌和物按稠度试验方法测定其沉入度。

（2）将砂浆拌和物一次装入分层度筒内，待装满后，用木锤在容器周围距离大致相等的四个不同地方轻轻敲击 1～2 下，如砂浆沉落到低于筒口，则应随时添加，然后刮去多余的砂浆并用抹刀抹平。

（3）静置 30min 后，去掉上节 200mm 砂浆，剩余的 100mm 砂浆倒出放在拌和锅内拌 2min，再按稠度试验方法测其沉入度。前后测得的沉入度之差即为该砂浆的分层度值（mm）。

（三）试验结果

（1）取两次试验结果的算术平均值作为该砂浆的分层度值（mm）。

（2）两次分层度试验值之差如大于 20mm，应重做试验。

三、砂浆强度检验

（一）试验仪器设备

（1）试模：由铸铁或钢制成，内部尺寸为 70.7mm×70.7mm×70.7mm，应具有足够

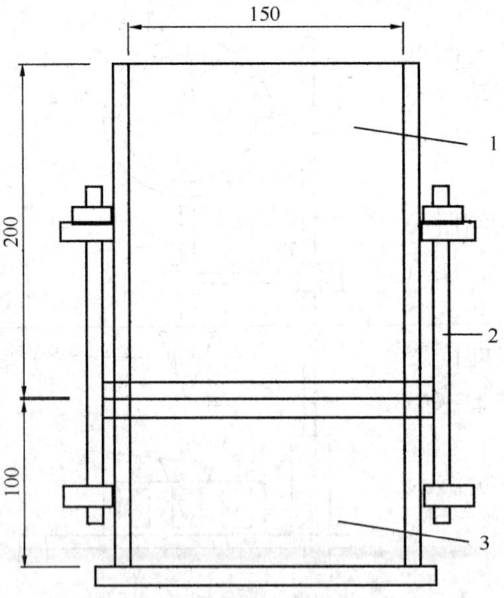

1—无底圆筒；2—连接螺栓；3—有底圆筒

图 6-2　砂浆分层度测定仪

的刚度并拆装方便。试模的内表面应机械加工，其不平度应为每 100mm 不超过 0.05mm。组装后各相邻面的不垂直度不应超过 ±0.5°。

（2）捣棒：直径 10mm，长 350mm 的钢棒，端部应磨圆。

（3）压力试验机：采用精度不大于 ±2% 试验机，其量程应能使试件的预期破坏荷载不小于全量程的 20%，也不大于全量程的 80%。

（4）垫板：试验机上、下压板及试件之间可垫以钢垫板，垫板的尺寸应大于试件的承压面，其不平度应为每 100mm 不超过 0.02mm。

（二）试件制备

（1）制作砌筑砂浆试件时，将无底试模放在预先铺有吸水性较好的纸的普通黏土砖上（砖的吸水率不小于 10%，含水率不小于 2%），试模内壁事先涂刷薄层机油或脱模剂。

（2）放于砖上的湿纸，应为湿的新闻纸，纸的大小要以能盖过砖的四边为准，砖的使用面要求平整，凡砖四个垂直面粘过水泥或其他胶结材料后，不允许再使用。

（3）向试模内一次注满砂浆，用捣棒均匀由外向里按螺旋方向插捣 25 次，为了防止低稠度砂浆插捣后，可能留下孔洞，允许用油灰刀沿模壁插数次，使砂浆高出试模顶面 6 ~ 8mm。

（4）当砂浆表面开始出现麻斑状态时将高出部分的砂浆沿试模顶面削去抹平。

（5）试件制作后应在 20 ±5℃温度环境下停置一昼夜（24 ±2h），当气温较低时，可适当延长时间，但不应超过两昼夜，然后对试件进行编号并拆模。试件拆模后，应在标准养护条件下，继续养护至 28d，然后进行试压。

（6）标准养护条件是：

1）水泥混合砂浆应为温度 20 ±3℃，相对湿度 60% ~ 80%；

2）水泥砂浆和微沫砂浆应为温度 20 ±3℃，相对湿度 90%；

3）养护期间，试件彼此间隔不少于 10mm。

当无标准养护条件时，可采用自然养护：①水泥混合砂浆应在正温度，相对湿度 60% ~ 80% 的条件下养护；②水泥砂浆和微沫砂浆应在正温度并保持试块表面湿润的状态下养护；③养护期间必须做好湿度记录。在有争议时，以标准养护条件为准。

（三）试验步骤

（1）试件从养护地点取出后，应尽快进行试验，以免试件内部的温湿度发生显著变化。试验前先将试件擦拭干净，测量尺寸，并检查外观。试件尺寸测量精确至 1mm，并据此计算试件的承压面积。如实测尺寸与公称尺寸之差不超过 1mm，可按公称尺寸进行计算。

（2）将试件安放在试验机的下压板上，试件的承压面应与成型时的顶面垂直，试件中心应与试验机下压板中心对准，开动试验机，当上压板与试件接近时，调整球座，使接触面均衡受压。承压试验应连续而均匀地加荷，加荷速度应为每秒钟0.5～1.5kN（砂浆强度5MPa以下时，取下限为宜；砂浆强度5MPa以上时，取上限为宜），当试件接近破坏而开始迅速变形时，停止调整试验机油门，直至试件破坏，然后记录最大破坏荷载。

（四）试验结果

按下列公式计算砂浆立方体抗压强度，精确至0.1MPa。

$$f_{m,cu} = \frac{F}{A}$$

式中 $f_{m,cu}$——砂浆立方体试件抗压强度（MPa）；

F——最大破坏荷载（N）；

A——试件承压面积（mm^2）。

砂浆立方体抗压强度取6个试件测值的算术平均值作为试验结果。当6个试件的最大值或最小值与平均值的差超过20%时，以中间4个试件的平均值作为该组试件的抗压强度值。

由抗压强度值确定砂浆的强度等级。

四、砂浆凝结时间试验

（一）试验仪器设备

（1）砂浆凝结时间测定仪，由试针、容器、台秤和支座四部分组成。试针由不锈钢制成，截面积为$30mm^2$。盛砂浆容器由钢制成，内径为140mm，高为75mm；台秤的称量精度为0.5N；支座分底座、支架及操作杆三部分，由铸铁或钢制成。

（2）定时钟等。

（二）试验步骤

（1）将制备好的砂浆（控制砂浆稠度为100±10mm）装入砂浆容器内，低于容器上口10mm，轻轻敲击容器，并予以抹平，将装有砂浆的容器放在20±2℃的室温条件下保存。

（2）砂浆表面泌水不清除，测定贯入阻力值，用截面积为$30mm^2$的贯入试针与砂浆表面接触，在10s内缓慢而均匀地垂直压入砂浆内部25mm深，每次贯入时记录仪表读数N_p，贯入杆至少离开容器边缘或任何早先贯入部位12mm。

（3）在20±2℃条件下，实际的贯入阻力值在成型后2h开始测定（从搅拌加水时起算），然后每隔半小时测定一次，至贯入阻力达到0.3MPa后，改为每15min测定一次，直至贯入阻力达到0.7MPa为止。

（三）试验结果

（1）按下式计算砂浆贯入阻力，精确至0.1 MPa。

$$i_p = \frac{N_p}{A_p}$$

式中 i_p——贯入阻力值（MPa）；

N_p——贯入深度至25mm时的静压力（N）；

A_p——贯入度试针截面积（$30mm^2$）。

（2）由测得的贯入阻力值，可按下列方法确定砂浆的凝结时间。

1）分别记录时间和相应的贯入阻力值，根据试验所得各阶段的贯入阻力与时间关系绘图，由图求出贯入阻力达到0.5MPa时所需的时间 t_s（min），此 t_s 值即为砂浆的凝结时间测定值；

2）砂浆凝结时间测定，应在一盘内取两个试样，以两个试验结果的平均值作为该砂浆的凝结时间值，两次试验结果的误差不应大于30min，否则应重新测定。

第七章　墙体材料

第一节　概　　述

一、墙体材料的分类

墙体具有承重、围护和分隔作用。在混合结构的建筑中，墙体材料约占建筑物总重的50%，合理选用墙体材料，对建筑物的功能、安全及造价都具有重要意义。墙体材料的种类很多，但可归纳为砌墙砖、墙用砌块和墙用板材三大类。

砌墙砖又分为烧结砖和非烧结砖。烧结砖分为普通烧结砖、烧结多孔砖和烧结空心砖。非烧结砖主要有蒸压灰砂砖、蒸压（养）粉煤灰砖、炉渣砖、碳化砖等。

墙用砌块主要有蒸压加气混凝土砌块、蒸养粉煤灰砌块、普通混凝土小型空心砌块、混凝土中型空心砌块和企口空心混凝土砌块等。

墙用板材主要有水泥类墙用板材、石膏类墙用板材、植物纤维类墙用板材和复合板材等。

二、墙体材料的主要品种及其质量标准

（一）烧结普通砖的质量标准

（1）尺寸偏差：普通烧结砖的尺寸允许偏差应满足表7-1的规定。

表7-1　普通烧结砖的尺寸允许偏差

公称尺寸/mm	优等品		一等品		合格品	
	样本平均偏差/mm	样本极差/mm，≤	样本平均偏差/mm	样本极差/mm，≤	样本平均偏差/mm	样本极差/mm，≤
240	±2.0	8	±2.5	8	±3.0	8
115	±1.5	6	±2.0	6	±2.5	7
53	±1.5	4	±1.6	5	±2.0	6

（2）外观质量：烧结普通砖的外观质量应满足表7-2的规定。

表7-2　烧结普通砖的外观质量

项　目		优等品	一等品	合格品
两面高差别/mm	≤	2	3	5
弯曲/mm	≤	2	3	5
杂质凸出高度/mm	≤	2	3	5
缺棱掉角的三个破坏尺寸/mm	不得同时大于	15	20	30

续表

项目		优等品	一等品	合格品
裂纹长度/mm，≤	大面上宽度方向及其延伸至条面的长度	30	60	80
	大面上宽度方向及其延伸至顶面的长度或条顶面上水平裂纹的长度	50	80	100
完整面，不得少于		一条面和一顶面	一条面和一顶面	—
颜色		基本一致	—	—

注：凡有以下缺陷之一，不得称为完整面：①缺损在条面或顶面上造成的破坏面尺寸同时大于10mm×10mm；②条面或顶面上裂纹宽度大于1mm，其长度超过30mm；③压陷、黏底、焦花在条面或顶面上的凹陷或凸出超过2mm，区域尺寸同时大于10mm×10mm。

（3）强度：烧结普通砖的强度等级应满足表7-3的规定。

表7-3　烧结普通砖的强度等级

强度等级	抗压强度平均值 $\bar{f}$/MPa，≥	变异系数 $\delta \leqslant 0.21$	变异系数 $\delta > 0.21$
		强度标准值 f_k/MPa，≥	单块最小抗压强度值 f_{min}/MPa，≥
MU30	30.0	22.0	25.0
MU25	25.0	18.0	22.0
MU20	20.0	14.0	16.0
MU15	15.0	10.0	12.0
MU10	10.0	6.5	7.5

（4）抗风化性能：抗风化性能是指砖在干湿变化、温度变化、冻融变化等物理因素作用下，不破坏并长期保持原有性能的能力。地域不同，风化作用程度就不同。按风化指数将我国不同地区分为严重风化区和非严重风化区，如表7-4所示。

表7-4　风化区的划分

严重风化区		非严重风化区	
1. 黑龙江省	8. 青海省	1. 山东省	11. 福建省
2. 吉林省	9. 陕西省	2. 河南省	12. 台湾省
3. 辽宁省	10. 山西省	3. 安徽省	13. 广东省
4. 内蒙古自治区	11. 河北省	4. 江苏省	14. 广西壮族自治区
5. 新疆维吾尔自治区	12. 北京市	5. 湖北省	15. 海南省
6. 宁夏回族自治区	13. 天津市	6. 江西省	16. 云南省
7. 甘肃省		7. 浙江省	17. 西藏自治区
		8. 四川省	18. 上海市
		9. 贵州省	19. 重庆市
		10. 湖南省	

烧结普通砖在严重风化区中的1、2、3、4、5地区必须进行冻融试验，其他地区的烧结普通砖的抗风化性能应满足表7-5的规定，否则必须进行冻融试验。冻融试验后，每块

砖样不允许出现裂纹、分层、掉皮、缺棱、掉角等现象；质量损失不得大于2%。

表 7-5　烧结普通砖的抗风化性能

砖种类	严重风化区				非严重风化区			
	5h 沸煮吸水率/%，≤		饱和系数≤		5h 沸煮吸水率/%，≤		饱和系数≤	
	平均值	单块最大值	平均值	单块最大值	平均值	单块最大值	平均值	单块最大值
黏土砖	21	23	0.85	0.87	23	25	0.88	0.90
粉煤灰砖	23	25			30	32		
页岩砖	16	18	0.74	0.77	18	20	0.78	0.80
煤矸石砖	19	21			21	23		

注：粉煤灰掺入量（体积比）小于30%时，抗风化性能指标按黏土砖规定。

（5）泛霜：烧结普通砖每块砖样应符合下列规定：优等品无泛霜；一等品不允许出现中等泛霜；合格品不允许出现严重泛霜。

（6）石灰爆裂：普通烧结砖的石灰爆裂应符合表7-6的规定。

表 7-6　普通烧结砖的石灰爆裂

优等品	不允许出现最大破坏尺寸大于2mm的爆裂区域
一等品	（1）最大破坏尺寸在2～10mm的爆裂区域，每组砖样不得多于15处； （2）不允许出现最大破坏尺寸大于10mm的爆裂区域
合格品	（1）最大破坏尺寸在2～15mm的爆裂区域，每组砖样不得多于15处。其中大于10mm的不得多于7处； （2）不允许出现最大破坏尺寸大于15mm的爆裂区域

（二）烧结多孔砖的质量标准

（1）尺寸允许偏差：烧结多孔砖的尺寸允许偏差应满足表7-7的规定。

表 7-7　烧结多孔砖的尺寸允许偏差

公称尺寸/mm	优等品		一等品		合格品	
	样本平均偏差/mm	样本极差/mm，≤	样本平均偏差/mm	样本极差/mm，≤	样本平均偏差/mm	样本极差/mm，≤
290、240	±2.0	5	±2.5	7	±3.0	8
190、180、175、140、115	±1.5	5	±2.0	6	±2.5	7
90	±1.5	4	±1.7	5	±2.0	6

（2）外观质量：烧结多孔砖的外观质量应满足表7-8的规定。

表 7-8　烧结多孔砖的外观质量

项　　目		优等品	一等品	合格品
杂质在砖面上造成凸出高度/mm	≤	3	4	5
缺棱掉角的三个破坏尺寸/mm	不得同时大于	15	20	30

续表

项目		优等品	一等品	合格品
裂纹长度/mm，≤	大面上深入孔壁 15mm 以上宽度方向及其延伸至条面的长度的裂纹	60	80	100
	大面上深入孔壁 15mm 以上长度方向及其延伸到顶面的长度的裂纹	60	100	120
	条、顶面上的水平裂纹	80	100	120
完整面，不得少于		一条面和一顶面	一条面和一顶面	—
颜色		基本一致	基本一致	—

注：凡有以下缺陷之一，不得称为完整面：①缺损在条面或顶面上造成的破坏面尺寸同时大于 20mm × 30mm；②条面或顶面上裂纹宽度大于 1mm，其长度超过 70mm；③压陷、黏底、焦花在条面或顶面上的凹陷或凸出超过 2mm，区域尺寸同时大于 20mm × 30mm。

（3）强度：烧结多孔砖的强度应满足表 7-9 的规定。

表 7-9　烧结多孔砖的强度等级

强度等级	抗压强度平均值 $\bar{f}$/MPa，≥	变异系数 $\delta \leqslant 0.21$	变异系数 $\delta > 0.21$
		强度标准值 f_k/MPa，≥	单块最小抗压强度值 f_{min}/MPa，≥
MU30	30.0	22.0	25.0
MU25	25.0	18.0	22.0
MU20	20.0	14.0	16.0
MU15	15.0	10.0	12.0
MU10	10.0	6.5	7.5

（4）抗风化性能：烧结多孔砖在严重风化区中的 1、2、3、4、5 地区必须进行冻融试验，其他地区的烧结普通砖的抗风化性能应满足表 7-10 的规定，否则必须进行冻融试验。冻融试验后，每块砖样不允许出现裂纹、分层、掉皮、缺棱、掉角等现象。

（5）孔型、孔洞率及孔洞排列：烧结多孔砖的孔型、孔洞率及孔洞排列应符合表 7-11 的规定。

（6）泛霜：烧结多孔砖每块砖样应符合下列规定：优等品无泛霜；一等品不允许出现中等泛霜；合格品不允许出现严重泛霜。

表 7-10　烧结多孔砖的抗风化性能

砖种类	严重风化区				非严重风化区			
	5h 沸煮吸水率/%，≤		饱和系数≤		5h 沸煮吸水率/%，≤		饱和系数≤	
	平均值	单块最大值	平均值	单块最大值	平均值	单块最大值	平均值	单块最大值
黏土砖	21	23	0.85	0.87	23	25	0.88	0.90
粉煤灰砖	23	25			30	32		
页岩砖	16	18	0.74	0.77	18	20	0.78	0.80
煤矸石砖	19	21			21	23		

注：粉煤灰掺入量（体积比）小于 30% 时，抗风化性能指标按黏土砖规定。

表 7-11 烧结多孔砖的孔型、孔洞率及孔洞排列

产品等级	孔型	孔洞率/%，≥	孔洞排列
优等品	矩形条孔或矩形孔	25	交错排列，有序
一等品			
合格品	矩形孔或其他孔型		

注：①所有孔宽应相等，孔长≤50mm；②孔洞排列上下、左右应对称，分布均匀，手抓孔的长度方向尺寸必须平行于砖的条面；③矩形孔的孔长 L，孔宽 b 满足 $L \geqslant 3b$ 时，为矩形条孔。

（7）石灰爆裂：烧结多孔砖的石灰爆裂应符合表 7-12 的规定。

表 7-12 烧结多孔砖的石灰爆裂

优等品	不允许出现最大破坏尺寸大于 2mm 的爆裂区域
一等品	（1）最大破坏尺寸在 2～10mm 的爆裂区域，每组砖样不得多于 15 处； （2）不允许出现最大破坏尺寸大于 10mm 的爆裂区域
合格品	（1）最大破坏尺寸在 2～15mm 的爆裂区域，每组砖样不得多于 15 处。其中大于 10mm 的不得多于 7 处； （2）不允许出现最大破坏尺寸大于 15mm 的爆裂区域

（三）烧结空心砖和空心砌块的质量标准

（1）尺寸允许偏差：烧结空心砖和空心砌块的尺寸允许偏差应符合表 7-13 的规定。

表 7-13 烧结空心砖和空心砌块的尺寸允许偏差

尺寸/mm	优等品		一等品		合格品	
	样本平均偏差/mm	样本极差/mm，≤	样本平均偏差/mm	样本极差/mm，≤	样本平均偏差/mm	样本极差/mm，≤
>300	±2.5	6.0	±3.0	7.0	±3.5	8.0
>200～300	±2.0	5.0	±2.5	6.0	±3.0	7.0
100～200	±1.5	4.0	±2.0	5.0	±2.5	6.0
<100	±1.5	3.0	±1.7	4.0	±2.0	5.0

（2）外观质量：烧结空心砖的外观质量应符合表 7-14 的规定。

表 7-14 烧结空心砖的外观质量

项目			优等品	一等品	合格品
弯曲/mm		≤	3	4	5
缺棱掉角的三个破坏尺寸/mm		不同时大于	15	30	40
垂直度差/mm		≤	3	4	5
未贯穿裂纹长度/mm，≤	大面上宽度方向及其延伸到条面的长度		—	100	120
	大面上长度方向或条面上水平方向的长度		—	120	140
贯穿裂纹长度/mm，≤	大面上宽度方向及其延伸至条面的长度		—	40	60
	壁、肋沿长度方向、宽度方向及其水平方向的长度		—	40	60

续表

项　　目		优等品	一等品	合格品
肋、壁内残缺长度/mm	≤	—	40	60
完整面，不得少于		一条面或一大面	一条面或一大面	—

注：凡有以下缺陷之一，不得称为完整面：①缺损在条面或大面上造成的破坏面尺寸同时大于 20mm×30mm；②条面或大面上裂纹宽度大于 1mm，其长度超过 70mm；③压陷、黏底、焦花在条面或顶面上的凹陷或凸出超过 2mm，区域尺寸同时大于 20mm×30mm。

（3）强度等级：烧结空心砖和空心砌块的强度等级应符合表 7-15 的规定。

表 7-15　烧结空心砖和空心砌块的强度等级

强度等级	抗压强度			密度等级范围/kg/m^3
	抗压强度平均值 $\bar{f}$/MPa，≥	变异系数 $\delta\leq0.21$	变异系数 $\delta>0.21$	
		强度标准值 f_k/MPa，≥	单块最小值 f_{min}/MPa，≥	
MU10.0	10.0	7.0	8.0	≤1 100
MU7.5	7.5	5.0	5.8	
MU5.0	5.0	3.5	4.0	
MU3.5	3.5	2.5	2.8	
MU2.5	2.5	1.6	1.8	≤800

（4）密度：烧结空心砖按体积密度划分为 4 个密度级别，分别用 800、900、1 000 和 1 100表示，各密度级别的烧结空心砖应符合表 7-16 的规定。

表 7-16　烧结空心砖的密度级别

密度级别	800	900	1 000	1 100
5 块平均烧结空心砖的密度值/kg/m^3	≤800	801～900	901～1 000	1 001～1 100

（5）孔洞及其结构：烧结空心砖和空心砌块的孔洞及其结构应符合表 7-17 的规定。

表 7-17　烧结空心砖和空心砌块的孔洞及其结构

等　级	孔洞排数（排）			孔洞排列	孔洞率/%
	宽度方向		高度方向		
优等品	≥200mm <200mm	≥7 ≥5	≥2	有序交错排列	≥40
一等品	≥200mm <200mm	≥5 ≥4	≥2	有序排列	
合格品	≥3		—	有序排列	

（6）物理性能：烧结空心砖和空心砌块的物理性能应符合表 7-18 的规定。

表 7-18　烧结空心砖和空心砌块的物理性能

项　目		优　等　品	一　等　品	合　格　品
冻融		不允许出现裂纹、分层、掉皮、缺棱掉角等现象	冻裂长度必须符合烧结空心砖外观质量要求的裂纹规定 不允许出现分层、掉皮、缺棱掉角等现象	
泛霜		不允许出现轻微泛霜	不允许出现中等泛霜	不允许出现严重泛霜
石灰爆裂（试验后每块砖试样应满足烧结空心砖的外观质量要求的裂纹及肋、壁内残缺长度规定的同时，每组试样必须符合相应质量等级的要求）		不允许出现最大破坏尺寸大于 2mm 的爆裂区域	最大破坏尺寸大于 2mm、小于等于 10mm 的爆裂区域，每组试样不得多于 15 处；不允许出现大于 10mm 的爆裂区域	最大破坏尺寸大于 2mm、小于等于 15mm 的爆裂区域，每组试样不得多于 15 处，其中大于 10mm 的不得多于 7 处；不允许出现大于 15mm 的爆裂区域
吸水率/%，≤	黏土砖、页岩砖、煤矸石砖	16	18	20
	粉煤灰砖	22	24	25

（四）蒸压灰砂砖的质量标准

（1）尺寸偏差和外观：蒸压灰砂砖的尺寸偏差和外观应符合表 7-19 的规定。

表 7-19　蒸压灰砂砖的尺寸偏差和外观

项　目			优等品	一等品	合格品
尺寸允许偏差/mm	长度 L		±2	±2	±3
	宽度 B		±2		
	高度 H		±1		
缺棱掉角	个数/个	≤	1	1	2
	最大尺寸/mm	≤	10	15	20
	最小尺寸/mm	≤	5	10	10
对应高度差/mm		≤	1	2	3
裂纹	条数/条	≤	1	1	2
	大面上宽度方向及其延伸到条面的长度/mm	≤	20	50	70
	大面上长度方向及其延伸到顶面的长度或条、顶面水平裂纹的长度/mm	≤	30	70	100

（2）强度等级：蒸压灰砂砖的强度等级应符合表 7-20 的规定。

表 7-20　蒸压灰砂砖的强度等级

强度等级	抗压强度		抗折强度	
	平均值/MPa，≥	单块最小值/MPa，≥	平均值/MPa，≥	单块最小值/MPa，≥
MU25	25.0	20.0	5.0	4.0
MU20	20.0	16.0	4.0	3.2
MU15	15.0	12.0	3.3	2.6
MU10	10.0	8.0	2.5	2.0

（3）抗冻性：蒸压灰砂砖的抗冻性指标应符合表7-21的规定。

表7-21 蒸压灰砂砖的抗冻性指标

强度等级	冻后抗压强度平均值/MPa，≥	单块砖的干质量损失/%，≤	强度等级	冻后抗压强度平均值/MPa，≥	单块砖的干质量损失/%，≤
MU25	20.0	2.0	MU15	12.0	2.0
MU20	16.0	2.0	MU10	8.0	2.0

（五）蒸压粉煤灰砖

（1）蒸压粉煤灰砖的尺寸偏差和外观应符合表7-22的规定。

表7-22 蒸压粉煤灰砖的尺寸偏差和外观

项目			优等品	一等品	合格品
尺寸允许偏差/mm	长度		±2	±3	±4
	宽度		±2	±6	±4
	高度		±1	±2	±3
对应高度差/mm		≤	1	2	3
缺棱掉角的最小破坏尺寸/mm		≤	10	15	20
完整面		≥	二条面和一顶面或二顶面和一条面	一条面和一顶面	一条面和一顶面
裂纹长度/mm，≤	大面上宽度方向的裂纹（包括延伸到条面上的长度）		30	50	70
	其他裂纹		50	70	100

注：在条面或顶面上破坏面的两个尺寸同时大于10mm×20mm者为非完整面。

（2）强度等级：蒸压粉煤灰砖的强度等级应符合表7-23的规定。

表7-23 蒸压粉煤灰砖的强度等级

强度等级	抗压强度		抗折强度	
	平均值/MPa，≥	单块最小值/MPa，≥	平均值/MPa，≥	单块最小值/MPa，≥
MU30	30.0	24.0	6.2	5.0
MU25	25.0	20.0	5.0	4.0
MU20	20.0	16.0	4.0	3.2
MU15	15.0	12.0	3.3	2.6
MU10	10.0	8.0	2.5	2.0

（3）抗冻性：蒸压粉煤灰砖的抗冻指标应符合表7-24的规定。

表7-24 蒸压粉煤灰砖的抗冻指标

强度等级	冻后抗压强度平均值/MPa，≥	单块砖的干质量损失/%，≤	强度等级	冻后抗压强度平均值/MPa，≥	单块砖的干质量损失/%，≤
MU30	24.0	2.0	MU15	12.0	2.0
MU25	20.0	2.0	MU10	8.0	2.0
MU20	16.0	2.0			

（4）干缩值：优等品和一等品的蒸压粉煤灰砖干缩值应不大于0.65mm/m；合格品的蒸压粉煤灰砖干缩值应不大于0.75mm/m。

（5）碳化性能：蒸压粉煤灰砖的碳化性能：碳化系数 $K_c \geqslant 0.8$。

（六）加气混凝土砌块

（1）尺寸偏差和外观质量：加气混凝土砌块的尺寸偏差和外观质量应符合表7-25的规定。

表7-25　加气混凝土砌块的尺寸偏差和外观质量

			优等品	一等品	合格品
尺寸允许偏差/mm	长度		±3	±4	±5
	宽度		±2	±3	+3，-4
	高度		±2	±3	+3，-4
缺棱掉角	个数/个	≤	0	1	2
	最大尺寸/mm	≤	0	70	70
	最小尺寸/mm	≤	0	30	30
平面弯曲/mm		≤	0	3	5
裂纹	条数/条	≤	0	1	2
	任一面上的裂纹长度不得大于裂纹方向的		0	1/3	1/2
	贯穿一棱二面的裂纹长度不得大于裂纹所在面的裂纹方向尺寸总和的		0	1/3	1/3
爆裂、黏模和损坏深度/mm		≤	10	20	30
表面疏松、层裂			不允许		
表面油污			不允许		

（2）强度及强度等级：加气混凝土砌块按立方体抗压强度划分为7个强度等级，用“A”和“立方体抗压强度平均值”表示，各强度等级的加气混凝土砌块应符合表7-26的规定。

表7-26　加气混凝土砌块的抗压强度

强度级别	立方体抗压强度		强度级别	立方体抗压强度	
	平均值/MPa，≥	单块最小值/MPa，≥		平均值/MPa，≥	单块最小值/MPa，≥
A1.0	1.0	0.8	A5.0	5.0	4.0
A2.0	2.0	1.6	A7.5	7.5	6.0
A2.5	2.5	2.0	A10.0	10.0	8.0
A3.5	3.5	2.8			

（3）体积密度级别：加气混凝土按干体积密度划分为6个体积密度级别，用“B”和“干体积密度值”表示，各体积密度级别的加气混凝土应符合表7-27的规定。

表 7-27　加气混凝土体积密度级别

体积密度级别		B03	B04	B05	B06	B07	B08
体积密度/ kg/m^3，≤	优等品（A）	300	400	500	600	700	800
	一等品（B）	330	430	530	630	730	830
	合格品（C）	350	450	550	650	750	850

加气混凝土的强度级别与体积密度级别之间的关系应符合表 7-28 的规定。

表 7-28　加气混凝土的强度级别与体积密度级别之间的关系

体积密度级别		B03	B04	B05	B06	B07	B08
强度级别	优等品（A）			A3.5	A5.0	A7.5	A10.0
	一等品（B）	A1.0	A2.0	A3.5	A5.0	A7.5	A10.0
	合格品（C）			A2.5	A3.5	A5.0	A7.5

（4）其他性能：加气混凝土的干燥收缩值、抗冻性、导热系数（干态）应符合表 7-29 的规定。

表 7-29　加气混凝土的干燥收缩值、抗冻性、导热系数（干态）

体积密度级别		B03	B04	B05	B06	B07	B08
干燥收缩值	标准法/（mm/m），≤	0.50					
	快速法/（mm/m），≤	0.80					
抗冻性	质量损失/%，≤	5.0					
	冻后强度/MPa，≥	0.8	1.6	2.0	2.8	4.0	6.0
导热系数（干态）/［W/（m·K）］，≤		0.10	0.12	0.14	0.16	—	—

（七）混凝土小型空心砌块

（1）尺寸偏差：混凝土小型空心砌块的尺寸偏差和外观质量应符合表 7-30 的规定。

表 7-30　混凝土小型空心砌块的尺寸偏差和外观质量

项目名称			优等品（A）	一等品（B）	合格品（C）
尺寸允许偏差/mm	长度				±3
	宽度		±2	±3	±3
	高度				+3，-4
外观质量	弯曲/mm　≤		2	2	3
	缺棱掉角	个数/个　≤	0	2	2
		三个方向投影尺寸的最小值/mm　≤	0	20	30
	裂纹延伸的投影尺寸累计/mm　≤		0	20	30

（2）强度等级：混凝土小型空心砌块的强度等级应符合表 7-31 的规定。

表 7-31　混凝土小型空心砌块强度等级

强度等级	抗压强度/MPa		强度等级	抗压强度/MPa	
	平均值≥	单块最小值≥		平均值≥	单块最小值≥
MU3.5	3.5	2.8	MU10.0	10.0	8.0
MU5.0	5.0	4.0	MU15.0	15.0	12.0
MU7.5	7.5	6.0	MU20.0	20.0	16.0

（3）相对含水率：混凝土小型空心砌块的相对含水率应符合表 7-32 的规定。

表 7-32　混凝土小型空心砌块相对含水率

项　　目	潮湿地区	中等潮湿地区	干燥地区
相对含水率/%　≤	45	40	35

注：潮湿地区是指年平均相对湿度≥75%的地区；中等潮湿地区是指年平均相对湿度 50%～75%的地区；干燥地区是指年平均相对湿度＜50%的地区。

（4）抗冻性：混凝土小型空心砌块的抗冻性应符合表 7-33 的规定。

表 7-33　混凝土小型空心砌块的抗冻性

使用环境条件		抗冻等级	指　　标
非采暖地区		无规定	—
采暖地区	一般环境	D15	强度损失≤25%
	干湿交替环境	D25	质量损失≤5%

注：非采暖地区是指最冷月份平均气温＞－5℃的地区；采暖地区是指最冷月份平均气温≤－5℃的地区。

第二节　取 样 规 定

一、检验批的规定

墙体材料应按批进行验收，根据墙体材料的品种不同，其验收批规定的数量也不同。

（1）烧结普通砖是以同一生产厂家生产的同原料、同工艺、同一强度等级的烧结普通砖到施工现场后，按 15 万块砖为一检验批，抽检数量至少一组。

（2）烧结多孔砖和烧结空心砖是以同一生产厂家生产的同原料、同工艺、同一强度等级的烧结多孔砖或烧结空心砖到施工现场后，按 5 万块砖为一检验批，抽检数量至少一组。

（3）蒸压灰砂砖和蒸压粉煤灰砖是以同一生产厂家生产的同原料、同工艺、同一强度等级的蒸压灰砂砖或蒸压粉煤灰砖到施工现场后，按 10 万块砖为一检验批，抽检数量至少一组。

（4）加气混凝土砌块是以同一生产厂家生产的同原料、同工艺、同一强度等级的加气混凝土砌块到施工现场后，按 1 万块砌块为一检验批，抽检数量至少一组。

（5）混凝土小型空心砌块是以同一生产厂家生产的同原料、同工艺、同一强度等级的混凝土小型空心砌块到施工现场后，按 1 万块砖为一检验批，抽检数量至少一组。用于多层建筑基础和底层的混凝土小型空心砌块抽检数量至少两组。

二、墙体材料的取样规定

（1）烧结普通砖、烧结多孔砖和烧结空心砖：不同检验项目的抽样数量应按表 7-34

的规定进行。

表 7-34 烧结普通砖、烧结多孔砖和烧结空心砖抽样数量（块）

品　种	外观质量	尺寸偏差	强度等级	孔型、孔洞率及孔洞排列	泛霜	石灰爆裂	吸水率、饱和系数	冻融
烧结普通砖	50	20	10	—	5	5	5	—
烧结多孔砖和烧结空心砖	50	20	10	5	5	5	5	5

（2）蒸压灰砂砖和蒸压粉煤灰砖：抽样数量应按表 7-35 进行。

表 7-35 蒸压灰砂砖和蒸压粉煤灰砖抽样数量

检验项目	外观质量	尺寸偏差	强度等级	冻融	碳化	干缩值
抽样数量/块	50	20	10	5	5	5

（3）加气混凝土砌块：加气混凝土砌块的抽样是在同一检验批的产品中，随机抽取 80 块砌块，进行尺寸偏差和外观质量检验；从外观质量与尺寸偏差检验合格的砌块中，随机抽取 15 块砌块制作试件，进行以下项目的检验，如表 7-36 所示。

表 7-36 加气混凝土砌块抽样数量

检验项目	体积密度	强度级别	抗冻性	干燥收缩	导热系数
抽样数量	3 组 9 块	5 组 15 块	3 组 9 块	3 组 9 块	1 组 2 块

（4）小型混凝土空心砌块：小型混凝土空心砌块的抽样数量应按表 7-37 进行。

表 7-37 小型混凝土空心砌块抽样数量

检验项目	外观质量	尺寸偏差	强度等级	体积密度和空心率	含水率吸水率相　对含水率	干燥收缩	冻融	软化系数	碳化	抗冻	抗渗
抽样数量/块	50	20	10	3	3	3	5	10	12	10	3

第三节　砌墙砖与砌块试验

一、砌墙砖试验

（一）尺寸测量

（1）测量仪器设备：砖用卡尺（分度值为 0.5mm），如图 7-1 所示。

（2）测量方法：长度应在砖的 2 个大面的中间处分别测量 2 个尺寸；宽度应在砖的 2 个大面中间处分别测量 2 个尺寸；高度应在砖的 2 个条面中间分别测量 2 个尺寸，如图 7-2所示。如被测处有缺损或凸出时，可在其旁边测量，但应选择不利的一侧。

每一尺寸测量不足 0.5mm 按 0.5mm 计，每一方向尺寸以 2 个测量值的算术平均值表示。

（3）试验结果：样本平均偏差是以 20 块试样同一方向测量尺寸的算术平均值减去其

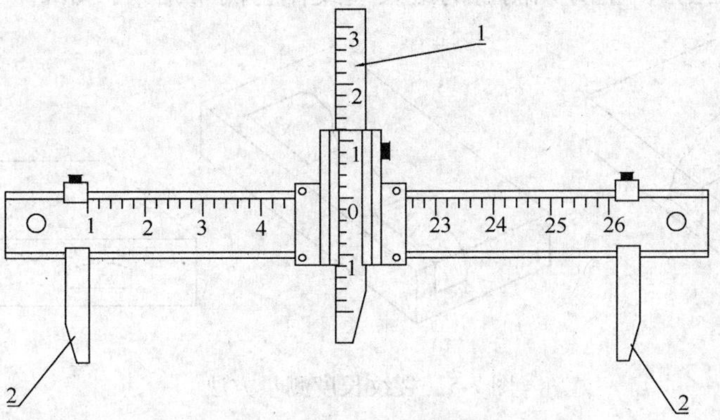

图 7-1　砖用卡尺示意图

公称尺寸的差值，样本极差是抽检的 20 块试样中同一方向最大测量值与最小值之差值。

（二）外观质量检查

（1）仪器设备：砖用卡尺（同尺寸测量）、钢直尺（分度值为 1mm）。

（2）检测方法

1）缺损：缺棱掉角在砖上造成的破坏程度，以破损部分对长、宽、高三个棱边的投影尺寸来测量，如图 7-3 所示。缺损造成的破坏面是指缺损部分对条、顶面的投影面积，如图 7-4 所示。

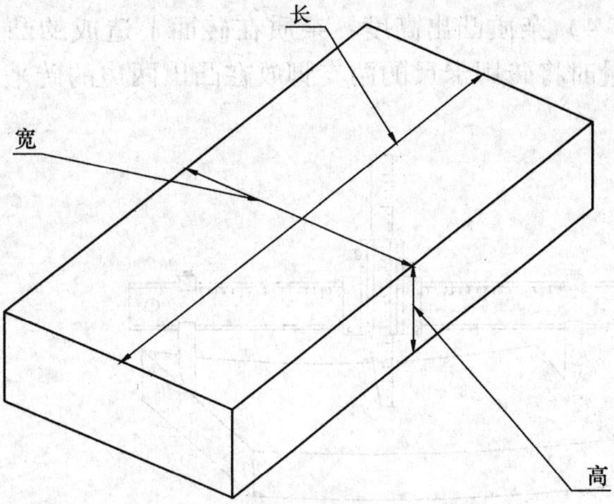

图 7-2　砖尺寸测量示意图

2）裂纹：裂纹分为长度方向、宽度方向和水平方向三种，以被测方向的投影长度来表示。如裂纹从一个面延伸到其他面上时，则累计其延伸的投影长度。

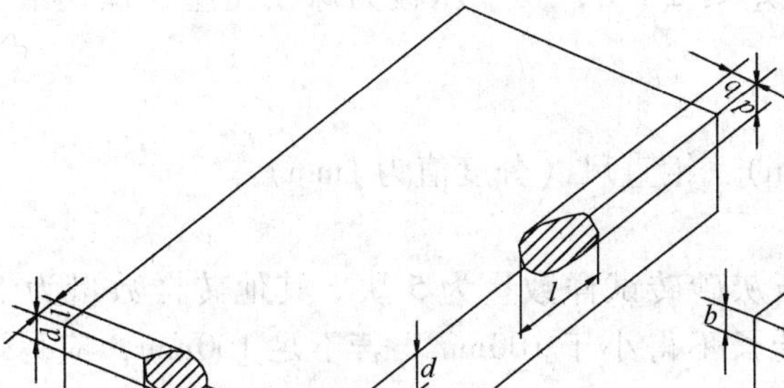

图 7-3　缺棱掉角的尺寸的测量方法

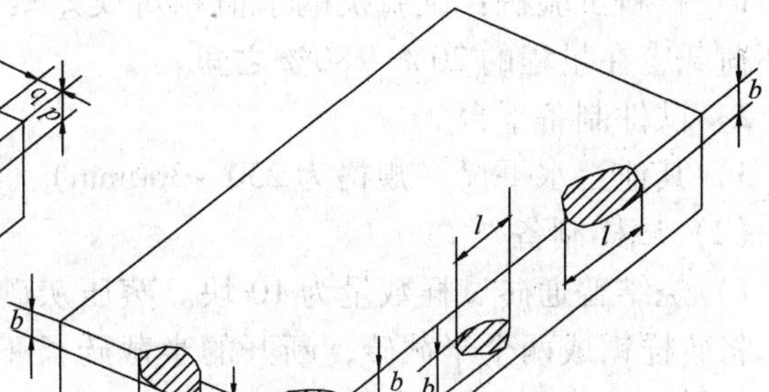

图 7-4　缺损造成的破坏面的测量方法

裂纹长度以在三方向上分别测得的最长裂纹作为测量结果，如图 7-5 所示。

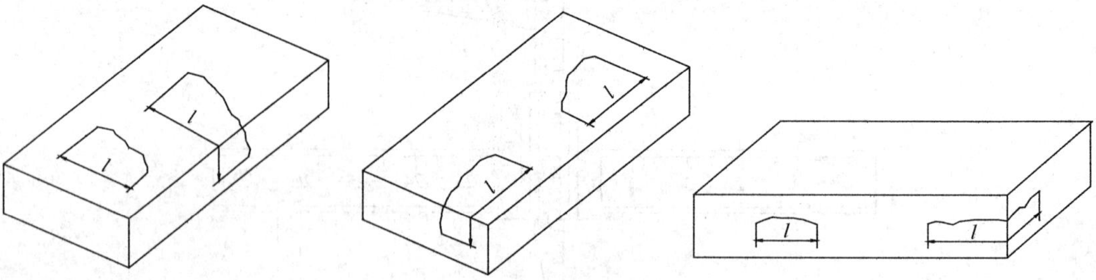

图 7-5　裂纹长度测量方法

3）弯曲：弯曲分别在大面和条面上测量。测量时，将砖用卡尺的两支脚沿棱边两端放置。择其弯曲最大处将直尺推至砖面。但不应因杂质或碰伤造成的凹处计算在内。

以弯曲中测得的较大者作为测量结果，如图 7-6 所示。

4）杂质凸出高度：杂质在砖面上造成的凸出高度，以杂质距砖面的最大距离表示。测量时将砖用卡尺的两支脚放在凸出两边的砖平面上以垂直尺测量，如图 7-7 所示。

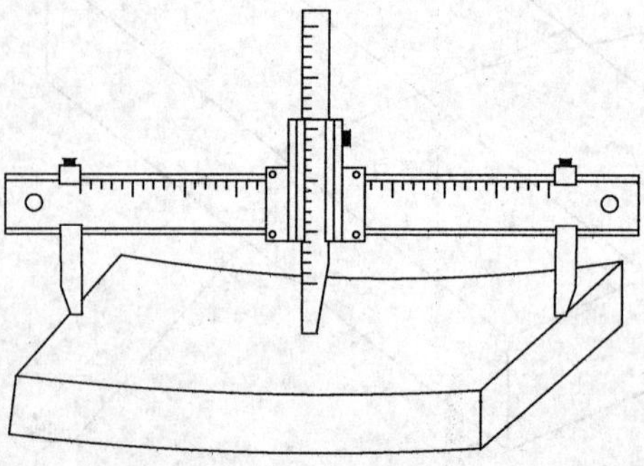

图 7-6　弯曲的测量方法图

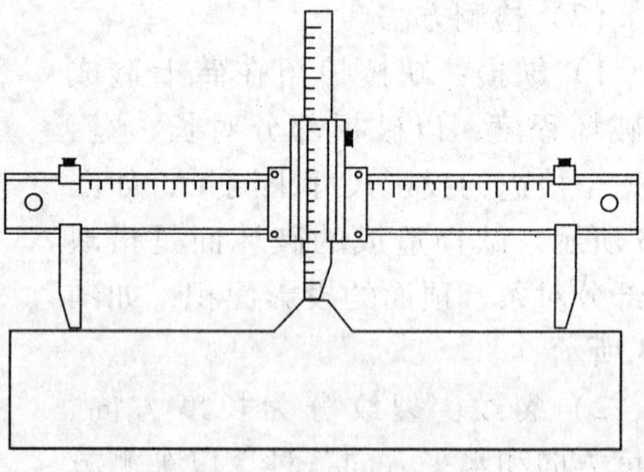

图 7-7　杂质凸出的测量方法

（三）抗压强度试验

（1）仪器设备

1）材料试验机：试验机的示值相对误差≤±1%，其下压板为球铰支座，预期最大破坏荷载应在量程的 20%～80%之间。

2）试件制备平台。

3）其他：水平尺（规格为 250～300mm）、钢直尺（分度值为 1mm）。

（2）试样制备

1）烧结普通砖试样数量为 10 块。蒸压灰砂砖试样数量为 5 块。其他砖样数量为 10 块。将砖样锯成两个半截砖，断开的半截砖长不得小于 100mm。若不足 100mm，应另取备用试样补足。

2）烧结普通砖试件的制作：在试样制备平台上，将已锯断的两个半截砖在室内的净水中浸泡 10～20min 后取出，并以断口相反方向叠放，两块半截砖之间用厚度不超过 5mm 的 32.5 的普通水泥净浆进行黏结，砖试样的上下两面用厚度不超过 3mm 的 32.5 的普通水泥净浆进行找平。制成的试件上下两面应相互平行，并垂直于侧面，如图 7-8 所示。

3）烧结多孔砖、烧结空心砖试件的制作：将玻璃板放在试件制备平台上，在玻璃板上铺一张湿垫纸，纸上铺一层厚度不超过5mm的32.5的普通水泥净浆，将在净水中浸泡了10~20min的砖试样平稳地将受压面坐在水泥浆上，在另一受压面上稍施加压力，使水泥浆与砖受压面相互黏结，砖的侧面应垂直于玻璃板，在水泥浆适当凝固后，连同玻璃板翻放在另一铺纸放浆的玻璃板上，再进行坐浆，用水平尺校正好玻璃板的水平。烧结多孔砖和烧结空心砖应在两个大面上坐浆。

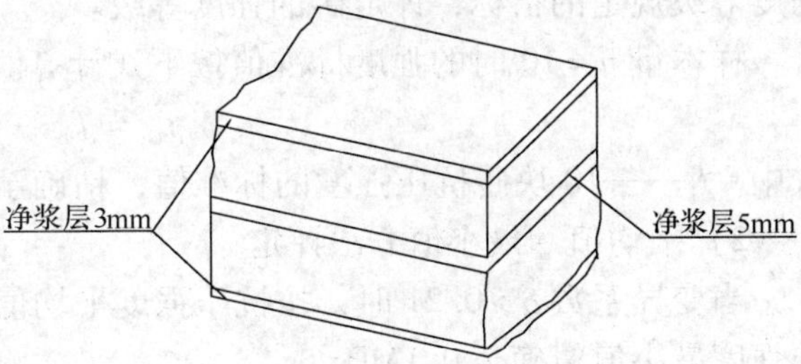

图7-8　烧结普通砖试件示意图

4）非烧结砖不需坐浆。将同一试样的两个半截砖断口相反叠放，叠合部分不得小于100mm，即为抗压强度试件。

5）试件养护：制成的抹面试件应放在不低于10℃的不通风的室内养护3d，再进行试验。非烧结砖试件不需进行养护，直接进行试验。

（3）试验步骤

1）测量每个试件受压面的长、宽尺寸，分别取其平均值，精确到1mm。

2）将试件平放在试验机压板中央，垂直于受压面加荷，加荷应均匀平稳，不得发生冲击和振动。加荷速度为5±0.5kN/s，直至试件破坏，记录试件破坏时的最大破坏荷载。

3）多孔砖以单块整砖沿竖孔方向加荷。

4）空心砖沿大面方向加荷。

（4）试验结果

1）按下式分别计算10块砖的抗压强度值，精确至0.1MPa。

$$f_{mc}=\frac{F}{LB}$$

式中　f_{mc}——抗压强度（MPa）；

F——最大破坏荷载（N）；

L——受压面（连接面）的长度（mm）；

B——受压面（连接面）的宽度（mm）。

2）按下式计算10块砖强度变异系数、抗压强度的平均值和标准值。

$$\delta=\frac{s}{\bar{f}_{mc}}\qquad \bar{f}_{mc}=\sum_{i=1}^{10}f_{mc,i}\qquad s=\sqrt{\frac{1}{9}\sum_{i=1}^{10}(f_{mc,i}-\bar{f}_{mc})^2}$$

式中　δ——砖强度变异系数，精确至0.01MPa；

$\bar{f}_{mc}$——10块砖抗压强度的平均值，精确至0.1MPa；

s——10块砖抗压强度的标准差，精确至0.01MPa；

$f_{mc,i}$——分别为10块砖的抗压强度值（$i=1\sim10$），精确至0.1MPa。

（5）强度等级评定

1）平均值-标准值方法评定

当变异系数$\delta\leqslant0.21$时，按实际测定的砖抗压强度平均值和强度标准值，根据标准中强度等级规定的指标，评定砖的强度等级。

样本量 $n=10$ 时的强度标准值按下式计算。

$$f_k = \bar{f}_{mc} - 1.8\delta$$

式中 f_k——10 块砖抗压强度的标准值，精确至 0.1MPa。

2）平均值 - 最小值方法评定

当变异系数 $\delta>0.21$ 时，按抗压强度平均值、单块最小值评定砖的强度等级。单块抗压强度最小值精确至 0.1MPa。

（四）冻融试验

（1）试验仪器设备

1）低温箱或冷冻室：温度可调至 -20℃或 -20℃以下。

2）其他：水槽（保持槽内水温 10 ~ 20℃为宜）、台秤（分度值为 5g）和鼓风干燥箱。

（2）试验步骤

烧结砖和蒸压灰砂砖为 5 块，其他砖为 10 块。用毛刷将砖表面清理干净，并编号。

1）将试样放入温度为 105 ~ 110℃的烘箱中，烘干至恒量（在干燥过程中前后两次称量相差不超过 0.2%。前后两次称量时间间隔为 2h），称其质量 G_0，并检查外观，将缺棱掉角和裂纹作上标记。

2）将试样浸在 10 ~ 20℃的水中 24h，用湿布擦去表面水分，以大于 20mm 的间距大面侧向立放于预先降温至 -15℃的低温箱或冷冻室中。

3）当箱内温度再次降到 -15℃时开始计时，在 -15 ~ -20℃下：烧结砖冻 3h；非烧结砖冻 5h。取出放入 10 ~ 20℃的水中融化：烧结砖不少于 2h；非烧结砖不少于 3h。如此为一次冻融循环。

4）每 5 次冻融循环检查一次冻融过程中出现的破坏情况，如出现冻裂、缺棱、掉角、剥落等。

5）冻融过程中，发现试样的冻坏超过外观质量规定时，应继续试验至 15 次冻融循环结束为止。

6）15 次冻融循环后，检查并记录试样在冻融过程中的冻裂长度、缺棱掉角和剥落等破坏情况。

7）经 15 次冻融循环后的试样，放入温度为 105 ~ 110℃的烘箱中烘干至恒量，称其质量 G_1。烧结砖若未发现冻坏现象，可不进行干燥称量。

8）将干燥后的试样（非烧结砖再在 10 ~ 20℃的水中浸泡 24h）进行抗压强度检测。

（3）试验结果

1）按下式计算抗压强度，精确至 0.1MPa。

$$f_{mc} = \frac{F}{LB}$$

式中 f_{mc}——抗压强度（MPa）；

F——最大破坏荷载（N）；

L——受压面（连接面）的长度（mm）；

B——受压面（连接面）的宽度（mm）。

砖的抗压强度取其抗压强度的算术平均值作为试验结果。

2）按下式计算质量损失，精确至0.1%。

$$G_m = \frac{G_0 - G_1}{G_0} \times 100\%$$

式中　G_m——质量损失率；

G_0——试样冻融前干质量（g）；

G_1——试样冻融后干质量（g）。

（五）泛霜检测

（1）试验仪器设备

1）鼓风干燥箱。

2）耐腐蚀浅盘5个，容水深度为25～35mm。

3）能盖住浅盘的透明材料5张，在其中间部位开有大于理论工作试样宽、高、长5～10mm的矩形孔。

4）干湿温度计。

（2）试验步骤

1）取试样5块用毛刷将砖表面清理干净，并编号。放入温度为105～110℃的烘箱中干燥24h，取出冷却至室温。

2）将试样顶面或有孔洞的面向上分别放在5个浅盘中，在浅盘中注入蒸馏水，水面高度不低于20mm，用透明材料覆盖在浅盘上，并将试样暴露在外面，记录时间。

3）试样在浅盘中浸泡7d。开始2d内经常加水以保持盘内水面高度，以后保持试样浸在水中即可。试验过程要求环境温度为16～32℃，相对湿度为30%～70%。

4）7d后取出试样，在同样的环境条件下放置4d，然后在温度为105～110℃的烘箱中干燥24h，取出冷却至室温，记录干燥后的泛霜程度。

5）7d后开始记录泛霜情况，每天一次。

（3）试验结果

泛霜程度划分四种不同程度，见表7-38所示。

表7-38　泛霜程度划分

无泛霜	试样表面的盐析几乎看不到
轻微泛霜	试样表面出现一层细小明显的霜膜但试样表面仍光晰
中等泛霜	试样部分表面或棱角出现明显霜层
严重泛霜	试样表面出现起砖粉、掉屑和脱皮现象

二、混凝土小型空心砌块试验

（一）尺寸偏差和外观质量检测

（1）仪器设备：钢直尺或钢卷尺（分度值1mm）。

（2）尺寸偏差测量方法：长度在条面的中间测量，宽度在顶面的中间测量，高度在顶面的中间测量。每项在对应的两面各测一次，精确至1mm。壁、肋厚度在最小部位测量，选两处各测一次，精确至1mm。

（3）外观质量检查

1）弯曲测量：将钢直尺贴靠坐浆面、铺浆面和条面，测量直尺与试件之间的最大间距，精确至1mm。

2）缺棱掉角检查：将钢直尺贴靠棱边，测量缺棱掉角在长、宽、高三个方向的投影尺寸，精确至1mm。

3）裂纹检查：用钢直尺测量裂纹所在面上的最大投影尺寸，若裂纹由一个面延伸到另一个面时，则累计其延伸的投影尺寸，精确至1mm。

（4）测量结果

试件的尺寸偏差以实际测量的长度、宽度和高度与规定尺寸的差值表示。

弯曲、缺棱掉角和裂纹长度的测量结果以最大测量值表示。

（二）抗压强度试验

（1）仪器设备

1）材料试验机：示值误差不大于2%，量程选择应能使试件的预期破坏荷载在满量程的20%～80%。

2）钢板：厚度不小于10mm，平面尺寸大于440mm×240mm。钢板的一面须平整，精度要求在长度方向范围内的平面度不大于0.1mm。

3）玻璃板：厚度不小于6mm，平面尺寸与钢板相同。

4）水平尺。

（2）试件制备：处理试件的坐浆面与铺浆面，与之成为相互平行的平面。将钢板放在稳固的底座上，平整面向上，用水平尺调至水平。在钢板上先薄薄地涂一层机油或铺一层湿纸，然后再铺一层以1份重量的32.5以上的普通水泥和2份细砂加入适量的水调成水泥砂浆，将试件的坐浆面湿润后平稳地压入砂浆层内，使砂浆层尽可能均匀，厚度为3～5mm。将多余的砂浆沿试件棱边刮掉，静置24h后再按上述方法处理铺浆面。在处理铺浆面时，应将水平尺放在已向上的坐浆面上调至水平。在温度为10℃以上不通风的室内养护3d。

为缩短时间，也可在坐浆面砂浆处理后，不经静置立即在向上的铺浆面上铺一层砂浆，用事先涂油的玻璃板，边压砂浆层边观察，将气泡全部排出，并用水平尺调至水平，直至砂浆层平而均匀厚度达3～5mm。

（3）试验步骤

1）测量每个试件的长和宽，分别测定上下面的两个尺寸取其平均值，精确至1mm。

2）将试件放在试验机的承压板的中央，使试件的轴线与试验机压板的中心重合，以10～30kN/s的速度加荷，直至试件破坏。记录最大破坏荷载。

3）若试验机压板不足以覆盖试件受压面时，可在试件的上下压面加辅助钢板。辅助钢板的表面光洁度与试验机原压板相同，其厚度至少为原压板边至辅助钢板最远距离处的三分之一。

（4）试验结果：按下式计算每个试件的抗压强度，精确至0.1MPa。

$$R = \frac{F}{LB}$$

式中 R——试件的抗压强度（MPa）；

F——最大破坏荷载（N）；

L——试件受压面的长度（mm）；

B——试件受压面的宽度（mm）。

试验结果以五个试件抗压强度的算术平均值和单块最小值表示，精确至0.1MPa。

（三）抗折强度试验

（1）试验设备

1）材料试验机：示值误差不大于2%，量程选择应能使试件的预期破坏荷载在满量程的20%～80%。

2）钢棒：直径35～40mm，长度210mm，数量3根。

3）抗折支座：由安放在底板上的两根钢棒组成，其中至少有一根是可以自由滚动的。

（2）试件制备：试件制备方法与抗压强度的试件制备方法相同。表面处理后应将试件孔洞口处的挡浆层打掉。

（3）试验步骤

1）测量每个试件的长和宽，分别测定上下面的两个尺寸取其平均值，精确至1mm。

2）将抗折支座放在试验机的承压板上，调整钢棒承压板之间的距离，使其等于试件长度减一个坐浆面处的肋厚，再使抗折支座的中线与试验机压板的中心重合。

3）将试件的坐浆面放在抗折支座上，在试件上部二分之一长度处放置一根钢棒。以250N/s的速度加荷，直至试件破坏。记录最大破坏荷载。

（4）试验结果：按下式计算每个试件的抗折强度，精确至0.1MPa。

$$R_z = \frac{3FL}{2BH^2}$$

式中 R_z——试件的抗折强度（MPa）；

F——最大破坏荷载（N）；

L——抗折支座上两钢棒的轴线距离（mm）；

B——试件的宽度（mm）；

H——试件的高度（mm）。

试验结果以五个试件抗折强度的算术平均值和单块最小值表示，精确至0.1MPa。

第八章　防 水 材 料

第一节　概　　述

一、防水材料分类

防水材料分为刚性防水材料和柔性防水材料两大类。刚性防水材料主要是指防水混凝土和防水砂浆，柔性防水材料主要是指以有机高分子材料为基材、具有一定延展性的防水材料，此类材料在工程中的应用十分广泛。在工程中，一般所说的防水材料就是指的这一类。

防水材料按其供应外观分为：防水卷材、防水涂料和密封材料三类；按其材质可分为：沥青类防水材料、改性沥青类防水材料和有机合成高分子防水材料，如表 8-1 所示。其中传统的沥青纸胎油毡由于其综合性能较差，已被列为限制使用产品，取而代之的是改性沥青类防水材料，目前使用得较为广泛的有 SBS 和 APP 改性沥青防水卷材。有机合成高分子防水材料是 20 世纪 80 年代以后迅速发展起来的新型防水材料，具有可靠的防水性能，且综合性能良好，是目前工程中使用的新型高档防水材料。

表 8-1　防水材料按材质分类

序号	按材质分类	主 要 品 种
1	沥青类防水材料	沥青纸胎油毡、沥青玻璃布油毡、沥青胶、冷底子油、乳化沥青防水涂料
2	改性沥青类防水材料	SBS 和 APP 改性沥青防水卷材、氯丁橡胶沥青防水涂料、乳化再生橡胶防水涂料
3	有机合成高分子防水材料	三元乙丙橡胶防水卷材、聚氯乙烯防水卷材、氯化聚乙烯防水卷材、聚乙烯丙纶复合防水卷材、聚氨酯防水涂料

二、防水材料主要品种及其质量标准

（一）沥青纸胎油毡（GB 326—89）

沥青纸胎油毡是采用低软化点石油沥青浸渍原纸，然后又用高软化点石油沥青涂盖两面，再撒上隔离材料所制成的纸胎防水卷材。

沥青纸胎油毡按隔离材料可分为粉毡（采用滑石粉为隔离材料）和片毡（采用云母粉为隔离材料）；按其每平方米原纸的质量分为 200 号、350 号和 500 号三种标号。其技术性能指标应符合以下规定。

（1）卷重应符合表 8-2 的规定。

表 8-2　沥青纸胎油毡的卷重

标　号	200		350		500	
品　种	粉毡	片毡	粉毡	片毡	粉毡	片毡
重量/kg，≥	17.5	20.5	28.5	31.5	39.5	42.5

（2）外观质量应符合表 8-3 的规定。

表 8-3　沥青纸胎油毡的外观质量要求

1	成卷油毡应卷紧卷齐，卷筒两端厚度差不得超过 5mm，端面里进外出不得超过 10mm
2	成卷油毡在 10～45℃环境温度下应易于展开，在距离卷芯 1 000mm 长度外不应有 10mm 以上的裂纹，不应有破坏毡面长度为 10mm 以上的黏结
3	纸胎应浸透，不应有未被浸渍的浅色斑点；不应有油纸外露和涂油不均
4	毡面不应有孔洞、硌伤、长度 20mm 以上的疙瘩、糨糊状粉浆或水渍、距卷芯 1 000mm 以外长度 100mm 以上的折纹、褶皱；20mm 以内的边缘裂口或长 50mm、深 20mm 以内的缺边不应超过 4 处
5	每卷油毡允许有 1 处接头，其中较短的一段不应少于 2 500mm，接头应剪切整齐，并加长 150mm；优等品中有接头的油毡卷数不得超过批量的 3%

（3）物理力学性能应符合表 8-4 的规定。

表 8-4　沥青纸胎油毡的物理力学性能

项　目		200 号			350 号			500 号		
		优等品	一等品	合格品	优等品	一等品	合格品	优等品	一等品	合格品
浸涂材料总量/(g/m^2),≥		800	700	600	1 100	1 050	1 000	1 500	1 450	1 400
不透水性	压力/MPa,≥	0.05			0.10			0.15		
	保持时间/min,≥	30	20	15	45	30		30		
吸水率(真空法)/%,≤	粉毡	1.0			1.0			1.5		
	片毡	3.0			3.0			3.0		
耐热度(℃),受热 2h 涂盖层无滑动和集中性气泡		90±2	85±2		90±2	85±2		90±2	85±2	
纵向拉力(25±2)℃/N,≥		270		240	370		340	470		440
柔　度		18±2℃			14±2℃	16±2℃	18±2℃	14±2℃	18±2℃	
		绕 ϕ20mm 圆棒或弯板无裂纹						绕 ϕ25mm 圆棒或弯板无裂纹		

（二）SBS 改性沥青防水卷材（GB 18242—2000）

SBS 改性沥青防水卷材为弹性体改性沥青防水卷材，是以聚酯毡或玻纤毡为胎基，采用苯乙烯-丁二烯-苯乙烯（SBS）热塑性弹性体作为改性材料，再在两面覆以隔离材料而制成的防水卷材。

SBS 改性沥青防水卷材按胎基可分为聚酯胎（PY）和玻纤胎（G）两种；按其隔离

材料可分为聚乙烯膜（PE）、细砂（S）和矿物粒（片）料（M）三种；按其力学性能又可分为Ⅰ型和Ⅱ型。其技术性能指标应符合以下规定。

（1）卷重、面积及厚度应符合表 8-5 的规定。

表 8-5　SBS 改性沥青防水卷材的卷重、面积及厚度

公称厚度/mm		2		3			4					
隔离材料		PE	S	PE	S	M	PE	S	M	PE	S	M
面积/(m^2/卷)	公称面积	15		10			10			7.5		
	偏　差	±0.15		±0.10			±0.10			±0.10		
最低卷重/(kg/卷)		33.0	37.5	32.0	35.0	40.0	42.0	45.0	50.0	31.5	33.0	37.5
厚度/mm	平均值，≥	2.0		3.0		3.2	4.0		4.2	4.0		4.2
	最小值	1.7		2.7		2.9	3.7		3.9	3.7		3.9

（2）外观质量应符合表 8-6 的规定。

表 8-6　SBS 改性沥青防水卷材的外观质量要求

1	成卷卷材应卷紧卷齐，端面里进外出不得超过 10mm
2	成卷卷材在 4～50℃任一温度下展开时，在距离卷芯 1 000mm 长度外不应有 10mm 以上的裂纹或黏结
3	胎基应浸透，不应有未被浸渍的条纹
4	卷材表面必须平整，不允许有孔洞、缺边和裂口，矿物粒（片）料的粒度应均匀一致，并紧密地黏附于卷材表面
5	每卷接头处不应超过 1 个，较短的一段不应少于 1 000mm，接头应剪切整齐，并加长 150mm

（3）物理力学性能应符合表 8-7 的规定。

表 8-7　SBS 改性沥青防水卷材的物理力学性能

项　目			聚酯毡胎基（PY）		玻纤毡胎基（G）	
			Ⅰ型	Ⅱ型	Ⅰ型	Ⅱ型
可溶物含量/(g/m^2)，≥		2mm	—		1 300	
		3mm	2 100			
		4mm	2 900			
不透水性	压力/MPa，≥	0.3	0.2	0.3		
	保持时间/min，≥		30			
耐热度/℃，无滑动、流淌、滴落			90	105	90	105
拉力/(N/50mm)，≥		纵向	450	800	350	500
		横向			250	300
最大拉力时延伸率/%，≥		纵向	30	40	—	
		横向				
低温柔度/℃，无裂纹			-18	-25	-18	-25
撕裂强度/N，≥		纵向	250	350	250	350
		横向			170	200

续表

项目		聚酯毡胎基（PY）		玻纤毡胎基（G）	
		Ⅰ型	Ⅱ型	Ⅰ型	Ⅱ型
人工气候加速老化	外观	1级，无滑动、流淌、滴落			
	拉力保持率/%，≥	（纵向）80			
	低温柔度/℃，无裂纹	-10	-20	-10	-20

（三）APP改性沥青防水卷材（GB 18243—2000）

APP改性沥青防水卷材为塑性体改性沥青防水卷材，是以聚酯毡或玻纤毡为胎基，采用无规聚丙烯（APP）或聚烯烃类聚合物（APAO、APO）作为改性材料，再在两面覆以隔离材料而制成的防水卷材。

APP改性沥青防水卷材按胎基可分为聚酯胎（PY）和玻纤胎（G）两种；按其隔离材料可分为聚乙烯膜（PE）、细砂（S）和矿物粒（片）料（M）三种；按其力学性能又可分为Ⅰ型和Ⅱ型。其技术性能指标应符合以下规定。

（1）卷重、面积及厚度的要求与SBS改性沥青防水卷材的要求相同。

（2）外观质量应符合表8-8的规定。

表8-8　APP改性沥青防水卷材的外观质量要求

1	成卷卷材应卷紧卷齐，端面里进外出不得超过10mm
2	成卷卷材在4～60℃环境温度下展开时，在距离卷芯1 000mm长度外不应有10mm以上的裂纹或黏结
3	胎基应浸透，不应有未被浸渍的条纹
4	卷材表面必须平整，不允许有孔洞、缺边和裂口，矿物粒（片）料的粒度应均匀一致，并紧密地黏附于卷材表面
5	每卷接头处不应超过1个，较短的一段不应少于1 000mm，接头应剪切整齐，并加长150mm

（3）物理力学性能应符合表8-9的规定。

表8-9　APP改性沥青防水卷材的物理力学性能

项目		聚酯毡胎基（PY）		玻纤毡胎基（G）	
		Ⅰ型	Ⅱ型	Ⅰ型	Ⅱ型
可溶物含量/(g/m^2)，≥	2mm	—		1 300	
	3mm	2 100			
	4mm	2 900			
不透水性	压力/MPa，≥	0.3		0.2	0.3
	保持时间/min，≥	30			
耐热度/℃，无滑动、流淌、滴落		110	130	110	130
拉力/(N/50mm)，≥	纵向	450	800	350	500
	横向			250	300
最大拉力时延伸率/%，≥	纵向	25	40	—	
	横向				
低温柔度/℃，无裂纹		-5	-15	-5	-15

续表

项目		聚酯毡胎基（PY）		玻纤毡胎基（G）	
		Ⅰ型	Ⅱ型	Ⅰ型	Ⅱ型
撕裂强度/N，≥	纵向	250	350	250	350
	横向			170	200
人工气候加速老化	外观	1级，无滑动、流淌、滴落			
	拉力保持率/%，≥	（纵向）80			
	低温柔度/℃，无裂纹	3	-10	3	-10

（四）三元乙丙橡胶防水卷材（GB 18173.1—2000）

该卷材是以乙烯、丙烯和少量双环戊二烯三种单体共聚合成的三元乙丙橡胶为主要原料，掺入适量的丁基橡胶、硫化剂、填充剂等，以压延法或挤出法生产的一种具有高弹性的均质片材。

三元乙丙橡胶防水卷材的技术性能指标应符合以下规定。

（1）规格尺寸及允许偏差应符合表8-10的规定。

表8-10 三元乙丙橡胶防水卷材的规格尺寸及允许偏差

	厚度	宽度	长度
规格尺寸/mm	1.0，1.2，1.5，1.8，2.0	1.0，1.1，1.2	20m以上
允许偏差/%	-10～+15	>-1	不允许出现负值

（2）外观质量要求应符合表8-11的规定。

表8-11 三元乙丙橡胶防水卷材的外观质量要求

1	表面应平整、边缘整齐，不能有裂纹、机械损伤、折痕、穿孔及异常黏着部分等影响使用的缺陷	
2	在不影响使用的条件下，其表面缺陷应满足下列规定	凹痕深度不得超过卷材厚度的30% 每$1m^2$卷材，杂质不得超过$9mm^2$ 气泡深度不得超过卷材厚度的30%，且每$1m^2$不得超过$7mm^2$

（3）物理力学性能应符合表8-12的规定。

表8-12 三元乙丙橡胶防水卷材的物理力学性能

项目		硫化类	非硫化类
断裂拉伸强度/MPa，≥	常温	7.5	4.0
	60℃	2.3	0.8
扯断伸长率/%，≥	常温	450	450
	60℃	200	200
撕裂强度/(kN/m)，≥		25	18
不透水性（30min无渗漏）		0.3 MPa	0.3 MPa
低温弯折/℃，≤		-40	-30

续表

项　目		硫化类	非硫化类
热空气老化（80℃×168h）	断裂拉伸强度保持率/%，≥	80	90
	扯断伸长率保持率/%，≥	70	70
	100%伸长率外观	无裂纹	
人工气候加速老化	断裂拉伸强度保持率/%，≥	80	80
	扯断伸长率保持率/%，≥	70	70
	100%伸长率外观	无裂纹	

（五）聚氯乙烯防水卷材（GB 12952—2003）

聚氯乙烯防水卷材是以聚氯乙烯为主要原料制成的防水卷材，包括无复合层（N类）、用纤维单面复合（L类）及织物内增强（W类）的聚氯乙烯防水卷材。每类产品按物理力学性能分为Ⅰ型和Ⅱ型。

聚氯乙烯防水卷材的技术性能指标应符合以下规定。

（1）规格尺寸及允许偏差应符合表8-13的规定。

表8-13　聚氯乙烯防水卷材的规格尺寸及允许偏差

长度/m	厚度/mm	允许偏差/mm	最小单个值/mm
10、15、20	1.2	±0.10	1.00
	1.5	±0.15	1.30
	2.0	±0.20	1.70

（2）外观质量要求应符合表8-14的规定。

表8-14　聚氯乙烯防水卷材的外观质量要求

1	卷材的接头不多于1处，其中较短的一段长度不少于1.5m，接头处应剪切整齐，并加长150mm备作搭接
2	卷材表面应平整、边缘整齐，无裂纹、孔洞、黏结、气泡和疤痕

（3）物理力学性能应符合表8-15和表8-16的规定。

表8-15　N类无复合层的聚氯乙烯防水卷材的物理力学性能

项　目		Ⅰ型	Ⅱ型
拉伸强度/MPa，≥		8.0	12.0
断裂伸长率/%，≥		200	250
热处理尺寸变化率/%，≤		3.0	2.0
低温弯折性		-20℃无裂纹	-25℃无裂纹
抗穿孔性		不渗水	
不透水性		不透水	
剪切状态下的黏合性/(N/mm)，≥		3.0或卷材破坏	
热老化处理	拉伸强度变化率/%	±25	±20
	断裂伸长率变化率		
	低温弯折性	-15℃无裂纹	-20℃无裂纹
	外观	无起泡、裂纹、黏结和孔洞	

续表

项目		Ⅰ型	Ⅱ型
人工气候加速老化	拉伸强度变化率/%	±25	±20
	断裂伸长率变化率/%		
	低温弯折性	-15℃无裂纹	-20℃无裂纹
耐化学侵蚀	拉伸强度变化率/%	±25	±20
	断裂伸长率变化率/%		
	低温弯折性	-15℃无裂纹	-20℃无裂纹

注：非外露使用可以不考虑人工气候加速老化性能。

表8-16　L类、W类聚氯乙烯防水卷材的物理力学性能

项目		Ⅰ型	Ⅱ型
拉力/(N/cm)，≥		100	160
断裂伸长率/%，≥		150	200
热处理尺寸变化率/%，≤		1.5	1.0
低温弯折性		-20℃无裂纹	-25℃无裂纹
抗穿孔性		不渗水	
不透水性		不透水	
剪切状态下的黏合性/(N/mm)，≥	L类	3.0或卷材破坏	
	W类	6.0或卷材破坏	
热老化处理	拉力变化率/%	±25	±20
	断裂伸长率变化率/%		
	低温弯折性	-15℃无裂纹	-20℃无裂纹
	外观	无起泡、裂纹、黏结和孔洞	
人工气候加速老化	拉力变化率/%	±25	±20
	断裂伸长率变化率/%		
	低温弯折性	-15℃无裂纹	-20℃无裂纹
耐化学侵蚀	拉力变化率/%	±25	±20
	断裂伸长率变化率/%		
	低温弯折性	-15℃无裂纹	-20℃无裂纹

注：非外露使用可以不考虑人工气候加速老化性能。

（六）氯化聚乙烯防水卷材（GB 12953—2003）

氯化聚乙烯防水卷材是以氯化聚乙烯为主要原料制成的防水卷材，包括无复合层（N类）、用纤维单面复合（L类）及织物内增强（W类）的氯化聚乙烯防水卷材。每类产品按物理力学性能分为Ⅰ型和Ⅱ型。

氯化聚乙烯防水卷材的技术性能指标应符合以下规定。

（1）规格尺寸及允许偏差与聚氯乙烯防水卷材的规格尺寸及允许偏差要求相同。

（2）外观质量要求与聚氯乙烯防水卷材的外观质量要求相同。

（3）物理力学性能应符合表8-17和表8-18的规定。

表 8-17　N 类氯化聚乙烯防水卷材的物理力学性能

项　　目		Ⅰ 型	Ⅱ 型
拉伸强度/MPa，≥		5.0	8.0
断裂伸长率/%，≥		200	300
热处理尺寸变化率/%，≤		3.0	纵向 2.5、横向 1.5
低温弯折性		-20℃无裂纹	-25℃无裂纹
抗穿孔性		不渗水	
不透水性		不透水	
剪切状态下的黏合性/(N/mm)，≥		3.0 或卷材破坏	
热老化处理	拉伸强度变化率/%	+50 ~ -20	±20
	断裂伸长率变化率/%	+50 ~ -30	±20
	低温弯折性	-15℃无裂纹	-20℃无裂纹
	外观	无起泡、裂纹、黏结和孔洞	
人工气候加速老化	拉伸强度变化率/%	+50 ~ -20	±20
	断裂伸长率变化率/%	+50 ~ -30	±20
	低温弯折性	-15℃无裂纹	-20℃无裂纹
耐化学侵蚀	拉伸强度变化率/%	±30	±20
	断裂伸长率变化率/%		
	低温弯折性	-15℃无裂纹	-20℃无裂纹

注：非外露使用可以不考虑人工气候加速老化性能。

表 8-18　L 类、W 类氯化聚乙烯防水卷材的物理力学性能

项　　目		Ⅰ 型	Ⅱ 型
拉力/(N/cm)，≥		70	120
断裂伸长率/%，≥		125	250
热处理尺寸变化率/%，≤		1.0	
低温弯折性		-20℃无裂纹	-25℃无裂纹
抗穿孔性		不渗水	
不透水性		不透水	
剪切状态下的黏合性/(N/mm)，≥	L 类	3.0 或卷材破坏	
	W 类	6.0 或卷材破坏	
热老化处理	拉力变化率/%	±25	±20
	断裂伸长率变化率/%		
	低温弯折性	-15℃无裂纹	-20℃无裂纹
	外观	无起泡、裂纹、黏结和孔洞	
人工气候加速老化	拉力变化率/%	±25	±20
	断裂伸长率变化率/%		
	低温弯折性	-15℃无裂纹	-20℃无裂纹
耐化学侵蚀	拉力变化率/%	±25	±20
	断裂伸长率变化率/%		
	低温弯折性	-15℃无裂纹	-20℃无裂纹

注：非外露使用可以不考虑人工气候加速老化性能。

（七）聚氨酯防水涂料（GB/T 19250—2003）

聚氨酯防水涂料按组分分为单组分（S）和多组分（M）两种，产品按拉伸性能分为Ⅰ、Ⅱ两类。

（1）外观：聚氨酯防水涂料为均匀黏稠体，无凝结、结块。

（2）物理力学性能：单组分聚氨酯防水涂料的物理力学性能应符合表8-19的规定，多组分聚氨酯防水涂料的物理力学性能应符合表8-20的规定。

表8-19　单组分聚氨酯防水涂料的物理力学性能

项　　目		Ⅰ型	Ⅱ型
拉伸强度/MPa，≥		1.90	2.45
断裂伸长率/%，≥		550	450
撕裂强度/(N/cm)，≥		12	14
低温弯折性		-40℃无裂纹	
不透水性0.3 MPa、30min		不透水	
固体含量/%，≥		80	
表干时间/h，≤		12	
实干时间/h，≤		24	
加热伸缩率/%		-4.0～1.0	
潮湿基面黏结强度①/MPa，≥		0.50	
定伸时老化	加热老化	无裂纹及变形	
	人工气候老化②	无裂纹及变形	
热处理	拉伸强度保持率/%	80～150	
	断裂伸长率/%，≥	500	400
	低温弯折性	-35℃无裂纹	
碱处理	拉伸强度保持率/%	60～150	
	断裂伸长率/%，≥	500	400
	低温弯折性	-35℃无裂纹	
酸处理	拉伸强度保持率/%	80～150	
	断裂伸长率/%，≥	500	400
	低温弯折性	-35℃无裂纹	
人工气候老化	拉伸强度保持率/%	80～150	
	断裂伸长率/%，≥	500	400
	低温弯折性	-35℃无裂纹	

①仅用于地下工程潮湿基面时要求。

②仅用于外露使用的产品。

表8-20　多组分聚氨酯防水涂料的物理力学性能

项　　目	Ⅰ型	Ⅱ型
拉伸强度/MPa，≥	1.90	2.45
断裂伸长率/%，≥	450	450
撕裂强度/(N/cm)，≥	12	14

续表

<table>
<tr><th colspan="2">项　目</th><th>Ⅰ 型</th><th>Ⅱ 型</th></tr>
<tr><td colspan="2">低温弯折性</td><td colspan="2">-35℃无裂纹</td></tr>
<tr><td colspan="2">不透水性0.3 MPa、30min</td><td colspan="2">不透水</td></tr>
<tr><td colspan="2">固体含量/%，≥</td><td colspan="2">92</td></tr>
<tr><td colspan="2">表干时间/h，≤</td><td colspan="2">8</td></tr>
<tr><td colspan="2">实干时间/h，≤</td><td colspan="2">24</td></tr>
<tr><td colspan="2">加热伸缩率/%</td><td colspan="2">-4.0～1.0</td></tr>
<tr><td colspan="2">潮湿基面黏结强度①/MPa，≥</td><td colspan="2">0.50</td></tr>
<tr><td rowspan="2">定伸时老化</td><td>加热老化</td><td colspan="2">无裂纹及变形</td></tr>
<tr><td>人工气候老化②</td><td colspan="2">无裂纹及变形</td></tr>
<tr><td rowspan="3">热处理</td><td>拉伸强度保持率/%</td><td colspan="2">80～150</td></tr>
<tr><td>断裂伸长率/%，≥</td><td colspan="2">400</td></tr>
<tr><td>低温弯折性</td><td colspan="2">-30℃无裂纹</td></tr>
<tr><td rowspan="3">碱处理</td><td>拉伸强度保持率/%</td><td colspan="2">60～150</td></tr>
<tr><td>断裂伸长率/%，≥</td><td colspan="2">400</td></tr>
<tr><td>低温弯折性</td><td colspan="2">-30℃无裂纹</td></tr>
<tr><td rowspan="3">酸处理</td><td>拉伸强度保持率/%</td><td colspan="2">80～150</td></tr>
<tr><td>断裂伸长率/%，≥</td><td colspan="2">400</td></tr>
<tr><td>低温弯折性</td><td colspan="2">-30℃无裂纹</td></tr>
<tr><td rowspan="3">人工气候老化</td><td>拉伸强度保持率/%</td><td colspan="2">80～150</td></tr>
<tr><td>断裂伸长率/%，≥</td><td colspan="2">400</td></tr>
<tr><td>低温弯折性</td><td colspan="2">-30℃无裂纹</td></tr>
</table>

①仅用于地下工程潮湿基面时要求。

②仅用于外露使用的产品。

第二节　沥青试验

一、沥青软化点测定（环球法）

本方法适用于软化点在30～157℃范围内的石油沥青和煤沥青试件。

（一）试验仪器设备与材料

（1）软化点试验仪：由环、钢球定位器、支撑架以及浴槽等组合而成，其构造如图8-1所示。直径为9.5mm的钢球，每只质量为3.50g±0.05g。环由金属材料制成，其尺寸见图8-2所示。

（2）温度计：符合标准规定，测温范围在30～180℃，最小分度值为0.5℃。使用时，水银球与环底部水平，但不接触环或支撑架。

（3）加热介质：软化点在30～80℃范围内的沥青采用新煮沸的蒸馏水作为加热介质，软化点在80～157℃范围内的沥青采用甘油作为加热介质。

（4）隔离剂：两份甘油加一份滑石粉调制而成（以重量计），用以制作试件。

（5）其他：刀（作试件时，用以切沥青）、金属板或玻璃板、0.3～0.5mm 筛孔尺寸的筛、瓷皿或金属皿（熔化沥青用）等。

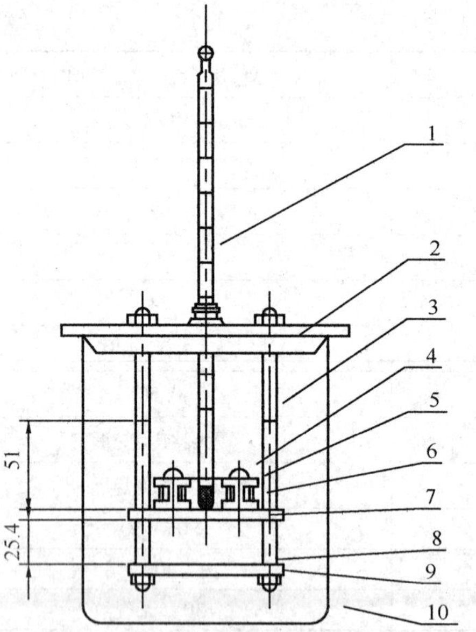

1—温度计；2—上承板；3—枢轴；4—钢球；5—环套；6—环；7—中承板；8—支承座；9—下承板；10—烧杯

图 8-1　软化点试验仪示意图

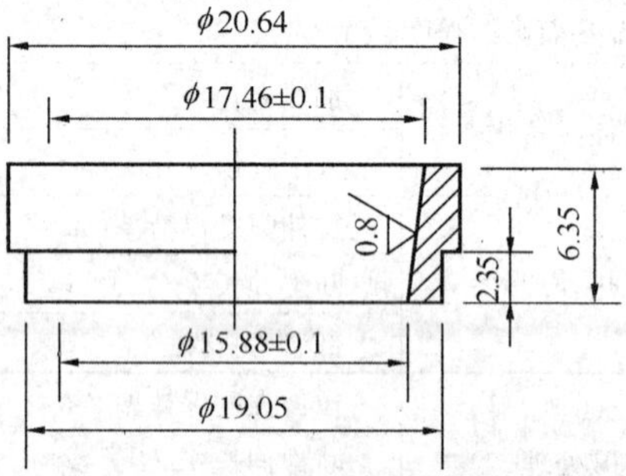

图 8-2　环的示意图

（二）试验步骤

（1）制作试件：将环置于涂上隔离剂的金属板或玻璃板上，将预先脱水的沥青试样加热熔化①，经搅拌、过筛后，将沥青注入环内至略高出表面。将试样置于室温下冷却 30min 后，用稍加热的刀刮去高出环面的多余沥青，使之与环面齐平。

（2）将装有试样的环、支撑架、钢球定位器放入装有水（估计沥青软化点不高于 80℃）或甘油（估计沥青软化点高于 80℃）的保温槽内，恒温 15min。同时，钢球也置于其中。

（3）将达到起始温度②的加热介质注入浴槽内，再将所有装置放入浴槽中，钢球置于定位器中，调整液面至深度标记。将温度计垂直插入适当位置，使其水银球的底部与环的下面齐平。

（4）将浴槽置于加热装置上，开始加热，使加热介质的温度在 3min 后的升温速率达到 5℃/min。若温度的上升速率超过此规定范围，则此次试验失败，试验应重做。

（5）当两个环上的钢球刚触及下支撑板时，分别记录温度计所示的温度。

（三）试验结果

取两个温度值的算术平均值作为测定结果（沥青的软化点）。若两个温度值的差值超过 1℃，则应重新试验。

---

① 石油沥青试样加热至倾倒温度的时间不超过 2h，且加热温度不超过预计沥青软化点 110℃；煤沥青试样加热至倾倒温度的时间不超过 30min，且加热温度不超过预计沥青软化点 55℃；若估计沥青软化点温度在 120℃ 以上时，应将环和金属板预热至 80～100℃；若重复试验，不能重新加热试样，而应在干净的器皿中用新鲜的试样制备试件。

② 新煮沸的蒸馏水的加热起始温度应为 5℃ ±1℃，甘油的加热起始温度应为 30℃ ±1℃。

二、沥青针入度测定

本方法适用于测定针入度小于350的固体和半固体沥青的针入度。

（一）试验仪器设备

（1）针入度测定仪：其构造如图8-3所示。

（2）标准针：由硬化回火的不锈钢制成，其尺寸应符合规定，如图8-4所示。

（3）试样皿：金属圆柱形平底容器。试样深度应大于预计标准针穿入深度10mm，其具体尺寸如表8-21所示。

表8-21

	针入度小于200时	针入度200～350时	针入度350～500时
直径/mm	55	55	50
深度/mm	35	70	60

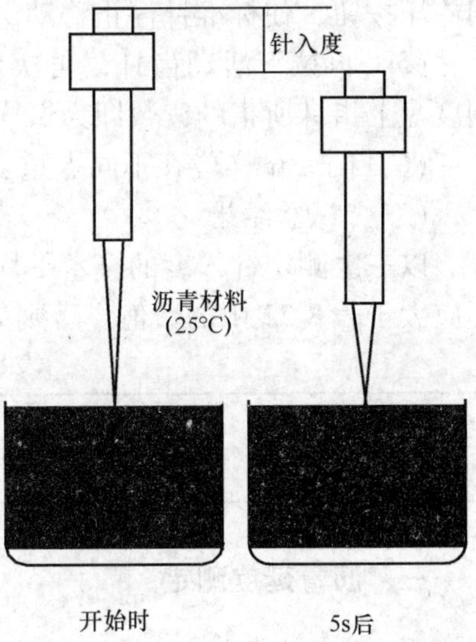

图8-3　针入度测定仪示意图

（4）恒温水浴：容量不小于10L，能保持温度能控制在试验温度的0.1℃范围内。

（5）平底玻璃皿：容量不小于350mL，深度足以没过最大的试样皿。内设一个不锈钢三角支架，以保证试样皿温度。

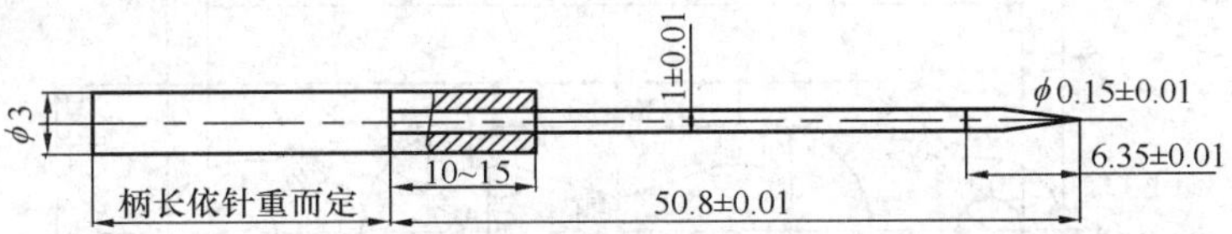

图8-4　标准针示意图

（6）其他：计时器、温度计、筛孔尺寸为0.3～0.5mm的筛子、瓷皿或金属皿（熔化沥青用）等。

（二）试验步骤

（1）制作试件：将预先脱水的沥青试样加热熔化①，经搅拌、过筛后，倒入试样皿中。再将试样皿置于15～30℃的室温下冷却1～1.5h（小试样皿）或1.5～2h（大试样皿），并防止灰尘落入。然后将两个试样皿和平底玻璃皿一起放入恒温水浴中，水面应没过试样表面10mm以上，恒温至规定时间。

（2）调整针入度仪的水平，检查针连杆和导轨。先用合适的溶剂将标准针擦干净，再用干净的布擦干，然后将针插入连杆中固定，按试验要求条件放好砝码。

（3）将已恒温到试验温度的试样皿和平底玻璃皿取出，放置在针入度仪的平台上。调整标准针使针尖与试样表面刚好接触，必要时使用放置在合适位置上的光源反射镜来观

① 沥青加热熔化时，石油沥青加热温度不超过软化点90℃，煤沥青加热温度不超过软化点60℃；加热时间不超过30min。小试样皿恒温1～1.5h，大试样皿恒温1.5～2h。

察。移动活动齿杆使其与标准针的连杆顶端相接触，并调整针入度仪上的刻度盘指针为“0”。

（4）用手紧压按钮，同时开动计时器，使标准针自由落下穿入沥青试样，到规定时间停压按钮，使标准针停止移动。

（5）再拉下活动齿杆，再次使其与标准针连杆顶端相接触。此时，指针随之转动，刻度盘上指针所指的读数即为试样的针入度，单位用1/10mm表示。

（6）同一试样应在不同点重复试验三次①，记录三次测定的针入度值。

（三）试验结果

以三次测定针入度的算术平均值作为试验结果，且取整数。三次测定的针入度值相差不应大于表8-22中的数值。否则应重做试验。

表8-22　针入度测定差值允许值

针入度/mm	0～49	50～149	150～249	250～350
最大差值/mm	2	4	6	8

三、沥青延度测定

（一）试验设备

（1）沥青延度仪：试件能够持续浸没于水中，并能按照一定速度拉伸试件。

（2）模具：由黄铜制成，其构造如图8-5所示。

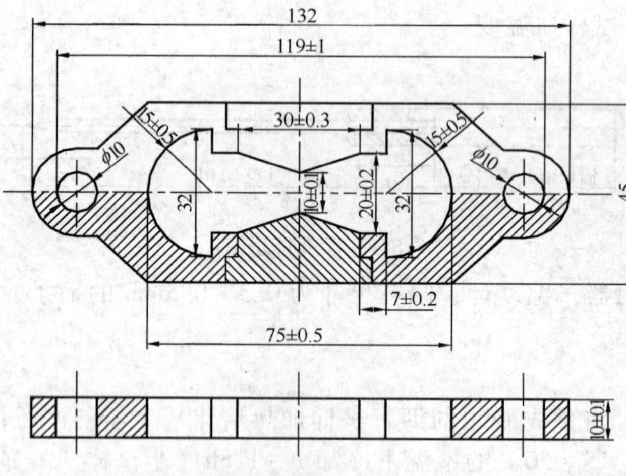

图8-5　沥青延度试件模具示意图

（3）隔离剂：两份甘油加一份滑石粉调制而成（以重量计），用以制作试件。

（4）其他：刀（制作试件时，用以切沥青）、金属板、筛孔尺寸为0.3～0.5mm的筛、温度计、瓷皿或金属皿（熔化沥青用）等。

① 每一次测点与测点之间、测点与试样皿边缘之间的距离都不得小于10mm；每次试验后，都应将标准针取下，用浸有有机溶剂（煤油、苯或汽油）的棉花将针擦拭干净；当针入度超过200时，试验至少应使用三根标准针，每次测定后应将针留在试样中，直到三次测定完成后，才能把针从试样中取出。

（二）试验步骤

（1）制作试件：将模具水平地置于金属板上，再将隔离剂涂于模具内壁和金属板上。再将预先脱水的沥青试样置于瓷皿或金属皿中加热熔化①，经搅拌、过筛后，注入模具中（自模具的一端至另一端往返多次），并略高出模具。将试件在规定环境中放置规定时间后取出，用加热的刀将高出模具的沥青刮去，使沥青表面与模具齐平。

（2）检查延度仪滑板的移动速度是否符合要求，然后移动滑板使指针正对标尺零点。调整水槽中的水温为25℃ ±0.5℃。

（3）将试件置于延度仪水槽中②，将模具两端的孔分别套在滑板和槽端的柱上，然后以5cm/min ±0.25cm/min 速度拉伸模具，直至试件被拉断。

（4）试件被拉断时指针所指标尺上的读数，即为试样的延度，单位用 cm 表示。同一样品，应做三次试验。

（三）试验结果

以三个试件测定值的算术平均值作为试验结果。若三个试件测定值中有一个测定值不在其平均值的5%以内，但其中两个较高值在平均值的5%之内，则舍去最低测定值，取两个较高值的平均值作为试验结果。否则应重新试验。

第三节　防水卷材试验

一、取样规定

不同防水卷材在检测不同项目时，其取样规定不同，见表8-23所示。

表8-23　不同防水卷材的取样规定

<table>
<tr><th rowspan="2">防水材料品种</th><th rowspan="2">验收批的规定</th><th colspan="3">现场抽取数量</th></tr>
<tr><th>卷重</th><th>外观质量</th><th>物理力学性能</th></tr>
<tr><td>沥青纸胎油毡</td><td>同一品种、标号、等级的产品，每1 500卷为一批，不足1 500卷也按一批验收</td><td>抽取10卷</td><td>抽取3卷</td><td rowspan="4">在卷重外观质量检查合格的卷材中抽取1卷</td></tr>
<tr><td>SBS改性沥青防水卷材
APP改性沥青防水卷材</td><td>同类型、同规格的产品，10 000m² 为一批，不足10 000m² 也为一批</td><td></td><td>抽取5卷</td></tr>
<tr><td>聚氯乙烯防水卷材
氯化聚乙烯防水卷材</td><td>同类型、同规格、同等级的产品，5 000m²为一批，不足5 000m² 也为一批</td><td></td><td>抽取3卷</td></tr>
<tr><td>三元乙丙橡胶防水卷材</td><td>同类型、同规格的产品，5 000m² 为一批，不足5 000m²也为一批</td><td></td><td>抽取3卷</td></tr>
</table>

① 沥青加热至倾倒温度的时间要求和加热温度的要求与软化点的检测要求相同；试件应在15～30℃的空气中冷却30～40min，然后放入25℃ ±0.1℃的水浴中保持30min，再将多余沥青刮去；然后将试件连同金属板再浸入25℃ ±0.1℃的水浴中保持85～95min。

② 试验时，试件距水面和水底的距离不小于2.5cm；测定时，若发现沥青细丝浮于水面或沉入水底，则应在水中加入乙醇或食盐水，调整水的密度与试样的密度相近后，再进行试验。

在检测防水卷材的物理力学性能时，须将取样的一卷卷材切除距外层卷头2 500mm后，再顺纵向切取足够长度的全幅卷材试样两块，一块用做物理力学性能检测，另外一块备用。

（1）沥青纸胎油毡试验用试件的尺寸和数量应符合表 8-24 的规定，试件应按图 8-6 切取。

表 8-24　沥青纸胎油毡试件尺寸和数量

试验项目		试件部位（代号）	试件尺寸/mm	数量/块
浸涂材料含量		A	100 × 100	3
不透水性		B	150 × 150	3
吸水性		C	100 × 100	3
拉力		D	250 × 50	3
耐热度		E	100 × 50	3
柔　度	纵向	F	60 × 30	3
	横向	F	60 × 30	3

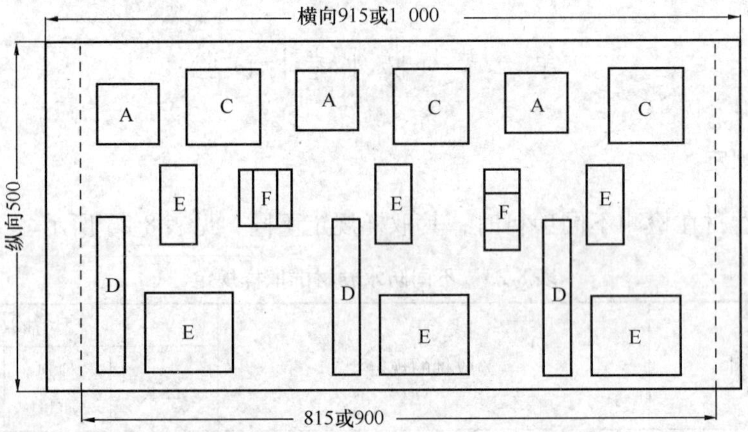

图 8-6　沥青纸胎油毡试件切取示意图

（2）SBS 改性沥青防水卷材、APP 改性沥青防水卷材试验用试件的尺寸和数量应符合表 8-25 的规定，试件应按图 8-7 切取。

表 8-25　SBS、APP 改性沥青防水卷材试验用试件的尺寸和数量

试验项目	试件部位（代号）	试件尺寸/mm	数量/块
可溶物含量	A	100 × 100	3
拉力及延伸率	B、B′	250 × 50	纵横向各 5
不透水性	C	150 × 150	3
耐热度	D	100 × 50	3
低温柔度	E	150 × 25	6
撕裂强度	F、F′	200 × 75	纵横向各 5

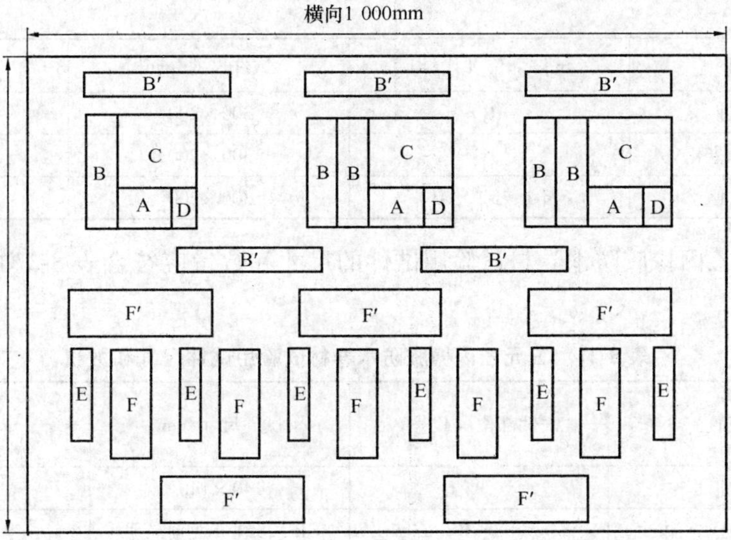

图 8-7　SBS、APP 改性沥青防水卷材试件切取示意图

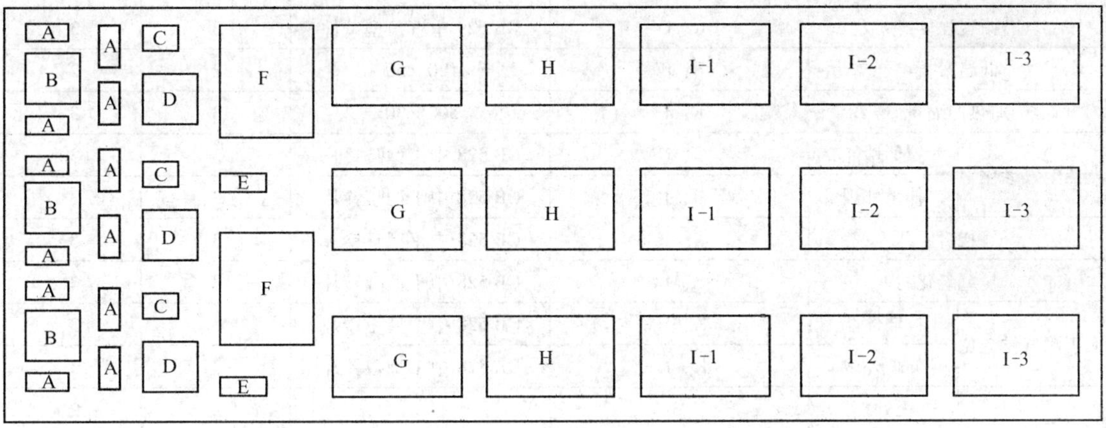

图 8-8　聚氯乙烯防水卷材、氯化聚乙烯防水卷材试件切取示意图

（3）聚氯乙烯防水卷材、氯化聚乙烯防水卷材试验用试件的尺寸和数量应符合表 8-26 的规定，试件应按图 8-8 切取。

表 8-26　聚氯乙烯防水卷材、氯化聚乙烯防水卷材试验用试件尺寸和数量

试验项目	试件部位（代号）	试件尺寸/mm	数量/块
拉伸强度	A、A′	120×25	3
热处理尺寸变化率	C	100×100	3
抗穿孔性	B	150×150	3
不透水性	D	150×150	3
低温弯折性	E	100×50	2
剪切状态下的黏合性	F	200×300	2

续表

试验项目	试件部位（代号）	试件尺寸/mm	数量/块
热老化处理	G	300×200	3
人工气候加速老化	H	300×200	3
耐化学侵蚀	I-1、I-2、I-3	300×200	9（各3块）

（4）三元乙丙橡胶防水卷材试验用试件的尺寸和数量应符合表8-27的规定，试件应按图8-9切取。

表8-27　三元乙丙橡胶防水卷材试验用试件尺寸和数量

<table>
<tr><th colspan="2" rowspan="2">试验项目</th><th rowspan="2">试件部位（代号）</th><th rowspan="2">试件尺寸/mm</th><th colspan="2">数　量/块</th></tr>
<tr><th>纵向</th><th>横向</th></tr>
<tr><td colspan="2">不透水性</td><td>A</td><td>140×140</td><td colspan="2">3</td></tr>
<tr><td rowspan="3">拉伸性能</td><td>常温</td><td>B、B′</td><td>GB 528 中Ⅰ型哑铃片</td><td rowspan="3">3</td><td rowspan="3">3</td></tr>
<tr><td>高温</td><td>D、D′</td><td>GB 528 中Ⅰ型哑铃片</td></tr>
<tr><td>低温</td><td>E、E′</td><td>GB 528 中Ⅰ型哑铃片</td></tr>
<tr><td colspan="2">撕裂强度</td><td>C、C′</td><td>GB 529 中直角型试件</td><td>3</td><td>3</td></tr>
<tr><td colspan="2">低温弯折</td><td>S、S′</td><td>120×50</td><td>2</td><td>2</td></tr>
<tr><td colspan="2">加热伸缩量</td><td>F、F′</td><td>300×30</td><td>3</td><td>3</td></tr>
<tr><td rowspan="2">热空气老化</td><td>拉伸性能</td><td>G、G′</td><td>GB 528 中Ⅰ型哑铃片</td><td>3</td><td>3</td></tr>
<tr><td>伸长外观</td><td>J、J′</td><td>GB 528 中Ⅰ型哑铃片</td><td>3</td><td>3</td></tr>
<tr><td colspan="2">耐碱性</td><td>I、I′</td><td>GB 528 中Ⅰ型哑铃片</td><td>3</td><td>3</td></tr>
<tr><td colspan="2">臭氧老化</td><td>L、L′</td><td>GB 528 中Ⅰ型哑铃片</td><td>3</td><td>3</td></tr>
<tr><td rowspan="2">人工耐气候老化</td><td>拉伸性能</td><td>H、H′</td><td>GB 528 中Ⅰ型哑铃片</td><td>3</td><td>3</td></tr>
<tr><td>伸长外观</td><td>K、K′</td><td>GB 528 中Ⅰ型哑铃片</td><td>3</td><td>3</td></tr>
<tr><td rowspan="3">黏合性能</td><td>无处理</td><td>M</td><td rowspan="3">150×105</td><td>2</td><td>2</td></tr>
<tr><td>热处理</td><td>N</td><td>2</td><td>2</td></tr>
<tr><td>碱处理</td><td>O</td><td>2</td><td>2</td></tr>
</table>

（5）用于拉伸性能试验的Ⅰ型哑铃片的尺寸如图8-15所示。

二、外观质量检测

（一）卷重、尺寸规格的检测

（1）卷重：采用最小分度值为0.2kg的台秤称量每卷卷材的重量。

（2）厚度：采用分度值为0.01mm、单位面积压力为0.02MPa、测足直径不小于6mm的厚度计测量，测量点如图8-10所示，自端部起裁去300mm，再从裁断处向内20mm划线，在线上从卷材两边向中间距10%宽度上取两点：a点和b点，再将ab间距进行四等分，共找到a、b、c、d、e五个点，对这五个点进行厚度测量。卷材的厚度取五个点的厚度平均值。

（3）长度、宽度、面积：采用最小分度值为1mm的卷尺在卷材的两端、中部三处测

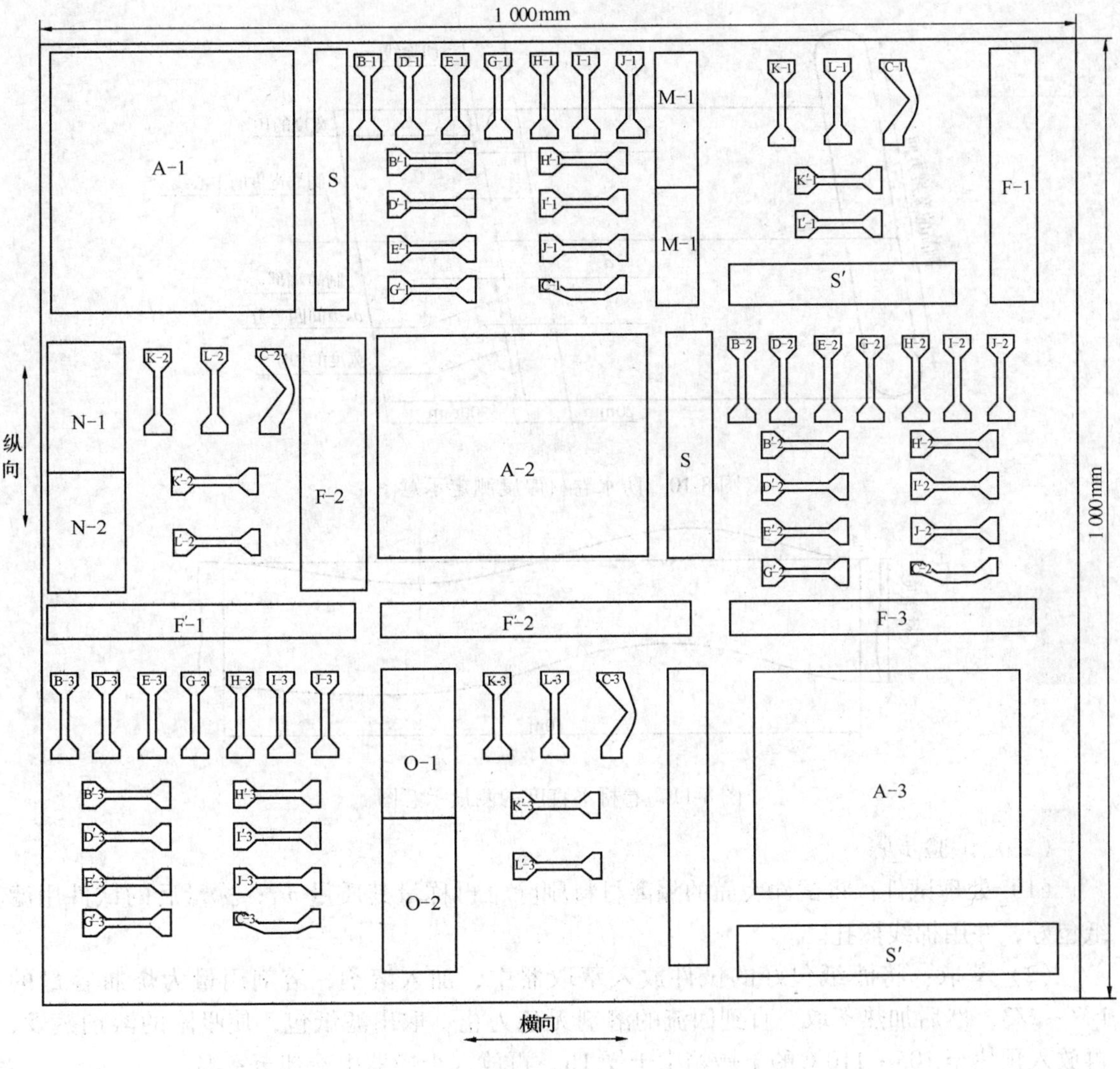

图 8-9　三元乙丙橡胶防水卷材试件切取示意图

量长度和宽度，以长乘宽的平均值取得每卷卷材的面积。若有接头，则卷材的长度为两段长度之和减去 150mm。

（二）外观质量

在常温下，采用目测及量具检查的方法检查并记录。卷材平直度的测量如图 8-11 所示。

三、浸涂材料含量测定

（一）试验仪器

（1）分析天平：感量 0. 001g 或 0. 000 1g。

（2）萃取器：250 ~ 500mL 索氏萃取器。

（3）加热器：电炉或水浴加热装置。

（4）其他：干燥器、干燥箱、称量瓶或表面皿、滤纸、溶剂（四氯化碳或苯）、裁纸刀及棉线等。

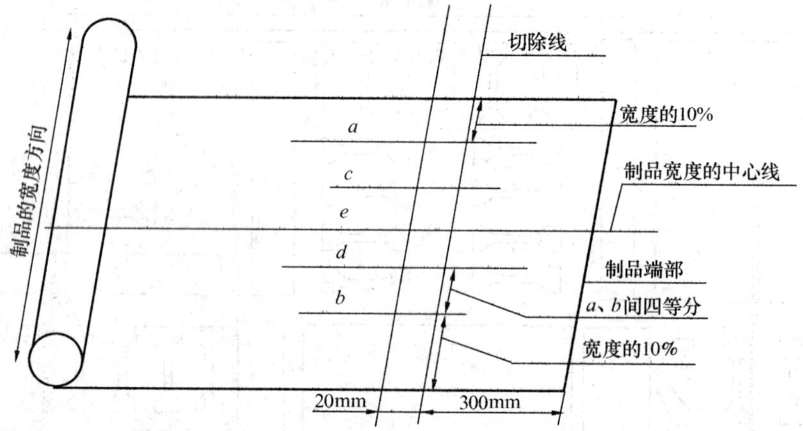

图 8-10　防水卷材厚度测定示意图

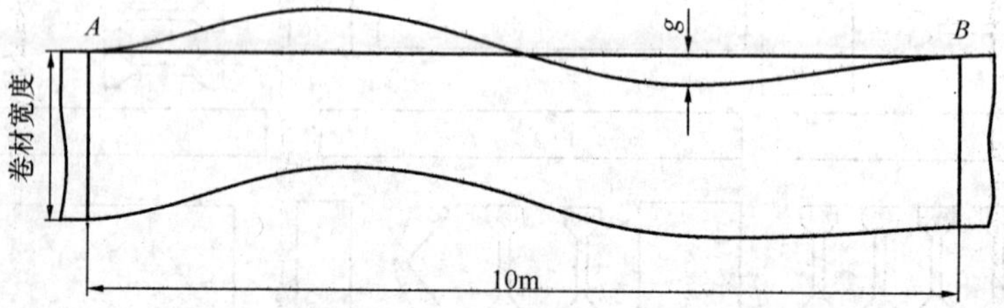

图 8-11　卷材平直度的测量示意图

（二）试验步骤

（1）处理试件：将试件表面的隔离材料刷除，再称量其质量 m_1；称量后的试件用滤纸包好，并用棉线捆扎。

（2）萃取：将滤纸包好的试件放入萃取器中，加入溶剂，溶剂用量为烧瓶容量的 1/2 ~ 2/3，然后加热萃取。直到回流的溶剂无色为止。取出滤纸包，使吸附的溶剂蒸发，再放入预热至 105 ~ 110℃的干燥箱中干燥 1h，再放入干燥器中冷却至室温。

（3）将萃取后的试件迅速移入称量瓶或表面皿中，进行称量，记录质量 m_2。

（三）试验结果

按下式计算单位面积浸涂材料总量 A。

$$A = \frac{m_1 - m_2}{m_1} \times 100\%$$

式中　m_1——试件萃取前，除去隔离材料的质量；

m_2——试件萃取后，干原纸的质量。

四、不透水性试验

（一）试验仪器设备

（1）不透水仪：由液压系统、测试管路吸引、加紧装置和三个透水盘等部分组成。其测试原理如图 8-12 所示。

（2）定时器。

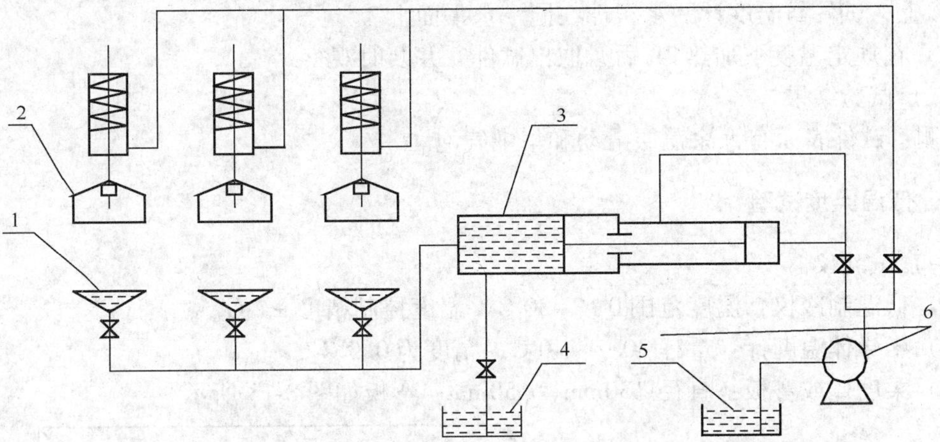

1—试座；2—夹脚；3—水缸；4—水箱；5—油箱；6—油泵

图 8-12　不透水仪示意图

（二）试验步骤

（1）按规定的尺寸、形状、数量裁制试件。

（2）将洁净的水注满水箱；放松夹脚；将水从水箱吸入水缸；当水缸贮满水后，由水缸同时向三个试座充水，三个试座充满水并已接近溢出状态时，关闭试座进水阀。

（3）将三块试件分别放置于三个透水盘试座上，涂盖材料薄弱的一面接触水面，将“O”形密封圈固定在试座槽内，并在试件上盖上金属压盖，然后通过夹脚将试件压紧在试座上。

（4）打开试座进水阀，通过水缸向装好试件的透水盘底座继续充水，当压力达到指定压力时，停止加压，关闭进水阀和油泵，同时开动定时器，观察试件是否有渗水现象，并记录开始渗水的时间。在规定的测试时间出现其中一块或两块试件有渗漏时，必须立刻关闭进水阀，以保证其余试件能继续测试。

（5）当测试达到规定时间，启动油泵，升起夹脚，取出试件，关闭油泵。

（三）试验结果

检查试件有无渗漏现象。

五、耐热度试验

（一）试验仪器

（1）电热恒温箱：有热风循环装置。

（2）干燥器：ϕ250～300mm。

（3）天平：感量 0.001g。

（4）其他：温度计（0～150℃，最小刻度 0.5℃）、表面皿、试件挂钩。

（二）试验步骤

（1）按规定的尺寸、形状、数量裁制试件。

（2）在每块试件距短边一端 10mm 处的中心打一小孔，将试件用细铁丝或回形针穿挂好，放入已达到标准规定温度的电热恒温箱内。试件之间留有一定距离，且距箱壁

50mm 以上，试件与温度计的水银球在同一水平面上。

（3）在规定温度下加热 2h 后，取出试件，并及时观察。

（三）试验结果

目测：试件表面有无涂盖层滑动和集中气泡。

六、低温柔度试验

（一）试验仪器

（1）低温制冷仪：温度范围 0 ~ −30℃，温度控制精度 ±2℃。

（2）半导体温度计：量程 30 ~ −40℃，精度为 0.5℃。

（3）柔度棒或弯板：直径 ϕ30mm，ϕ50mm；弯板如图 8-13 所示。

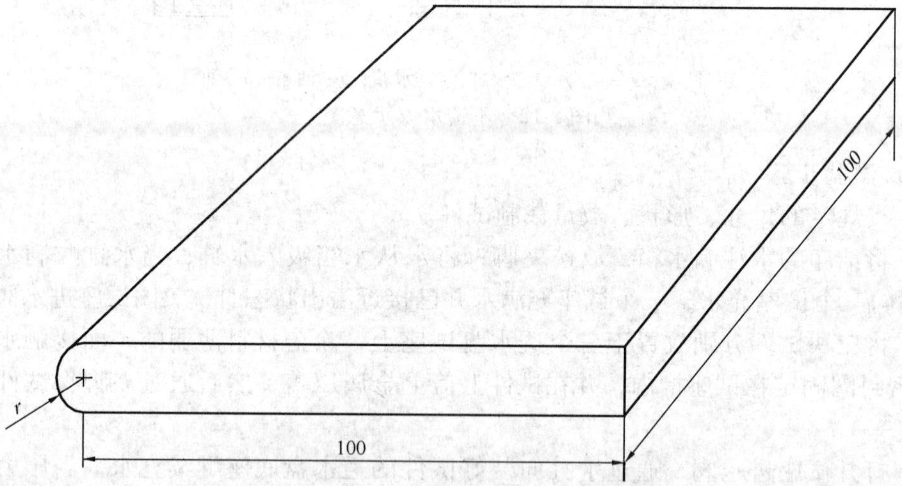

图 8-13　弯板示意图

（4）冷冻液：不与卷材发生反应的液体。

（二）试验步骤

2mm、3mm 的防水卷材采用直径 ϕ30mm 的柔度棒（弯板），4mm 的防水卷材采用直径 ϕ50mm 的柔度棒（弯板）。

6 个试件中，3 个试件的下表面及另外 3 个试件的上表面与柔度棒（弯板）接触。

A 法（仲裁法）：在不小于 10L 的容器中放入冷冻液（6L 以上），将容器放入低温制冷仪，冷却至规定温度。然后将试件与柔度棒（弯板）一起放在冷冻液中，待温度达到标准规定的温度后至少保持 0.5h。然后在标准规定的温度下，在 3s 内将试件匀速绕柔度棒（弯板）弯曲 180°。

B 法：将试件和柔度棒（弯板）同时放入冷却至标准规定的低温制冷仪中，待温度达到规定温度后保持时间不少于 2h，然后在规定温度下，在 3s 内将试件匀速绕柔度棒（弯板）弯曲 180°。

（三）试验结果

目测：试件涂盖层有无裂纹。

七、撕裂强度试验

试验温度为 23 ±2℃。

（一）试验仪器

（1）拉力试验机：夹具夹持宽度不小于 75mm。

（2）裁片机。

（二）试验步骤

（1）制作试件：从卷材上切取的试样，采用裁片机对每块试样沿纵向和横向裁取试件，试件形状如图 8-14 所示。裁好的试件放置在试验温度下 24h。

（2）校验拉力试验机，拉伸速度为 50mm/min。将试件夹持在夹具中心，上下夹具之间的距离为 130mm。

（3）启动试验机，直至试件拉断，记录最大拉力。

（三）试验结果

分别计算纵向和横向 5 个试件的最大拉力平均值。以 5 个试件的最大拉力平均值作为卷材的纵向或横向撕裂强度（N）。

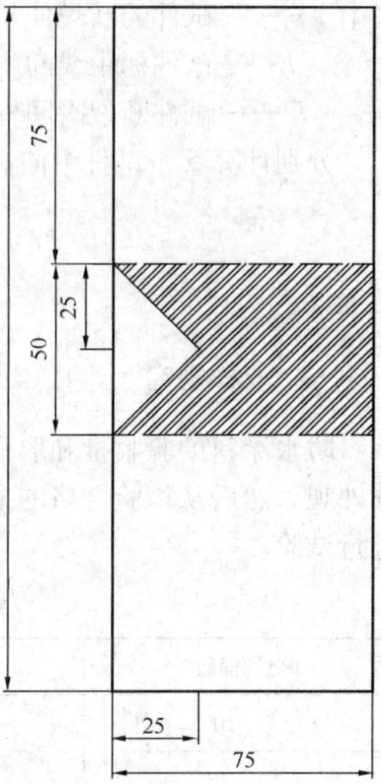

图 8-14　防水卷材撕裂试件示意图

八、拉伸强度试验

（一）试验仪器

（1）拉力试验机：测量范围 0 ~ 1 000N，分度值为 2N，示值精度为 ± 1%。夹具的移动速度为 80 ~ 500mm/min。

（2）裁片机。

（二）试验步骤

（1）制作试件：从卷材上切取的试样，采用裁片机对每块试样沿纵向和横向裁取试件，试件外形如图 8-15 所示，并标注标距线和夹持线。

（2）在标距区内，采用厚度测定仪测定标距中间和两端 3 点的厚度。并测量两标距线间的初始长度 L。

（3）校验拉力试验机，拉伸速度调至 250 ±50mm/min。将试件夹持在夹具上。

（4）启动试验机，直至试件拉断，记录试件拉断时的最大荷载 P。同时量取试件拉断瞬间，两标距线间的长度 L_1 的距离。

（5）若试件断裂在标距线外，则试验无效，应另取试样补做。

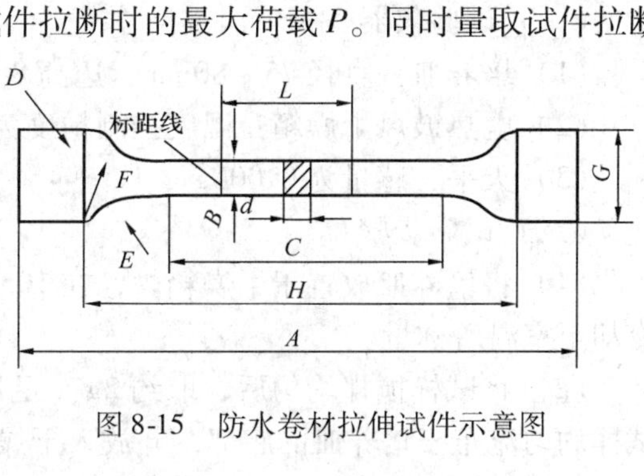

图 8-15　防水卷材拉伸试件示意图

（三）试验结果

（1）按下式计算拉伸强度，精确至 1%。

$$\sigma_t = \frac{P}{B \times d}$$

式中　σ_t——试件的拉伸强度（MPa）；

P——试件拉断时的最大荷载（N）；

B——试件标距段的宽度（mm）；

d——试件标距段的厚度（mm）。

（2）按下式计算断裂伸长率，精确至1%。

$$\varepsilon_t = \frac{L_1 - L}{L} \times 100\%$$

式中 ε_t——试件的断裂伸长率；

L——试件标距线间的初始有效长度（mm）；

L_1——试件断裂瞬间标距线间的长度（mm）。

分别计算5个试件纵向和横向的算术平均值作为试验结果，精确至1%。

第四节 防水涂料试验

一、取样规定

防水涂料的验收批和取样方法，按表8-28规定的数量，随机抽取整桶样品，逐桶检查外观。然后从检验合格的桶内不同部位取相同量的试样，混合均匀后，取一份2kg试样进行试验。

表8-28 防水涂料的验收批和取样方法

交货桶数	取样桶数	交货桶数	取样桶数
2～10	2	71～90	7
11～20	3	91～125	8
21～35	4	126～160	9
36～50	5	161～200	10
51～70	6	此后每增加50桶，取样数量增加1桶	

防水涂料的试验条件为：温度23±2℃，相对湿度45%～70%。

二、固体含量测定

（一）试验仪器

（1）培养皿：直径75～80mm，边高8～10mm。

（2）电热鼓风干燥箱：温度控制精度为±2℃。

（3）天平：感量为0.001g。

（二）试验步骤

（1）将培养皿放置于干燥箱内，在105±2℃温度下干燥30min，取出放入干燥器中，冷却至室温后称量。

（2）将试样搅拌均匀后，取约2g（足以保证最后试样的干固量）放置于培养皿中，试样均匀流布于培养皿的底部，并放入干燥箱内。按表8-29所示的规定温度干燥1h。

表 8-29　各类涂料的干燥温度

涂料种类	聚氨酯类	聚丙烯酸	水性沥青类
干燥温度/℃	120 ±2	105 ±2	105 ±2

（3）干燥 1h 后，取出放入干燥器中，冷却至室温后称量。再将培养皿放入干燥箱中，干燥 30min 后，再取出放入干燥器中，冷却至室温后称量。重复上述操作，直至前后两次称量差不大于 0.01g（说明试样已完全干燥）。

（三）试验结果

（1）按下式计算固体含量，精确到 1%。

$$X = \frac{m_2 - m}{m_1 - m} \times 100\%$$

式中　X——涂料固体含量（%）；

m——培养皿质量（g）；

m_1——干燥前试样和培养皿总质量（g）；

m_2——干燥后试样和培养皿总质量（g）。

（2）按下式计算挥发物和不挥发物的含量，精确到 1%。

$$V = \frac{m_3 - m_4}{m_3} \times 100\%$$

$$V_N = \frac{m_4}{m_3} \times 100\%$$

式中　V——挥发物含量（%）；

V_N——不挥发物含量（%）；

m_3——干燥前试样的质量（g）；

m_4——干燥后试样的质量（g）。

每个试样的试验结果计算精确到 1%，取两次平行试验的平均值作为试验结果。

三、耐热度试验

（一）试验仪器

（1）电热鼓风干燥箱：温度控制精度为 ±2℃。

（2）铝板：规格为 100mm ×50mm ×2mm。

（3）金属试样架。

（二）试验步骤

（1）将试样搅拌均匀后，称取厚质涂料 40 ±0.1g、薄质涂料 12.5 ±0.1g，分次满涂在铝板上。每次涂布后，都应将试样水平放置于干燥箱内，在温度 40 ±2℃下干燥 4 ~6h。最后一道涂层应在干燥箱内干燥 24 ~80h。

（2）取出试样，并放置于干燥箱内的金属试样架上，按产品所需的温度恒温 5h。

（三）试验结果

目测：试件表面，观察有无鼓泡、流淌和滑动现象。

四、拉伸性能试验

（一）试验仪器

（1）拉伸试验机：测量范围 0～500N，最小分度值为 0.5N。拉伸速度 0～500mm/min，试件标距线间距离可拉伸至 8 倍以上。

（2）厚度计：压重 100±10g，测量面直径 10±0.1mm，最小分度值 0.01mm。

（3）涂膜模具：采用不锈钢材料制作。

（二）制备试件

将试样及所用仪器在标准条件下放置 24h，然后将试样搅拌均匀后，分次涂布于模具（为便于脱模，模具表面应采用硅油或石蜡处理）。最后一次涂布后，将表面刮平，并放置于标准条件下养护 168h。固化后涂膜厚度为 2.0±0.2mm。然后采用切片机将涂膜切割成标准规定的试件形状，如图 8-16 所示。试件尺寸及数量，见表 8-30 所示。

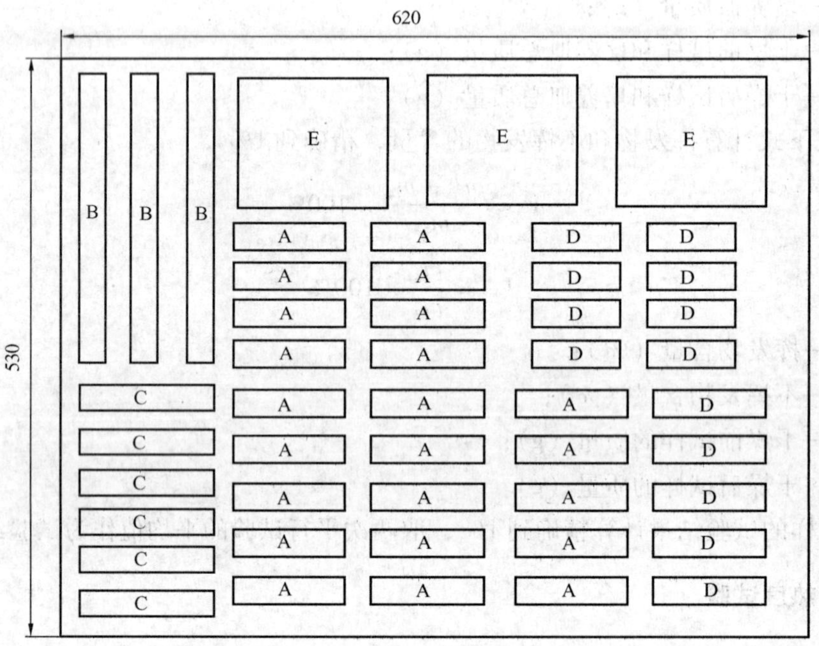

图 8-16　涂膜试件切取示意图

表 8-30　涂膜试件尺寸及数量表

试验项目		试件部位（代号）	试件尺寸/mm	数量/块
拉伸强度和断裂伸长率	无处理	A	GB 528 中Ⅰ型哑铃片	5
	加热处理		GB 528 中Ⅰ型哑铃片	5
	紫外线处理		GB 528 中Ⅰ型哑铃片	5
加热伸缩试验		B	300×30	3
拉伸时老化试验	加热老化	G	GB 528 中Ⅰ型哑铃片	3
	紫外线老化		GB 528 中Ⅰ型哑铃片	3

续表

试验项目		试件部位（代号）	试件尺寸/mm	数量/块
低温柔度试验	无处理	D	100×25	3
	加热处理		100×25	3
	紫外线处理		100×25	3
不透水性		E	150×150	3

（三）试验步骤

（1）无处理时拉伸试验

1）将试件在标准条件下静置2h，然后用直尺在试件上划两条间距为25mm的平行线，并采用厚度仪测定试件中间和两端三点的厚度（取平均值作为试件厚度）。

2）将试件安装在拉伸试验机夹具间，夹具间的标距为70mm。调整拉伸速度为500mm/min（聚氨酯类）或200mm/min（聚丙烯酸）。

3）启动机器，直至试件断裂。记录最大破坏荷载，并测量试件断裂时两标距线间的距离，精确至0.1mm。

4）5个试件分别测定，若有试件断裂在标线外，则试验结果无效，应采用备用试件补做。

（2）加热处理时拉伸试验

1）将试件平放在釉面砖上，放入规定的电热鼓风干燥箱中，在温度80±2℃下恒温168h。试件中心与温度计水银球应在同一水平位置上。

2）试验，按无处理时拉伸试验方法操作。

（3）紫外线处理时拉伸试验

1）将试件平放在釉面砖上，放入紫外线老化箱中，恒温照射250h。试件与灯管的距离为47～50mm，距试件表面50mm的空间温度为45±2℃。

2）试验，按无处理时拉伸试验方法操作。

（四）试验结果

（1）按下式计算拉伸强度。

$$P = \frac{F}{A}$$

式中 P——试件拉伸强度（MPa）；

F——试件断裂最大荷载（N）；

A——试件断裂面面积（mm^2），$A = bd$；

b——试件中间宽度（mm）；

d——试件厚度（mm）。

（2）按下式计算断裂延伸率。

$$\varepsilon = \frac{L - 25}{25} \times 100\%$$

式中 ε——试件断裂时的延伸率；

L——试件断裂时的标距线间的距离（mm）；

25——试件拉伸前的标距线间的距离（mm）。

五、低温柔度试验

（一）试验仪器

（1）低温冰箱：温度控制精度 ±2℃。

（2）弯折机：如图 8-17 所示。

（3）其他：圆棒（直径 10mm、20mm）、放大镜（放大倍数 8 倍）。

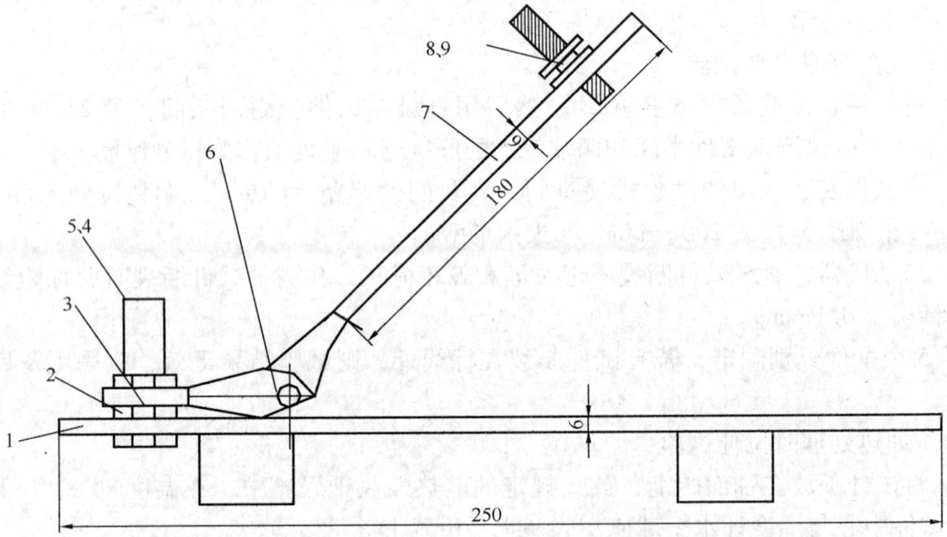

1—下压板；2—调节螺母；3—连接板；4—螺栓；5—螺母；
6—销轴；7—上压板；8—螺栓；9—螺母

图 8-17　防水涂膜弯折机示意图

（二）试验步骤

（1）制作试件：按拉伸性能试验制作涂膜，脱模后切取 100mm × 25mm 试件三块。

（2）将试件在标准条件下放置 2h 后，弯曲 180°，使 25mm 宽的边缘齐平，采用订书机将边缘固定。调整弯折机的上下平板之间的距离为试件厚度的 3 倍，然后将试件放在弯折机的下平板上，试件重叠的一边朝弯折机轴，距转轴中心约 25mm。

（3）将放有试件的弯折机放入低温冰箱中，在规定温度下保持 2h，然后打开冰箱，在 1s 内将上平板压下，保持 1s，取出试件用放大镜观察。

（三）试验结果

目测：试件弯曲处有无裂纹、开裂现象。

六、不透水性试验

（一）试验仪器

（1）不透水仪：同“防水卷材不透水性试验”所用仪器。

（2）铜丝网布：孔径为 0. 2mm。

（3）其他：牛皮纸（70 ~ 90kg/m^2）、釉面砖等。

（二）试验步骤

（1）制作试件：按拉伸性能试验制作涂膜，脱模后切取 150mm × 150mm 试件三块。将试件在标准条件下放置 1h。

（2）调校不透水试验仪，注入洁净自来水至满，开启进水阀，接着加水压，使得储水罐的水流出，清除空气。

（3）将试件涂层面迎水，置于不透水仪的圆盘上，再在试件上加一块相同尺寸，孔径为 0. 2mm 的铜丝网布，压紧。

（4）开启进水阀，施加压力至规定值，保持该压力 30min。然后，卸压，取下试件，观察。

（三）试验结果

目测：观察每个试件，看有无渗水现象。

第九章　无损检测技术简介

第一节　概　　述

一、无损检测简介

混凝土是当代建筑工程中最主要的结构材料之一。由于混凝土通常是在施工现场进行配料、搅拌、成型、养护，所以每个环节稍有不慎都将影响其质量，危及整个结构的安全。混凝土的主要质量指标历来是以混凝土标准试件的抗压强度作为依据。混凝土立方体抗压强度试验在世界上已使用了 80 多年，成为混凝土与钢筋混凝土结构的设计、施工及验收的基本依据。近年来我国所制定的《普通混凝土力学性能试验方法标准》(GB/T 50081—2002)、《混凝土结构工程施工质量验收规范》(GB 50204—2002) 及《混凝土强度检验评定标准》(GBJ 107—1987)，对这一试验作出了明确的规定，为按试件强度进行混凝土质量监控奠定了基础。但必须看到，混凝土标准试件的抗压试验对结构混凝土来说，毕竟是一种间接测定值。由于试件的成型条件、养护条件及受力状态都不可能和结构混凝土完全一致，因此，试件测定值只能被认为是混凝土在特定的条件下的性能反映，而不能代表结构混凝土的真实状态，至少在以下情况下不能如实反映结构混凝土的性能：

(1) 当混凝土施工中发现某一施工环节存在问题，对结构混凝土强度产生怀疑时；

(2) 当试件的取样、制作、养护等未按规定进行，对其可信度产生怀疑时；

(3) 当结构混凝土受自然环境的侵蚀或受灾害性因素损害时。

我国《混凝土强度检验评定标准》规定：当对混凝土试件强度的代表性有怀疑时，可用从结构中钻取试样的方法或采用非破损检验方法按有关标准的规定对结构或构件中混凝土的强度进行推定。这里所说的非破损检验方法，就是指在不影响结构或构件受力性能或其他使用功能的前提下，直接在结构或构件上通过测定某些适当的物理量，并通过这些物理量与混凝土强度的相关性，进而推定混凝土强度、均匀性、连续性、耐久性等一系列性能的检测方法。

我国在无损检测这一领域的研究始于 20 世纪 50 年代中期，开始是引进国外的回弹仪和超声仪，并结合工程应用作了许多研究工作。60 年代初开始批量生产回弹仪，并研制成功了多种型号的超声检测仪；在检测方面也取得了许多进展。70 年代以后，我国曾多次组织力量合作攻关，大大推进了结构混凝土无损检测技术的研究和应用。现已使回弹法、超声回弹综合法、钻芯法、拔出法、超声缺陷检测法等主要无损检测技术规范化。已制定的规程和标准有《回弹法检测混凝土抗压强度技术规程》(JGJ/T 23—2001)、《超声回弹综合法检测混凝土抗压强度技术规程》(CECS 02—88)、《后装拔出法检测混凝土强度技术规程》(CECS 69—94)、《超声法检测混凝土缺陷技术规程》(CECS 21—2001)，我国在常用的结构混凝土无损检测技术方面的研究和应用水平已处于国际领先地位。

二、结构混凝土无损检测技术的选用范围

（1）结构混凝土的强度检测：直接在结构物上运用无损检测方法推定混凝土实际强度。

（2）结构混凝土内部缺陷的检测：由于施工不慎等原因，在结构混凝土中会出现一些外露或隐蔽的缺陷。因此，必须探明缺陷的部位、大小和性质，以便采取切实的补救措施，消除工程隐患。

（3）结构混凝土其他性能检测：检测与结构混凝土使用功能有关的各种性能，如耐久性、钢筋锈蚀、抗渗性、受冻深度、脆性等。

三、混凝土强度的无损检测方法

（一）半破损法

半破损法是指以不影响结构或构件的承载能力为前提，在结构或构件上直接进行局部破坏性试验，或直接钻取芯样进行试验。它包括回弹法、拔出法和射击法。

（二）非破损法

非破损法是以混凝土强度与某些物理量之间的相关性为基础，检测时在不影响结构或构件混凝土任何性能的前提下，进行的检测。

（三）综合法

综合法是指采用两种或两种以上的无损检测方法，获取更多的指标，以便从不同角度综合评价混凝土的强度。

四、混凝土缺陷的无损检测方法

（一）超声脉冲法

超声脉冲法检测混凝土内部缺陷分为穿透法和反射法。穿透法是根据超声脉冲穿过混凝土时，在缺陷区的声时、波高、波形、接收信号主频率所发生的变化来判断混凝土缺陷的。反射法是根据超声脉冲在缺陷表面产生反射波的现象进行混凝土缺陷判断的。

（二）脉冲回波法

脉冲回波法是采用落球、锤击等方法在被测混凝土中产生应力波，用传感器接收回波，来判断混凝土缺陷位置的方法。

（三）雷达扫描法

雷达扫描法利用混凝土反射电磁波的方法检测混凝土的缺陷。

（四）红外热谱法

红外热谱法是测量或记录结构混凝土反射的方法。

（五）声发射技术

声发射技术是利用混凝土受力时因内部微区破坏而发声的现象进行检测。

五、结构混凝土其他性能的无损检测方法

以检测结构混凝土其他性能为目的的无损检测常用的方法有：共振法、敲击法、磁测

法、电测法、微波吸收法、中子散射法、中子活化法、渗透法等。

第二节　回弹法检测混凝土强度

一、基本原理

回弹法是利用一个弹簧驱动的重锤，通过弹击杆，弹击混凝土表面，并测出重锤反弹回来的距离，作为与混凝土强度相关的指标，来推定混凝土强度的一种方法。

二、仪器设备

回弹仪：按其冲击动能的大小，分为重型、中型、轻型和特轻型回弹仪四种。

（1）重型回弹仪：其冲击动能为26.42J。可供大型、重型构件、路面、飞机跑道及其大体积混凝土的强度检测。

（2）中型回弹仪：其冲击动能为2.207J，可用于一般建筑、桥梁等普通混凝土构件的强度检测。中型回弹仪是目前我国建筑工程中应用最为广泛的回弹仪。

（3）轻型回弹仪：其冲击动能为0.98J，用于各种轻质材料（如各种烧结砖、轻质混凝土、低强度混凝土等）和其他薄壁构件的强度检测。

（4）特轻型回弹仪：其冲击动能为0.27J，可供检测砂浆强度。

三、检测准备

用回弹法检测混凝土强度前，一般需要了解工程名称，设计、施工、建设单位的名称；结构或构件名称、外形尺寸、数量和混凝土强度设计等级；水泥品种、安定性、水泥强度等级、生产厂家；砂、石的种类和粒径；外加剂或掺和料品种、掺量；施工时材料计量情况、模板、浇筑和养护情况；成型日期；配筋和预应力情况；结构或构件所处环境条件和存在的问题。其中以了解水泥安定性合格与否最为重要，若水泥安定性不合格，则不能采用回弹法检测。

一般检测混凝土结构或构件的方法有两种：一是逐个检测被测结构或构件；二是抽样检测。

逐个检测主要是用于对混凝土强度质量有怀疑的独立结构（如现浇整体的壳体、烟囱、水塔、隧道、连续墙）、单独构件（如结构物中的柱、梁、屋架、板、基础等）和有明显质量问题的某些结构或构件。

抽样检测主要用于在相同生产条件下，混凝土的强度等级相同、原材料和配合比基本一致且龄期相近的混凝土结构或构件。被检测的构件应随机抽取不少于同类结构或构件总数的30%，且构件数量不得少于10件。

四、检测方法

（1）在被测混凝土构件上选择和布置测区。所谓“测区”是指每一试样的测试区域。每一测区相当于该试样同条件混凝土的一组试件。

《回弹法检测混凝土抗压强度技术规程》（JGJ/T 23—2001）规定，取一个结构或构件混凝土作为评定混凝土强度的最小单元，至少取 10 个测区。但对某一方向尺寸小于 4.5m，且另一方向尺寸小于 0.3m 的结构或构件，其测区数量可适当减少，但不应少于 5 个。

测区的大小以能容纳 16 个回弹点为宜。测区表面应清洁、平整、干燥，不应有接缝、饰面层、粉刷层、浮浆、油垢、蜂窝麻面等。必要时可采用砂轮清除表面杂物和不平整处。测区应均匀布置在结构或构件的检测面上，相邻测区间距不应过大，当混凝土浇筑质量比较均匀时可酌情增大间距，但不宜大于 2m；结构或构件的受力部位及易产生缺陷部位（如梁与柱相接的节点处）需布置测区；测区优先考虑布置在混凝土浇筑的侧面（与混凝土浇注方向相垂直的贴模板的一面），如不能满足这一要求时，可选在混凝土浇筑的表面或底面；测区须避开位于混凝土内保护层附近设置的钢筋和埋入铁件。对于体积小、刚度差以及测试部位的厚度小于 100mm 的构件，应设置支撑加以固定。

（2）在测区内测量混凝土回弹值。测试时回弹仪应始终与测面相垂直，并不得打在气孔和外露石子上。每一测区的两个测面用回弹仪各弹击 8 点，如一测区只有一个测面，则需测 16 点。同一测点只允许弹击一次，测点宜在测面范围内均匀分布，每一测点的回弹值应读数准确，相邻两测点的净距不小于 20mm，测点距结构或构件边缘或外露钢筋、铁件的间距不得小于 30mm。每个测点的回弹值读数估读至 1。

（3）回弹完后，测量结构或构件的碳化深度，用合适的工具在测区表面形成直径约为 15mm 的孔洞，清除洞中的粉末和碎屑后（注意不能用液体冲洗孔洞）立即用 1% 的酚酞酒精溶液滴在混凝土孔洞内壁的边缘处，用碳化深度测定仪测量自测面表面至深部不变色边缘处与测面相垂直的距离不少于 3 次。取平均值作为该测区的碳化深度。每次读数精确至 0.5mm。

一般一个测区选择 1～3 处测定混凝土的碳化深度，当相邻测区的混凝土质量或回弹值基本相同时，那么该测区的碳化深度也可以代表相邻测区的碳化深度，一般应选不少于结构或构件的 30% 测区数测量碳化深度。

五、检测结果

（1）计算回弹值

1）当回弹仪水平方向测试混凝土侧面时，应从每一测区的 16 个回弹值中剔除其中 3 个最大值和 3 个最小值，计算其余 10 个回弹值的算术平均值（取一位小数）。

$$R_m = \frac{\sum_{i=1}^{10} R_i}{10}$$

式中　R_m——测区平均回弹值，计算至 0.1；

　　R_i——第 i 个测点的回弹值。

2）当测试中无法满足对结构或构件进行水平方向测试时，需对测得的回弹值进行修正。首先将非水平方向测试混凝土浇筑面时的数据按要求（即用上面的公式进行计算）计算出测区的平均回弹值 $R_{m\alpha}$，再根据回弹仪轴线与水平方向的角度 α（图 9-1）按表 9-1 查出其修正值，然后再换算成水平方向测试时的测区平均回弹值。

$$R_m = R_{m\alpha} + R_\alpha$$

式中　$R_{m\alpha}$——回弹仪与水平方向成 α 角测试时测区的平均回弹值；

R_{α}——按表 9-1 中所查出的不同测试角度的回弹修正值。

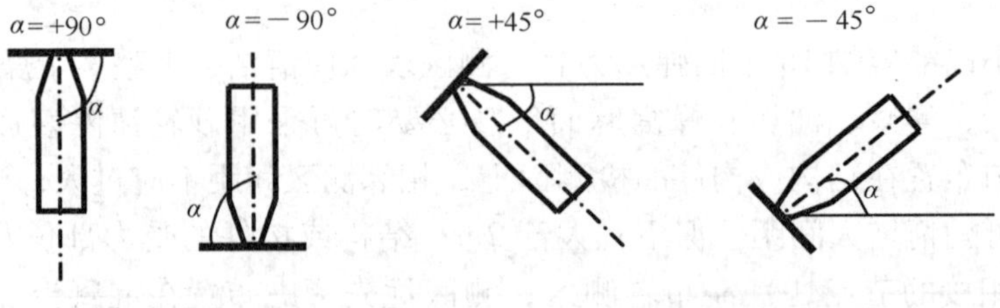

图 9-1　测试角度示意图

表 9-1　不同测试角度的回弹修正值

回弹值 $R_{m\alpha}$	测试角度							
	+90°	+60°	+45°	+30°	－30°	－45°	－60°	－90°
20	－6.0	－5.0	－4.0	－3.0	+2.5	+3.0	+3.5	+4.0
30	－5.0	－4.0	－3.5	－2.5	+2.0	+2.5	+3.0	+3.5
40	－4.0	－3.5	－3.0	－2.0	+1.5	+2.0	+2.5	+3.0
50	－3.5	－3.0	－2.5	－1.5	+1.0	+1.5	+2.0	+2.5

注：表中未列入的修正值，可用插入法求得，精确至一位小数，当 $R_{m\alpha}$ 小于 20 时，按 20 修正，当 $R_{m\alpha}$ 大于 50 时，按 50 修正。

3）当回弹仪水平方向测试混凝土浇筑表面或底面时回弹值按下式进行修正。

$$R_m = R_m^t + R_a^t \quad 或 \quad R_m = R_m^b + R_a^b$$

式中　R_m^t、R_m^b——水平方向检测混凝土浇筑表面、底面时，测区的平均回弹值；

R_a^t、R_a^b——混凝土浇筑表面、底面的回弹修正值，见表 9-2。

表 9-2　不同浇筑面的回弹修正值

R_m^t 或 R_m^b	表面修正值 R_a^t	底面修正值 R_a^b	R_m^t 或 R_m^b	表面修正值 R_a^t	底面修正值 R_a^b
20	+2.5	－3.0	40	+0.5	－1.0
25	+2.0	－2.5	45	0	－0.5
30	+1.5	－2.0	50	0	0
35	+1.0	－1.5			

注：①表中未列入的修正值，可用插入法求得，精确至一位小数，当 $R_{m\alpha}$ 小于 20 时，按 20 修正，当 $R_{m\alpha}$ 大于 50 时，按 50 修正。

②表中浇筑表面的修正值是指一般原浆抹面后的修正值。

③表中浇筑底面的修正值是指构件底面与侧面采用同一类模板在正常浇筑情况下的修正值。

4）如果在进行回弹时，回弹仪既不是水平方向而测区又不是混凝土的浇筑侧面，则应对其回弹值先进行角度修正，然后进行浇筑面修正。

（2）计算碳化深度

按下式计算每一测区的碳化深度。

$$d_m = \frac{\sum_{i=1}^{n} d_i}{n}$$

式中　d_m——测区的平均碳化深度值（mm），精确至0.5mm；

d_i——第 i 次测定的碳化深度值（mm）；

n——测区碳化深度测量次数。

若测区的碳化深度大于6mm，则按6mm计。

（3）计算混凝土强度

1）结构或构件第 i 测区混凝土强度换算值（$f^{c}_{cu,i}$），根据前面计算得到的平均回弹值（R_m）和平均碳化深度（d_m），通过查表9-4得出。

2）按下式计算结构或构件各测区混凝土强度的平均值和标准差。

$$\overline{f^{c}_{cu}} = \frac{\sum_{i=1}^{n} f^{c}_{cu,i}}{n} \qquad S = \sqrt{\frac{\sum_{i=1}^{n} (f^{c}_{cu,i})^2 - n(\overline{f^{c}_{cu}})^2}{n-1}}$$

式中　$\overline{f^{c}_{cu}}$——结构或构件测区混凝土强度换算值的平均值（MPa），精确至0.1 MPa；

n——对于单个检测的构件，取一个构件的测区数；对于批量检测的构件，取被抽检构件测区数之和；

S——结构或构件测区混凝土换算值的标准差（MPa），精确至0.01 MPa。

3）结构或构件的混凝土强度推定值（$f_{cu,e}$）的确定。

①当结构或构件测区数少于10个时，以该结构或构件测区中最小强度值为该结构或构件的强度推定值。它适用于单独的结构或构件的强度检测。

②当结构或构件的测区强度值中出现小于10.0MPa时。

$$f_{cu,e} < 10.0(\text{MPa})$$

③当结构或构件的测区数不小于10个或按批量检测时，该结构或构件的强度推定值为：

$$f_{cu,e} = \overline{f^{c}_{cu}} - 1.645S$$

批量检测适用于在相同的生产工艺条件下，混凝土的强度等级相同，原材料、混凝土配合比、成型工艺、养护条件相同且龄期相同的同类结构或构件。抽检的构件数量不得少于同批结构或构件的30%且不得少于10个构件。

④对于按批量检测的结构或构件，当该批结构或构件混凝土强度标准差出现下列情况时，则该批结构或构件全部按单个结构或构件检测推定强度：

当该批结构或构件混凝土强度平均值小于25MPa时，且 $Sf^{c}_{cu} > 4.5$MPa；

当该批结构或构件混凝土强度平均值大于25MPa时，且 $Sf^{c}_{cu} > 5.5$MPa。

4）泵送混凝土的强度推算。

当被检测的混凝土为泵送混凝土时，其强度推算值应按下式计算：

$$f_{cu} = f_{cu,e} + K$$

式中　f_{cu}——泵送混凝土强度换算值（MPa），精确至0.1 MPa；

$f_{cu,e}$——混凝土强度换算值（MPa），精确至0.1 MPa；

K——泵送混凝土测区混凝土强度换算值的修正值（MPa），见表9-3。

表 9-3　泵送混凝土测区混凝土强度换算值的修正值

碳化深度/mm	抗压强度值/MPa					碳化深度/mm	抗压强度值/MPa			
0、0.5、1.0	$f_{cu,e}$/MPa	≤40.0	45.0	50.0	≤60.0	1.5；2.0	$f_{cu,e}$/MPa	≤30.0	35.0	40.0~60.0
	K/MPa	+4.5	+3.0	+1.5	0		K/MPa	+3.0	+1.5	0

表 9-4　测区混凝土强度换算表

平均回弹值 R_m	测区混凝土强度换算值 $f_{cu,i}$/MPa												
	平均碳化深度值 d_m/mm												
	0.0	0.5	1.0	1.5	2.0	2.5	3.0	3.5	4.0	4.5	5.0	5.5	≥6.0
20.0	10.3	10.1	—	—	—	—	—	—	—	—	—	—	—
20.2	10.5	10.3	10.0	—	—	—	—	—	—	—	—	—	—
20.4	10.7	10.5	10.2	—	—	—	—	—	—	—	—	—	—
20.6	11.0	10.8	10.4	10.1	—	—	—	—	—	—	—	—	—
20.8	11.2	11.0	10.6	10.3	—	—	—	—	—	—	—	—	—
21.0	11.4	11.2	10.8	10.5	10.0	—	—	—	—	—	—	—	—
21.2	11.6	11.4	11.0	10.7	10.2	—	—	—	—	—	—	—	—
21.4	11.8	11.6	11.2	10.9	10.4	10.0	—	—	—	—	—	—	—
21.6	12.0	11.8	11.4	11.0	10.6	10.2	—	—	—	—	—	—	—
21.8	12.3	12.1	11.7	11.3	10.8	10.5	10.1	—	—	—	—	—	—
22.0	12.5	12.2	11.9	11.5	11.0	10.6	10.2	—	—	—	—	—	—
22.2	12.7	12.4	12.1	11.7	11.2	10.8	10.4	10.0	—	—	—	—	—
22.4	13.0	12.7	12.4	12.0	11.4	11.0	10.7	10.3	10.0	—	—	—	—
22.6	13.2	12.9	12.5	12.1	11.6	11.2	10.8	10.4	10.2	—	—	—	—
22.8	13.4	13.1	12.7	12.3	11.8	11.4	11.0	10.6	10.3	—	—	—	—
23.0	13.7	13.4	13.0	12.6	12.1	11.6	11.2	10.8	10.5	10.1	—	—	—
23.2	13.9	13.6	13.2	12.8	12.2	11.8	11.4	11.0	10.7	10.3	10.0	—	—
23.4	14.1	13.8	13.4	13.0	12.4	12.0	11.6	11.2	10.9	10.4	10.2	—	—
23.6	14.4	14.1	13.7	13.2	12.7	12.2	11.8	11.4	11.1	10.7	10.4	10.1	—
23.8	14.6	14.3	13.9	13.4	12.8	12.4	12.0	11.5	11.2	10.8	10.5	10.2	—
24.0	14.9	14.6	14.2	13.7	13.1	12.7	12.2	11.8	11.5	11.0	10.7	10.4	10.1
24.2	15.1	14.8	14.3	13.9	13.3	12.8	12.4	11.9	11.6	11.2	10.9	10.6	10.3
24.4	15.4	15.1	14.6	14.2	13.6	13.1	12.6	12.2	11.9	11.4	11.1	10.8	10.4
24.6	15.6	15.3	14.8	14.4	13.7	13.3	12.8	12.3	12.0	11.5	11.2	10.9	10.6
24.8	15.9	15.6	15.1	14.6	14.0	13.5	13.0	12.6	12.2	11.8	11.4	11.1	10.7

平均回弹值 R_m	测区混凝土强度换算值 $f_{cu,i}^c$/MPa												
	平均碳化深度值 d_m/mm												
	0.0	0.5	1.0	1.5	2.0	2.5	3.0	3.5	4.0	4.5	5.0	5.5	≥6.0
25.0	16.2	15.9	15.4	14.9	14.3	13.8	13.3	12.8	12.5	12.0	11.7	11.3	10.9
25.2	16.4	16.1	15.6	15.1	14.4	13.9	13.4	13.0	12.6	12.1	11.8	11.5	11.0
25.4	16.7	16.4	15.9	15.4	14.7	14.2	13.7	13.2	12.9	12.4	12.0	11.7	11.2
25.6	16.9	16.6	16.1	15.7	14.9	14.4	13.9	13.4	13.0	12.5	12.2	11.8	11.3
25.8	17.2	16.9	16.3	15.8	15.1	14.6	14.1	13.6	13.2	12.7	12.4	12.0	11.5
26.0	17.5	17.2	16.6	16.1	15.4	14.9	14.4	13.8	13.5	13.0	12.6	12.2	11.6
26.2	17.8	17.4	16.9	16.4	15.7	15.1	14.6	14.0	13.7	13.2	12.8	12.4	11.8
26.4	18.0	17.6	17.1	16.6	15.8	15.3	14.8	14.2	13.9	13.3	13.0	12.6	12.0
26.6	18.3	17.9	17.4	16.8	16.1	15.6	15.0	14.4	14.1	13.5	13.2	12.8	12.1
26.8	18.6	18.2	17.7	17.1	16.4	15.8	15.3	14.6	14.3	13.8	13.4	12.9	12.3
27.0	18.9	18.5	18.0	17.4	16.6	16.1	15.5	14.8	14.6	14.0	13.6	13.1	12.4
27.2	19.1	18.7	18.1	17.6	16.8	16.2	15.7	15.0	14.7	14.1	13.8	13.3	12.6
27.4	19.4	19.0	18.4	17.8	17.0	16.4	15.9	15.2	14.9	14.3	14.0	13.4	12.7
27.6	19.7	19.3	18.7	18.0	17.2	16.6	16.1	15.4	15.1	14.5	14.1	13.6	12.9
27.8	20.0	19.6	19.0	18.2	17.4	16.8	16.3	15.6	15.3	14.7	14.2	13.7	13.0
28.0	20.3	19.7	19.2	18.4	17.6	17.0	16.5	15.8	15.4	14.8	14.4	13.9	13.2
28.2	20.6	20.0	19.5	18.6	17.8	17.2	16.7	16.0	15.6	15.0	14.6	14.0	13.3
28.4	20.9	20.3	19.7	18.8	18.0	17.4	16.9	16.2	15.8	15.2	14.8	14.2	13.5
28.6	21.2	20.6	20.0	19.1	18.2	17.6	17.1	16.4	16.0	15.4	15.0	14.3	13.6
28.8	21.5	20.9	20.2	19.4	18.5	17.8	17.3	16.6	16.2	15.6	15.2	14.5	13.8
29.0	21.8	21.1	20.5	19.6	18.7	18.1	17.5	16.8	16.4	15.8	15.4	14.6	13.9
29.2	22.1	21.4	20.8	19.9	19.0	18.3	17.7	17.0	16.6	16.0	15.6	14.8	14.1
29.4	22.4	21.7	21.1	20.2	19.3	18.6	17.9	17.2	16.8	16.2	15.8	15.0	14.2
29.6	22.7	22.0	21.3	20.4	19.5	18.8	18.2	17.5	17.0	16.4	16.0	15.1	14.4
28.8	23.0	22.3	21.6	20.7	19.8	19.1	18.4	17.7	17.2	16.6	16.2	15.3	14.5
30.0	23.3	22.6	21.9	21.0	20.0	19.3	18.6	17.9	17.4	16.8	16.4	15.4	14.7
30.2	23.6	22.9	22.2	21.2	20.3	19.6	18.9	18.2	17.6	17.0	16.6	15.6	14.9
30.4	23.9	23.2	22.5	21.5	20.6	19.8	19.1	18.4	17.8	17.2	16.8	15.8	15.1
30.6	24.3	23.6	22.8	21.9	20.9	20.2	19.4	18.7	18.0	17.5	17.0	16.0	15.2
30.8	24.6	23.9	23.1	22.1	21.2	20.4	19.7	18.9	18.2	17.7	17.2	16.2	15.4
31.0	24.9	24.2	23.4	22.4	21.4	20.7	19.9	19.2	18.4	17.9	17.4	16.4	15.5
31.2	25.2	24.4	23.7	22.7	21.7	20.9	20.2	19.4	18.6	18.1	17.6	16.6	15.7
31.4	25.6	24.8	24.1	23.0	22.0	21.2	20.5	19.7	18.9	18.4	17.8	16.9	15.8
31.6	25.9	25.1	24.3	23.3	22.3	21.5	20.7	19.9	19.2	19.6	18.0	17.1	16.0

续表

平均回弹值 R_m	测区混凝土强度换算值 $f_{cu,i}$/MPa												
	平均碳化深度值 d_m/mm												
	0.0	0.5	1.0	1.5	2.0	2.5	3.0	3.5	4.0	4.5	5.0	5.5	≥6.0
31.8	26.2	25.4	24.6	23.6	22.5	21.7	21.0	20.2	19.4	18.9	18.2	17.3	16.2
32.0	26.5	25.7	24.9	23.9	22.8	22.0	21.2	20.4	19.6	19.1	18.4	17.5	16.4
32.2	26.9	26.1	25.3	24.2	23.1	22.3	21.5	20.7	19.9	19.4	18.6	17.7	16.6
32.4	27.2	26.4	25.6	24.5	23.4	22.6	21.8	20.9	20.1	19.6	18.8	17.9	16.8
32.6	27.6	26.8	25.9	24.8	23.7	22.9	22.1	21.3	20.4	19.9	19.0	18.1	17.0
32.8	27.9	27.1	26.2	25.1	24.0	23.2	22.3	21.5	20.6	20.1	19.2	18.3	17.2
33.0	28.2	27.4	26.5	25.4	24.3	23.4	22.6	21.7	20.9	20.3	19.4	18.5	17.4
33.2	28.6	27.7	26.8	25.7	24.6	23.7	22.9	22.0	21.2	20.5	19.6	18.7	17.6
33.4	28.9	28.0	27.1	26.0	24.9	24.0	23.1	22.3	21.4	20.7	19.8	18.9	17.8
33.6	29.3	28.4	27.4	26.4	25.2	24.2	23.3	22.6	21.7	20.9	20.0	19.1	18.0
33.8	29.6	28.7	27.7	26.6	25.4	24.4	23.5	22.8	21.9	21.1	20.2	19.3	18.2
34.0	30.0	29.1	28.0	26.8	25.6	24.6	23.7	23.0	22.1	21.3	20.4	19.5	18.3
34.2	30.3	29.4	28.3	27.0	25.8	24.8	23.9	23.2	22.3	21.5	20.6	19.7	18.4
34.4	30.7	29.8	28.6	27.2	26.0	25.0	24.1	23.4	22.5	21.7	20.8	19.8	18.6
34.6	31.1	30.2	28.9	27.4	26.2	25.2	24.3	23.6	22.7	21.9	21.0	20.0	18.8
34.8	31.4	30.5	29.2	27.6	26.4	25.4	24.5	23.8	22.9	22.1	21.2	20.2	19.0
35.0	31.8	30.8	29.6	28.0	26.7	25.8	24.8	24.0	23.2	22.3	21.4	20.4	19.2
35.2	32.1	31.1	29.9	28.2	27.0	26.0	25.0	24.2	23.4	22.5	21.6	20.6	19.4
35.4	32.5	31.5	30.2	28.6	27.3	26.3	25.4	24.4	23.7	22.8	21.8	20.8	19.6
35.6	32.9	31.9	30.6	29.0	27.6	26.6	25.7	24.7	24.0	23.0	22.0	21.0	19.8
35.8	33.3	32.3	31.0	29.3	28.0	27.0	26.0	25.0	24.3	23.3	22.2	21.2	20.0
36.0	33.6	32.6	31.2	29.6	28.2	27.2	26.2	25.2	24.5	23.5	22.4	21.4	20.2
36.2	34.0	33.0	31.6	29.9	28.6	27.5	26.5	25.5	24.8	23.8	22.6	21.6	20.4
36.4	34.4	33.4	32.0	30.3	28.9	27.9	26.8	25.8	25.1	24.1	22.8	21.8	20.6
36.6	34.8	33.8	32.4	30.6	29.2	28.2	27.1	26.1	25.4	24.4	23.0	22.0	20.9
36.8	35.2	34.1	32.7	31.0	29.6	28.5	27.5	26.4	25.7	24.6	23.2	22.2	21.1
37.0	35.5	34.4	33.0	31.2	29.8	28.8	27.7	26.6	25.9	24.8	23.4	22.4	21.3
37.2	35.9	34.8	33.4	31.6	30.2	29.1	28.0	26.9	26.2	25.1	23.7	22.6	21.5
37.4	36.3	35.2	33.8	31.9	30.5	29.4	28.3	27.2	26.5	25.4	24.0	22.9	21.8
37.6	36.7	35.6	34.1	32.3	30.8	29.7	28.6	27.5	26.8	25.7	24.2	23.1	22.0
37.8	37.1	36.0	34.5	32.6	31.2	30.0	28.9	27.8	27.1	26.0	24.5	23.4	22.3
38.0	37.5	36.4	34.9	33.0	31.5	30.3	29.2	28.1	274	26.2	24.8	23.6	22.5
38.2	37.9	36.8	35.2	33.4	31.8	30.6	29.5	28.4	27.7	26.5	25.0	23.9	22.7
38.4	38.3	37.2	35.6	33.7	32.1	30.9	29.8	28.7	28.0	26.8	25.3	24.1	23.0

平均回弹值 R_m	测区混凝土强度换算值 $f_{cu,i}$/MPa												
	平均碳化深度值 d_m/mm												
	0.0	0.5	1.0	1.5	2.0	2.5	3.0	3.5	4.0	4.5	5.0	5.5	≥6.0
38.6	38.7	37.5	36.0	34.1	32.4	31.2	30.1	29.0	28.3	27.0	25.5	24.4	23.2
38.8	39.1	37.9	36.4	34.4	32.7	31.5	30.4	29.3	28.5	27.2	25.8	24.6	23.5
39.0	39.5	38.2	36.7	34.7	33.0	31.8	30.6	29.6	28.8	27.4	26.0	24.8	23.7
39.2	39.9	38.5	37.0	35.0	33.3	32.1	30.8	29.8	29.0	27.6	26.2	25.0	24.0
39.4	40.3	38.8	37.3	35.3	33.6	32.4	31.0	30.0	29.2	27.8	26.4	25.2	24.2
39.6	40.7	39.1	37.6	35.6	33.9	32.7	31.2	30.2	29.4	28.0	26.6	25.4	24.4
39.8	41.2	39.6	38.0	35.9	34.2	33.0	31.4	30.5	29.7	28.2	26.8	25.6	24.7
40.0	41.6	39.9	38.3	36.2	34.5	33.3	31.7	30.8	30.0	28.4	27.0	25.8	25.0
40.2	42.0	40.3	38.6	36.5	34.8	33.6	32.0	31.1	30.2	28.6	27.3	26.0	25.2
40.4	42.4	40.7	39.0	36.9	35.1	33.9	32.3	31.4	30.5	28.8	27.6	26.2	25.4
40.6	42.8	41.1	39.4	37.2	35.4	34.2	32.6	31.7	30.8	29.1	27.8	26.5	25.7
40.8	43.3	41.6	39.8	37.7	35.7	34.5	32.9	32.0	31.2	29.4	28.1	26.8	26.0
41.0	43.7	42.0	40.2	38.0	36.0	34.8	33.2	32.3	31.5	29.7	28.4	27.1	26.2
41.2	44.1	42.3	40.6	38.4	36.3	35.1	33.5	32.6	31.8	30.0	28.7	27.3	26.5
41.4	44.5	42.7	40.9	38.7	36.6	35.4	33.8	32.9	32.0	30.3	28.9	27.6	26.7
41.6	45.0	43.2	41.4	39.2	36.9	35.7	34.2	33.3	32.4	30.6	29.2	27.9	27.0
41.8	45.4	43.6	41.8	39.5	37.2	36.0	34.5	33.6	32.7	30.9	29.5	28.1	27.2
42.0	45.9	44.1	42.2	39.9	37.6	36.3	34.9	34.0	33.0	31.2	29.8	28.5	27.5
42.2	46.3	44.4	42.6	40.3	38.0	36.6	35.2	34.3	33.3	31.5	30.1	28.7	27.8
42.4	46.7	44.8	43.0	40.6	38.3	36.9	35.5	34.6	33.6	31.8	30.4	29.0	28.0
42.6	47.2	45.3	43.4	41.1	38.7	37.3	35.9	34.9	34.0	32.1	30.7	29.3	28.3
42.8	47.6	45.7	43.8	41.4	39.0	37.6	36.2	35.2	34.3	32.4	30.9	29.5	28.6
43.0	48.1	46.2	44.2	41.8	39.4	38.0	36.6	35.6	34.6	32.7	31.3	29.8	28.9
43.2	48.5	46.6	44.6	42.2	39.8	38.3	36.9	35.9	34.9	33.0	31.5	30.1	29.1
43.4	49.0	47.0	45.1	42.6	40.2	38.7	37.2	36.3	35.3	33.3	31.8	30.4	29.4
43.6	49.4	47.4	45.4	43.0	40.5	39.0	37.5	36.6	35.6	33.6	32.1	30.6	29.6
43.8	49.9	47.9	45.9	43.4	40.9	39.4	37.9	36.9	35.9	33.9	32.4	30.9	29.9
44.0	50.4	48.4	46.4	43.8	41.3	39.8	38.3	37.3	36.3	34.3	32.8	31.2	30.2
44.2	50.8	48.8	46.7	44.2	41.7	40.1	38.6	37.6	36.6	34.5	33.0	31.5	30.5
44.4	51.3	49.2	47.2	44.6	42.1	40.5	39.0	38.0	36.9	34.9	33.3	31.8	30.8
44.6	51.7	49.6	47.6	45.0	42.4	40.8	39.3	38.3	37.2	35.2	33.6	32.1	31.0
44.8	52.2	50.1	48.0	45.4	42.8	41.2	39.7	38.6	37.6	35.5	33.9	32.4	31.3
45.0	52.7	50.6	48.5	45.8	43.2	41.6	40.1	39.0	37.9	35.8	34.3	32.7	31.6
45.2	53.2	51.1	48.9	46.3	43.6	42.0	40.4	39.4	38.3	36.2	34.6	33.0	31.9

续表

平均回弹值 R_m	测区混凝土强度换算值 $f_{cu,i}$/MPa												
	平均碳化深度值 d_m/mm												
	0.0	0.5	1.0	1.5	2.0	2.5	3.0	3.5	4.0	4.5	5.0	5.5	≥6.0
45.4	53.6	51.5	49.4	46.6	44.0	42.3	40.7	39.7	38.6	36.4	34.8	33.2	32.2
45.6	54.1	51.9	49.8	47.1	44.4	42.7	41.1	40.0	39.0	36.8	35.2	33.5	32.5
45.8	54.6	52.4	50.2	47.5	44.8	43.1	41.5	40.4	39.3	37.1	35.5	33.9	32.8
46.0	55.0	52.8	50.6	47.9	45.2	43.5	41.9	40.8	39.7	37.5	35.8	34.2	33.1
46.2	55.5	53.3	51.1	48.3	45.5	43.8	42.2	41.1	40.0	37.7	36.1	34.4	33.3
46.4	56.0	53.8	51.5	48.7	45.9	44.2	42.6	41.4	40.3	38.1	36.4	34.7	33.6
46.6	56.5	54.2	52.0	49.2	46.3	44.6	42.9	41.8	40.7	38.4	36.7	35.0	33.9
46.8	57.0	54.7	52.4	49.6	46.7	45.0	43.3	42.2	41.0	38.8	37.0	35.3	34.2
47.0	57.5	55.2	52.9	50.0	47.2	45.2	43.7	42.6	41.4	39.1	37.4	35.6	34.5
47.2	58.0	55.7	53.4	50.5	47.6	45.8	44.1	42.9	41.8	39.4	37.7	36.0	34.8
47.4	58.5	56.2	53.8	50.9	48.0	46.2	44.5	43.3	42.1	39.8	38.0	36.3	35.1
47.6	59.0	56.6	54.3	51.3	48.4	46.6	44.8	43.7	42.5	40.1	38.4	36.6	35.4
47.8	59.5	57.1	54.7	51.8	48.8	47.0	45.2	44.0	42.8	40.5	38.7	36.9	35.7
48.0	60.0	57.6	55.2	52.2	49.2	47.4	45.6	44.4	43.2	40.8	39.0	37.2	36.0
48.2	—	58.0	55.7	52.6	49.6	47.8	46.0	44.8	43.6	41.1	39.3	37.5	36.3
48.4	—	58.6	56.1	53.1	50.0	48.2	46.4	45.1	43.9	41.5	39.6	37.8	36.6
48.6	—	59.0	56.6	53.5	50.4	48.6	46.7	45.5	44.3	41.8	40.0	38.1	36.9
48.8	—	59.5	57.1	54.0	50.9	49.0	47.1	45.9	44.6	42.2	40.3	38.4	37.2
49.0	—	60.0	57.5	54.4	51.3	49.4	47.5	46.2	45.0	42.5	40.6	38.8	37.5
49.2	—	—	58.0	54.8	51.7	49.8	47.9	46.6	45.4	42.8	41.0	39.1	37.8
49.4	—	—	58.5	55.3	52.1	50.2	48.3	47.1	45.8	43.2	41.3	39.4	38.2
49.6	—	—	58.9	55.7	52.5	50.6	48.7	47.4	46.2	43.6	41.7	39.7	38.5
49.8	—	—	59.4	56.2	53.0	51.0	49.1	47.8	46.5	43.9	42.0	40.1	38.8
50.0	—	—	59.9	56.7	53.4	51.4	49.5	48.2	46.9	44.3	42.3	40.4	39.1
50.2	—	—	—	57.1	53.8	51.9	49.9	48.5	47.2	44.6	42.6	40.7	39.4
50.4	—	—	—	57.6	54.3	52.3	50.3	49.0	47.7	45.0	43.0	41.0	39.7
50.6	—	—	—	58.0	54.7	52.7	50.7	49.4	48.0	45.4	43.4	41.4	40.0
50.8	—	—	—	58.5	55.1	53.1	51.1	49.8	48.4	45.7	43.7	41.7	40.3
51.0	—	—	—	59.0	55.6	53.5	51.5	50.1	48.8	46.1	44.1	42.0	40.7
51.2	—	—	—	59.4	56.0	54.0	51.9	50.5	49.2	46.4	44.4	42.3	41.0
51.4	—	—	—	59.9	56.4	54.4	52.3	50.9	49.6	46.8	44.7	42.7	41.3
51.6	—	—	—	—	56.9	54.8	52.7	51.3	50.0	47.2	45.1	43.0	41.6
51.8	—	—	—	—	57.3	55.2	53.1	51.7	50.3	47.5	45.4	43.3	41.8
52.0	—	—	—	—	57.8	55.7	53.6	52.1	50.7	47.9	45.8	43.7	42.3

续表

平均回弹值 R_m	测区混凝土强度换算值 $f_{cu,i}$/MPa												
	平均碳化深度值 d_m/mm												
	0.0	0.5	1.0	1.5	2.0	2.5	3.0	3.5	4.0	4.5	5.0	5.5	≥6.0
52.2	—	—	—	—	58.2	56.1	54.0	52.5	51.1	48.3	46.2	44.0	42.6
52.4	—	—	—	—	58.7	56.5	54.4	53.0	51.5	48.7	46.5	44.4	43.0
52.6	—	—	—	—	59.1	57.0	54.8	53.4	51.9	49.0	46.9	44.7	43.3
52.8	—	—	—	—	59.6	57.4	55.2	53.8	52.3	49.4	47.3	45.1	43.6
53.0	—	—	—	—	60.0	57.8	55.6	54.2	52.7	49.8	47.6	45.4	43.9
53.2	—	—	—	—	—	58.3	56.1	54.6	53.1	50.2	48.0	45.8	44.3
53.4	—	—	—	—	—	58.7	56.5	55.0	53.5	50.5	48.3	46.1	44.6
53.6	—	—	—	—	—	59.2	56.9	55.4	53.9	50.9	48.7	46.4	44.9
53.8	—	—	—	—	—	59.6	57.3	55.8	54.3	51.3	49.0	46.8	45.3
54.0	—	—	—	—	—	—	57.8	56.3	54.7	51.7	49.4	47.1	45.6
54.2	—	—	—	—	—	—	58.2	56.7	55.1	52.1	49.8	47.5	46.0
54.4	—	—	—	—	—	—	58.6	57.1	55.6	52.5	50.2	47.9	46.3
54.6	—	—	—	—	—	—	59.1	57.5	56.0	52.9	50.5	48.2	46.6
54.8	—	—	—	—	—	—	59.5	57.9	56.4	53.2	50.9	48.5	47.0
55.0	—	—	—	—	—	—	59.9	58.4	56.8	53.6	51.3	48.9	47.3
55.2	—	—	—	—	—	—	—	58.8	57.2	54.0	51.6	49.3	47.7
55.4	—	—	—	—	—	—	—	59.2	57.6	54.4	52.0	49.6	48.0
55.6	—	—	—	—	—	—	—	59.7	58.0	54.8	52.4	50.0	48.4
55.8	—	—	—	—	—	—	—	—	58.5	55.2	52.8	50.3	48.7
56.0	—	—	—	—	—	—	—	—	58.9	55.6	53.2	50.7	49.1
56.2	—	—	—	—	—	—	—	—	59.3	56.0	53.5	51.1	49.4
56.4	—	—	—	—	—	—	—	—	59.7	56.4	53.9	51.4	49.8
56.6	—	—	—	—	—	—	—	—	—	56.8	54.3	51.8	50.1
56.8	—	—	—	—	—	—	—	—	—	57.2	54.7	52.2	50.5
57.0	—	—	—	—	—	—	—	—	—	57.6	55.1	52.5	50.8
57.2	—	—	—	—	—	—	—	—	—	58.0	55.5	52.9	51.2
57.4	—	—	—	—	—	—	—	—	—	58.4	55.9	53.3	51.6
57.6	—	—	—	—	—	—	—	—	—	58.9	56.3	53.7	51.9
57.8	—	—	—	—	—	—	—	—	—	59.3	56.7	54.0	52.3
58.0	—	—	—	—	—	—	—	—	—	59.7	57.0	54.4	52.7
58.2	—	—	—	—	—	—	—	—	—	—	57.4	54.8	53.0
58.4	—	—	—	—	—	—	—	—	—	—	57.8	55.2	53.4
58.6	—	—	—	—	—	—	—	—	—	—	58.2	55.6	53.8
58.8	—	—	—	—	—	—	—	—	—	—	58.6	55.9	54.1

续表

平均回弹值 R_m	测区混凝土强度换算值 $f_{cu,i}$/MPa												
	平均碳化深度值 d_m/mm												
	0.0	0.5	1.0	1.5	2.0	2.5	3.0	3.5	4.0	4.5	5.0	5.5	≥6.0
59.0	—	—	—	—	—	—	—	—	—	—	59.0	56.3	54.5
59.2	—	—	—	—	—	—	—	—	—	—	59.4	56.7	54.9
59.4	—	—	—	—	—	—	—	—	—	—	59.8	57.1	55.2
59.6	—	—	—	—	—	—	—	—	—	—	—	57.5	55.6
59.8	—	—	—	—	—	—	—	—	—	—	—	57.9	56.0
60.0	—	—	—	—	—	—	—	—	—	—	—	58.3	56.4

第三节　贯入法检测砌筑砂浆抗压强度

一、基本原理

贯入法检测砌筑砂浆抗压强度的仪器为贯入仪，贯入仪中的工作弹簧提供测钉一定量的能量，获得能量的测钉贯入砌筑砂浆水平灰缝的深度与砌筑砂浆抗压强度的相关关系为：砂浆抗压强度越高，测钉贯入深度就越浅；砂浆抗压强度越低，测钉贯入深度就越深。

二、仪器设备

贯入法检测使用的仪器包括贯入式砂浆强度检测仪、贯入深度测量表和配套器具组成。

（1）贯入式砂浆强度检测仪：贯入力应为 800N ± 8N；工作行程应为 20mm ± 0.01mm。贯入仪使用时的环境温度为 -4 ~ 40℃。

（2）贯入深度测量表：最大量程应为 20mm ± 0.02mm；分度值应为 0.01mm。

（3）测钉：测钉长度应为 40mm ± 0.01mm，直径应为 3.5mm，尖端锥度为 45°。测钉量规的量规槽长度为 $39.5^{+0.100}$ mm。

三、检测准备

（1）采用贯入法检测的砌筑砂浆应符合下列要求：自然养护；龄期为 28d 或 28d 以上；砂浆为自然风干状态（砂浆的含水量对检测结果有一定的影响，规定砂浆为自然风干状态可以避免砂浆因含水量不同而造成的影响）；强度为 0.4 ~ 16.0MPa。

（2）测点布置

1）检测砌筑砂浆抗压强度时，应以面积不大于 25m² 的砌体构件或构筑物为一个构件。

2）按批抽样检测时，应取龄期相近的同楼层、同强度等级的砌筑砂浆且不大于 250m³ 砌体为一批，抽检数量不应少于砌体总构件数的 30%，且不应少于 6 个构件。基础砌体可按一个楼层计。

3）被检测砌体灰缝应饱满，其厚度不小于7mm，并应避开竖缝位置、门窗洞口、后砌洞口和预埋件的边缘。

4）多孔砖砌体和空斗墙砌体的水平灰缝深度应大于30mm。

5）检测范围内的饰面层、粉刷层、勾缝砂浆、浮浆以及表面损伤层等，应清除干净；应使待测灰缝砂浆暴露并经打磨平整后再进行检测。

6）每一构件应测试16点。测点应均匀分布在构件的水平灰缝上，相邻测点水平间距不宜小于240mm，每条灰缝测点不宜多于2点。

为了全面准确地反映构件中砌筑砂浆的强度，在一个构件内的测点应均匀分布。

说明：①现场检测往往是工程质量事故的鉴定，取样数量应比正常抽检数量多。②在《砌体工程施工及验收规范》（GB 50203—98）第4.2.3条中规定，砖砌体的水平灰缝厚度和竖向灰缝宽度一般为10mm，但不应小于8mm，也不应大于12mm。贯入仪的扁头厚度便是依据此规范而设计为6mm。当灰缝厚度小于7mm时，扁头便有可能伸不进灰缝而导致无法检测。为了检测方便，一般应选用灰缝较厚的部位进行检测。③贯入法是用来检测砌筑砂浆强度的，故测区内的灰缝砂浆应该外露。如外露灰缝不够整齐，还应该进行打磨至平整后才能进行检测，否则将对贯入深度的测量带来误差，而且主要是负偏差。对于砂浆表面粉蚀，遭受高温、冻害、化学侵蚀、火灾等的砂浆，可以将损伤层磨去后再进行检测。

四、检测步骤

每次试验前，应清除测钉上附着的水泥灰渣等杂物，同时用测钉量规检验测钉的长度；测钉能够通过测钉量规槽时，应重新选用新的测钉。

操作过程中，当测点处的灰缝砂浆存在孔洞或测孔周围砂浆不完整时，该测点应作废，另选测点补测。检测步骤如下：

（1）将测钉插入贯入杆的测钉座中，测钉尖端朝外，固定好测钉。

（2）用摇柄旋紧螺母，直至挂钩挂上为止，然后将螺母退至贯入杆顶端。

（3）将贯入仪扁头对准灰缝中间，并垂直贴在被测砌体灰缝砂浆的表面，握住贯入仪把手，扳动扳机，将测钉贯入被测砂浆中。

（4）将测钉拔出，用吹风器将测孔中的粉尘吹干净。

（5）将贯入深度测量表扁头对准灰缝，同时将测头插入测孔中，并保持测量表垂直于被测砌体灰缝砂浆的表面，从表盘中直接读取测量表显示值 d'_i 并记录。直接读数不方便时，可用锁紧螺钉锁定测头，然后取下贯入深度测量表读数。

（6）按下式计算贯入深度：

$$d_i = 20.00 - d'_i$$

式中 d'_i——第 i 个测点贯入深度测量表读数，精确至0.01mm；

d_i——第 i 个测点贯入深度值，精确至0.01mm。

（7）当砌体的灰缝经打磨仍难以达到平整时，可在测点处标记，贯入检测前用贯入深度测量表测读测点处的砂浆表面不平整度读数 d_i^0，然后再在测点处进行贯入检测，读取 d'_i，则贯入深度按下式计算：

$$d_i = d_i^0 - d'_i$$

式中　d_i^0——第 i 个测点贯入深度测量表的不平整度读数，精确至 0.01mm。

说明：①测钉在试验中会受到磨损而变短，测钉的使用次数视所测砂浆的强度而定。测钉是否废弃，可用随贯入仪所附的测量钉规来测量，当测钉能够通过测钉量规槽时，便应废弃。②贯入试验后的测孔内，由于贯入试验会积有一些粉尘，要用吹风器将测孔内的粉尘吹干净。否则将导致贯入深度测量结果偏浅。贯入深度测量表直接测量的并不是贯入深度，而是相当于 20.00mm 长测钉的外露长度，故测钉的实际贯入深度为 $d_i = 20.00 - d'_i$。例如：贯入深度测量表的读数为 15.89mm，则贯入深度为 20.00 − 15.89 = 4.11mm。③在砌体灰缝表面不平整时进行检测，将可能导致强度检测结果偏低。在检测时先测量测点处的不平整度并进行扣除，将较大幅度提高检测精度。公式 $d_i = d_i^0 - d'_i$ 是由 $d_i = (20.00 - d'_i) - (20.00 - d_i^0)$ 简化而得出的。

五、检测结果

（1）检测数值中，应将 16 个贯入深度值中的 3 个最大值和 3 个最小值去掉，取剩下 10 个贯入深度值的算术平均值：$m_{di} = \frac{1}{10}\sum_{i=1}^{10} d_i$。

（2）根据计算所得的构件贯入深度平均值 m_{di}，可按不同砂浆品种查得其砂浆抗压强度换算值 f_{2ecj}^c。

（3）按批抽检时，同批构件砂浆应按下列公式计算其平均值和变异系数。

$$m_{f_2^c} = \frac{1}{n}\sum_{j=1}^{n} f_{2ecj}^c \qquad S_{f_2^c} = \sqrt{\frac{\sum_{j=1}^{n}(m_{f_2^c} - f_{2ecj}^c)^2}{n-1}} \qquad \delta_{f_2^c} = \frac{S_{f_2^c}}{m_{f_2^c}}$$

式中　$m_{f_2^c}$——同批构件砂浆抗压强度换算值的算术平均值，精确至 0.1MPa；

f_{2ecj}^c——第 j 个构件的砂浆抗压强度换算值，精确至 0.1MPa；

$S_{f_2^c}$——同批构件砂浆抗压强度换算值的标准差，精确至 0.1MPa；

$\delta_{f_2^c}$——同批构件砂浆抗压强度换算值的变异系数，精确至 0.1。

（4）按下列规定确定砌体砌筑砂浆抗压强度推定值 f_{2e}^c。

1）当按单个构件检测时，该构件的砌筑砂浆抗压强度推定值应按 $f_{2e}^c = f_{2ecj}^c$ 确定。

2）当按批抽检时，应按 $f_{2e1}^c = m_{f_2^c}$ 和 $f_{2e2}^c = \frac{f_{2min}^c}{0.75}$ 确定。

式中　f_{2e1}^c——砂浆强度推定值之一，精确至 0.1MPa；

f_{2e2}^c——砂浆强度推定值之二，精确至 0.1MPa；

$f_{2\min}^c$——同批构件中砂浆抗压强度换算值的最小值，精确至 0.1MPa。

在两个公式中所计算出的砂浆强度推定值中，取其较小的值作为该批构件的砌筑砂浆抗压强度推定值 f_{2e}^c。

（5）对于按批抽检的砌体，当该批构件砌筑砂浆抗压强度换算值变异系数不小于 0.3 时，则该批构件应全部按单个构件检测。

说明：①在一个测区内检测 16 个测点，在数据处理时将 3 个最大值和 3 个最小值去掉，是为了减少试验的误差，在贯入试验时由于操作不正确、测试面状态不好和碰上砂浆内的孔洞或小石子等都会影响贯入深度。通过数据直接去掉基本上可以消除这些误差。②同批砌筑砂浆的抗压强度换算值的变异系数不小于 0.3 时，按照《砌筑砂浆配合比设计规程》（JGJ 98—2000）第 5.1.3 条的规定，变异系数超过 0.3 时，已属较差施工水平，可以认为它们已不属于同一母体，不能构成为同批砂浆，故应按单个构件检测。

砌筑砂浆抗压强度推定值相当于被测构件在该龄期下的同条件养护试件所对应的砂浆强度等级。

第四节　超声法检测混凝土缺陷

一、概述

（一）超声法检测混凝土缺陷的基本原理

采用超声脉冲法检测结构混凝土缺陷的基本依据，是利用脉冲波在技术条件相同（指混凝土的原材料、配合比、龄期、测试距离一致）的混凝土中传播的时间（或速度）、接收波的振幅和频率等参数相对变化，来判定混凝土的缺陷。

（二）超声脉冲波检测混凝土缺陷的方法

由于混凝土的非匀质性，一般不能像金属探伤那样，利用脉冲波在缺陷界面反射的信号，作为判别缺陷状态的依据，而是利用超声脉冲波透过混凝土的信号来判断缺陷情况。一般是根据被测结构或构件的形状、尺寸及所处环境，确定具体的测定方法。常用的方法主要有：

（1）平面测试（用厚度振动式换能器）

1）对测法：一对发射和接收换能器，分别置于被测结构相互平行的两个表面，且两个换能器的轴线在同一直线上。

2）斜测法：一对发射和接收换能器，分别置于被测结构相互平行的两个表面，但两个换能器的轴线不在同一直线上。

3）单面平测法：一对发射和接收换能器，置于被测结构同一个表面进行测试。

（2）钻孔测试（采用径向振动式换能器）

1）孔中对测：一对换能器分别置于两个对应钻孔中，位于同一高度进行测试。

2）孔中斜测：一对换能器分别置于两个对应钻孔中，但不在同一高度而是在保持一定高程差的条件下进行测试。

3）孔中平测：一对换能器置于同一钻孔中，以一定的高程差同步移动进行测试。

（三）超声法检测混凝土缺陷的主要影响因素

超声法检测混凝土缺陷受很多因素影响。在工程检测中如不采取适当措施，避免和减少影响，将会给测试结果带来很大的误差。影响超声法检测混凝土缺陷的主要因素有以下几点。

（1）耦合状态的影响：由于脉冲波接收信号的波幅值，对混凝土缺陷反映最敏感，所以测得的波幅值（A_i）是否可靠，将直接影响到混凝土缺陷的检测结果。对于测距一定的混凝土，测试面的平整度和耦合剂的厚薄，是影响波幅测值的主要因素，如测试面凹凸不平或有泥砂，便保证不了换能器整个辐射面与混凝土测试面的接触，发射和接收换能器与测试面之间只能通过局部接触点传递脉冲波，使其大部分声能被损耗，造成波幅降低。

另外，如作用在换能器上的压力不均衡，使耦合剂厚薄不均，造成波幅不稳定。因此超声法检测混凝土缺陷必须具备良好的耦合状态。

（2）钢筋的影响：由于脉冲波在钢筋中的传播速度快，在发射和接收换能器的连接上或其附近有主钢筋时，必然影响混凝土声速测量值，其影响程度取决于钢筋相对于测试方向的位置及钢筋的数量和直径。试验结果表明，当钢筋轴线垂直于测试方向，其影响程度取决于通过各钢筋声程之和 l_s 与测试距离 l 之比，对于声速 $v \geqslant 4.00$km/s 的混凝土来说，$l_s \leqslant 1/12$ 时，钢筋对混凝土声速的影响较小，一般为1% ~3%。当钢筋轴线平行于测试方向，对混凝土声速测值影响较大。为避免影响，必须使发射和接收换能器的连线离开钢筋一定距离。

（3）水分的影响：由于水的声速和声阻抗率比空气的声速和声阻抗率大许多倍，如果混凝土缺陷中的空气被水取代，则脉冲波的绝大部分在缺陷界面不再反射和绕射。而是通过水耦合层穿过缺陷直接传播到接收换能器，使得有或无缺陷的混凝土声速、波幅和频率测量值的差异不明显，给缺陷测试和判断带来困难，因此，在进行缺陷检测时，要力求混凝土处于自然干燥状态。

二、混凝土浅裂缝检测

浅裂缝是指局限于结构表层，开裂深度不大于500mm 的裂缝。在实际检测工作中事先不会知道裂缝的深浅。一般情况下可根据结构物的断面尺寸和裂缝在结构表面的宽度，大致估计被测的是浅裂缝还是深裂缝，对于一般工程结构中的梁、柱、板和机场跑道出现的裂缝，都属于浅裂缝。根据实际情况浅裂缝检测可分为单面平测法和对穿斜测法。

（一）单面平测法

当结构的被测部位只有一个表面可供超声检测时，可采用平测法进行裂缝深度的检测，如混凝土路面、飞机跑道、洞窟建筑及其大体积结构的浅裂缝检测。

（1）如图9-2 所示，将发射换能器 T 和接收换能器 R 置于裂缝同一侧，并将 T 耦合好保持不动。

（2）以 T、R 两个换能器内边缘间距 l'_i 为100、150、200……（mm），依次移动 R 并读取相应的声时值 t_i。以 l'为纵坐标、t 为横坐标，如图9-3 所示。

也可用统计法求 t 与 l 之间的回归直线式：

$$l' = A + Bt$$

式中　A、B——待求的回归系数。

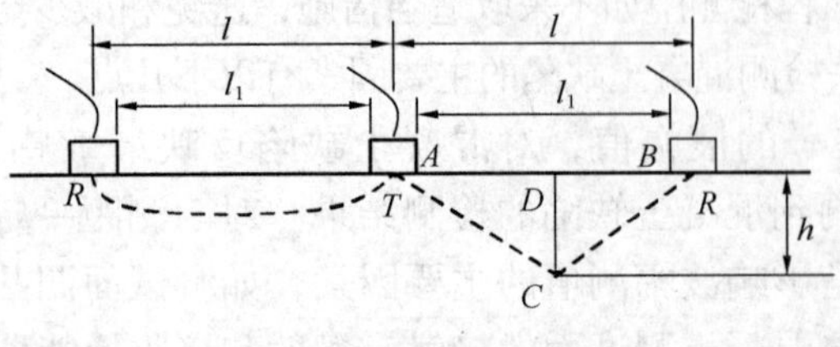

图9-2　单面平测裂缝

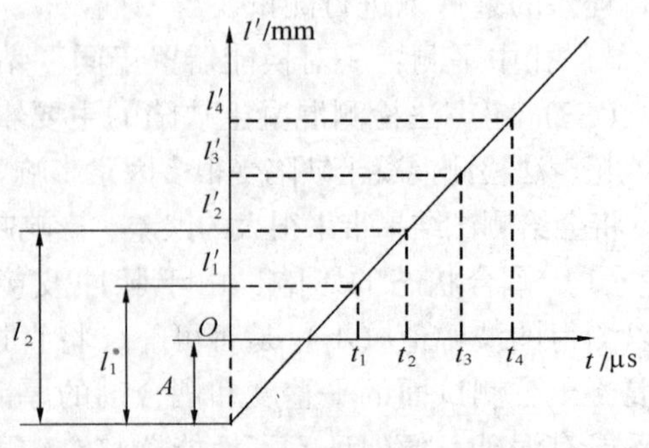

图9-3　平测“时—距”坐标图

(3) 每一个测点的超声实际传播距离为：$l = l' + A$。

考虑"A"因为声时读取过程中存在一个声时初读数 t_0 及首波信号并非沿混凝土表面直接传播，所以"A"是一个声程的综合修正值。

(4) 进行跨缝的声时测量。

将T、R换能器分别置于以裂缝为轴心的对称两侧，以 l' 为100、150、200……(mm)，分别读取声时值 t_{ci}。该声时值便是脉冲波绕过裂缝末端传播的时间，其裂缝深度按下式计算：

$$h = \frac{l}{2}\sqrt{\left(\frac{t_c}{t}\right)^2 - 1}$$

式中 h——裂缝深度（mm）；

l——无缺陷混凝土的超声传播距离（mm）；

t_c——脉冲波绕过裂缝传播的时间（s）；

t——无缺陷混凝土声时。

采用这种检测方法时，要求裂缝中不得充水和泥浆。若裂缝中水无法排除，可采用横波换能器进行检测，因横波换能器不能在水中传播，而排除了水的干扰。

当有钢筋穿过裂缝时，换能器必须离开钢筋一定距离，以避免钢筋的影响。若换能器附近无钢筋影响，则脉冲波绕过裂缝所需的声时 t_c 为：

$$t_c = \frac{1}{v} \cdot \sqrt{4h^2 + l^2}$$

当有钢筋时，脉冲波通过钢筋所需要的声时 t_s 应按下式计算：

$$t_s = \sqrt{\frac{v_s^2 - v^2}{v_s^2 \times v^2}} + \frac{1}{v_s}$$

要使钢筋对裂缝深度检测不造成影响，必须使 $t_s \geqslant t_c$，所以应有：

$$a = \frac{v_s\sqrt{4h^2 + l^2} - v \cdot l}{2\sqrt{v_s^2 - v^2}}$$

式中 a——为避免钢筋影响，换能器距钢筋的最小距离；

v_s——钢筋声速；

v——混凝土声速；

l——两个换能器之间的距离；

h——裂缝深度。

由于混凝土的声速不是固定值，钢筋的声速又受直径和周围混凝土质量的影响，也不是一个固定值，所以 a 也是随钢筋直径和周围混凝土质量变化的一个值。对于一般的混凝土和钢筋来说，可粗略考虑成 $a \geqslant 1.5h$。

由裂缝深度计算式计算的裂缝深度随换能器至裂缝的距离 $\left(\frac{1}{2}\right)$ 的不同而有所不同，在一般情况下换能器至裂缝的距离与裂缝的深度越接近，计算的 h 值越可靠。但在实际检测中事先无法判定裂缝深度，因此只能以各次计算的平均值为依据。当平均值大于某一组测试的 l 值时，说明该组的换能器至裂缝的距离太近，计算的 h 值误差较大，应将这组数据舍去，取余下各组 h 的平均值，作为裂缝的判定深度值。

（二）对穿斜测法

由于实际裂缝中不可能被空气完全隔开，总是存在个别连通的地方，因此，单面平测时，脉冲波的一部分绕过裂缝末端，另一部分穿过裂缝中的连通部位，以不同声程到达接收换能器，在仪器的接收信号首波附近形成一些干扰波，严重影响首波起始点的辨认，如操作人员经验不足，便会产生较大的测试误差。所以当结构物的裂缝部位具有一对相互平行的表面时，宜优先选用对穿斜测法。一般的钢筋混凝土梁、柱、板等都具有一对平行表面，进行裂缝深度检测。

这种方法的基本点是保持 T、R 换能器的连线通过缝和不通过缝的测试距离相等、倾斜角一致的条件下，读取相应的声时、波幅和频率值。当 T、R 换能器的连线通过裂缝时，由于混凝土失去了连续性，脉冲波在裂缝界面上产生很大衰减，接收到的首波信号很微弱，其波幅和频率与不过缝的测点相比较，存在显著差异。据此即可判定裂缝的深度及是否在水平方向贯通。

这种方法比较直观，测试结果可靠，一般在工业与民用建筑的混凝土构件裂缝检测多用这种方法。

三、混凝土深裂缝检测

深裂缝是指混凝土结构物表面开裂深度在 500mm 以上的裂缝。在实际检测中，深裂缝和浅裂缝并没有严格的界限，尤其是大体积混凝土结构，即使是深度小于 500mm 的裂缝，也可以按深裂缝的检测方法进行测试，因为事先很难判断它是否是深裂缝。

（一）检测方法

（1）如图 9-4 所示，用电钻在裂缝两侧分别钻测试孔 A、B。为了便于声学参数的比较，可在裂缝的一侧多钻一个较浅的测试孔 C。

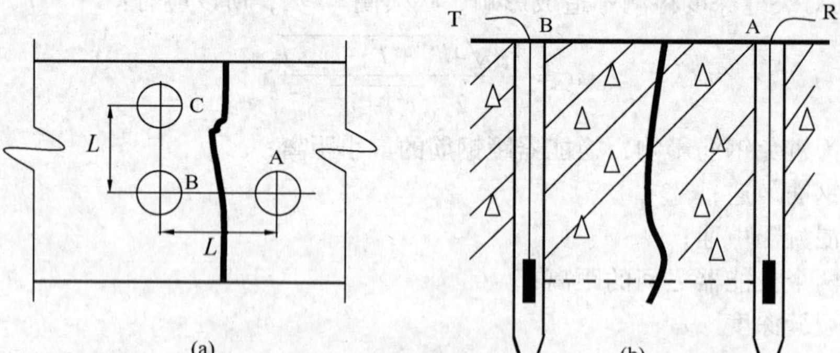

（a）平面；（b）立面

图 9-4　钻孔测裂缝深度

测试孔的技术要求：

1）孔的直径应比换能器的直径大 5 ~ 10mm。

2）孔的深度大于被测裂缝深度。

3）对应的两个测孔应始终位于裂缝两侧，且其轴线保持平行。

4）对应测孔间距在 2m 左右为宜，同一结构各对应测孔的间距应相同。

5）孔内粉尘碎屑应清理干净。

6）横向测孔的轴线应具有一定倾斜角。

（2）首先向测孔注满清水，检查是否有漏水现象，如果漏水较快，则说明该测孔与裂缝相交，此孔不能用于测试。经检查测孔不漏水，可将 T、R 换能器分别置于裂缝同侧 B、C 孔中，以相同高度等间距地同步向下移动，并读取相应的声时和波幅值。再将两个换能器分别置于裂缝两侧 A、B 孔中，以相同方法同步移动两个换能器，逐点读取声时、波幅和换能器所处的深度。换能器每次移动的间距为 200 ~ 300mm，当初步查明裂缝末端附近时，移动间距应减小。

（3）若需要确定裂缝末端的具体位置，可如图 9-5 所示的方法，将 T、R 换能器相差一个固定的高度，然后上下同步移动，在保持每一个测点的测距相等，测线的倾斜角一致的条件下，读取相应的声时、波幅和两个换能器的位置。

（二）裂缝深度及末端位置判定

（1）裂缝深度判定：钻孔测裂缝深度的方法，主要以波幅值作为判据。以裂缝两侧相对应的一对测孔所测得的波幅值和相应的孔深作图进行判别。其方法为：以换能器所处深度 d 为纵坐标，对应的波幅值 A 为横坐标，绘制 d-A 坐标图，如图 9-6 所示，随着换能器位置下移，波幅逐渐增大，当换能器下移至某一位置后，波幅达到最大并基本保持稳定，该位置对应的深度即是该裂缝的深度 h。

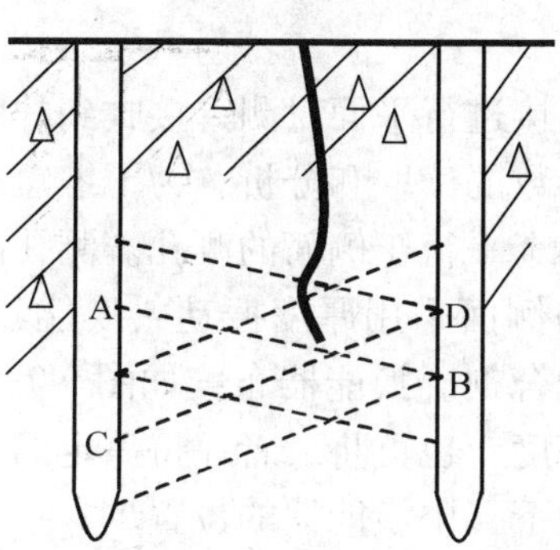

图 9-5　孔中交叉斜测

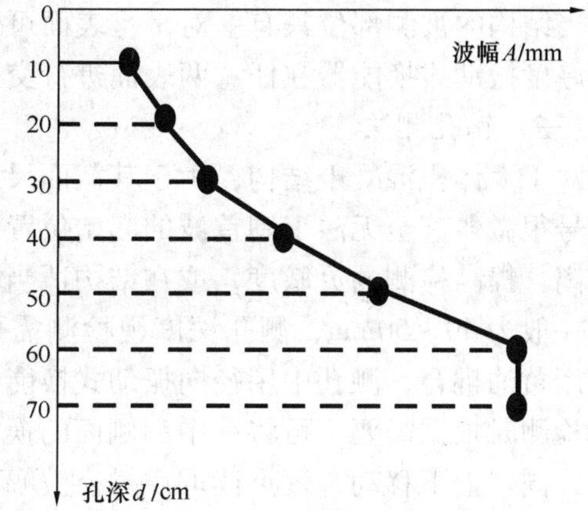

图 9-6　$d-A$ 坐标图

在混凝土结构物上产生的裂缝总是表面较宽，越向里深入越窄，直至闭合。而且裂缝两侧的混凝土不可能被空气安全隔开，问题是在个别地方被石子、砂粒等固体介质所连通。裂缝越宽，连通的地方越少；相反，裂缝越窄，其连通的地方越多，因此，脉冲波通过裂缝时，一部分被空气层反射，另一部分经连通点穿过裂缝传播到接收换能器。所以通过缝和不通过缝的测点时差异不明显，而波幅差异却越大，而且随着裂缝宽度减小，波幅值增大，直至测线超过裂缝末端，波幅值达到最大。

（2）裂缝末端位置判定：如图 9-5 所示，当两个换能器的连线（测线）超过裂缝末端后，波幅值将保持最大值，根据这种情况可以确定达到裂缝末端的两条测线 SB 和 CD 的位置，该二线的交点便是裂缝末端的位置。

四、混凝土不密实区和空洞的检测

混凝土和钢筋混凝土结构在施工过程中，有时因漏振、漏浆或因石子架空在钢筋上，导致混凝土内部形成不密实或空洞。尤其体积较大的结构或构件，因混凝土浇筑量大，又要求连续浇筑，稍有疏忽，就会产生漏振现象。对于一般混凝土构件，处于钢筋密集的部位，在施工工艺上若不采取一定的措施，就会产生石子架空的现象。这种隐蔽于结构内部的缺陷，如不查出并进行技术处理，其后果是非常可怕的。

混凝土内部的隐蔽缺陷情况，无法凭直觉判断，一般根据施工现场施工记录和外观质量情况，或是在结构的使用过程中出现了质量问题而怀疑混凝土内部可能存在缺陷，其位置只是大致的，因此这类缺陷的测试区域，一般总要大于所怀疑的范围，或首先作大范围的粗测，根据粗测的情况再着重对可疑区域检测。

（一）平面对测

当结构被测部位具有两对平行表面时，可采用一对厚度振式换能器，分别在两对互相平行的表面上进行对测。先在测区的两对平行表面上分别画出间距为 200 ~ 300mm 的网格，并逐个编号，定出对应测点的位置，再将 T、R 换能器经耦合剂分别置于对应测点上，逐点读取相应的声时（t_i）、波幅（A_i）和频率（f_i），并量取测试距离（l_i）。

（二）平面斜测

当结构的被测部位只有一对平行表面可供测试，或被测部位处于结构的特殊位置，可采用厚度振动式换能器在任意两表面进行交叉斜测。

（三）钻孔测法

对于大体积混凝土结构，由于其截面尺寸较大，如果直接进行平面对测，接收到的脉冲信号很微弱甚至无法识别首波的起始位置，不利于声学参数的读取和分析。为了缩短测试距离，提高检测的灵敏度，或在结构适当位置钻一个或多个平行于侧面的测孔。测孔的直径一般为 40 ~ 50mm，测孔深度视检测需要而定。结构的侧面采用厚度振动式换能器，一般用黄油耦合，测孔中用径向振动式换能器，用清水作耦合剂。换能器布置如图 9-7 所示。检测时根据需要，可将孔中和侧面的换能器置于同一高度，也可将二者保持一定的高度差，同步上下移动，逐点读取声时、波幅和频率值，并记下孔中换能器的位置。

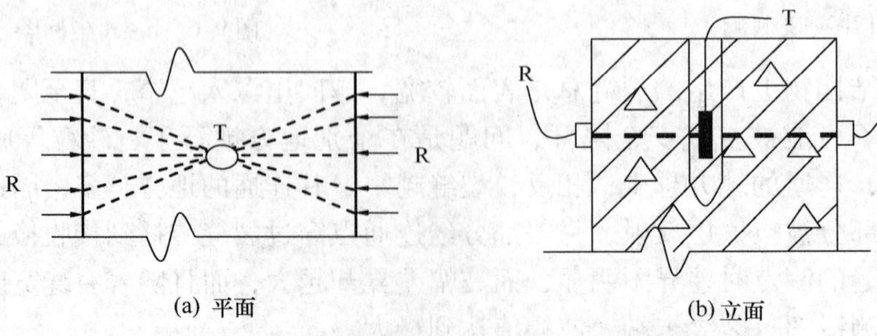

图 9-7　钻孔测法换能器布置图

（四）不密实区和空洞的判定

由于混凝土本身的不均匀性即使是没有缺陷的混凝土，测得的声时、波幅等参数值也在一定范围波动，更何况混凝土的原材料品种、用量及混凝土的湿度和测距等因素都不同程度地影响着声学参数值。因此，不可能确定一个固定的临界指标作为判断缺陷的标准，一般都利用统计方法进行区别。

对于超声测缺技术来讲，认为一般正常混凝土的质量服从正态分布，在测试条件基本一致，且无其他因素影响的条件下，其声速、频率和波幅观测值也基本属于正态分布。在一系列观测数据中，凡属于混凝土本身质量的不均匀性或测试中的随机误差带来的数值波动都应服从统计规律，在给定的置信范围内。当某些观测值超过了置信范围，可以判断它属于异常值。

在超声检测中，凡遇到读数异常的测点，一般都要检查其表面是否平整、干净或是存在别的干扰因素，必要时还要加密测点进行重复测试。因此，应该说不存在观测失误的问题，出现的异常测值，必然是混凝土本身性质改变所致。这就是利用统计学方法判定混凝土内部存在不密实和空洞的原理。

一个构件或一个测区中，某些测点的声时（或声速）、波幅或频率被判为异常值，可结合异常观测点的分布及波的状况，判定混凝土内部存在不密实区和空洞的范围。

值得注意的是，在进行混凝土内部缺陷判定时，不仅依靠检测数据的分析和差别，还包含着检测人员的实践经验。经验不足者，容易产生漏判或误判。另外，波幅测量值（A_i）虽然对缺陷反应很敏感，但由于声耦合状态影响较大，一般不服从正态分布，在统计和差别过程中是作为正态分布来处理的，若以波幅（A_i）为判定缺陷的主要依据时，应特别注意。尤其在耦合条件较差，难以保证波幅的准确测量时更应慎重。

五、两次浇筑的混凝土之间结合质量检测

对于一些大体积混凝土和钢筋混凝土等结构，为保证其整体性。应连续一次性浇筑完毕，但有时因施工需要或因停电、停水等原因，在混凝土浇筑中途停顿间歇时间超过三个小时后再进行浇筑；还有已浇筑好的混凝土结构，有时因需加固补强，进行第二次混凝土的浇筑。在同一个结构或构件上，两次浇筑的混凝土之间，应保持良好的结合，形成一个整体，共同承担荷载，才能保证结构的安全使用。但在二次浇筑混凝土时，对已硬化混凝土表面的处理往往不能完全满足设计的要求。因此，人们对两次浇筑的混凝土之间结合质量特别关心，希望采用有效的方法进行检测。超声脉冲技术的应用为两次浇筑的混凝土结合质量提供了有效的途径。

（一）检测方法

超声脉冲波检验两次浇筑的混凝土结合面质量，一般采用穿过与不穿过结合面的脉冲波声速、波幅和频率等声学参数相比较进行判断的方法。换能器的布置方法如图 9-8 所示。

为保证各测点具有一定的可比性，每一对测点应保持其测线的倾斜度一致，测距相等。测点间距应根据被测结合尺寸的结合面的外观质量情况确定，一般为 100 ~ 300mm，间距过大易造成缺陷漏检的危险。

（二）数据处理及判定

两次浇筑的混凝土结合面质量的判定与混凝土不密实区和空洞的判定方法基本相同。当结合面为施工缝时，因前后两次浇筑混凝土的原材料、强度等级、施工条件等都基本一

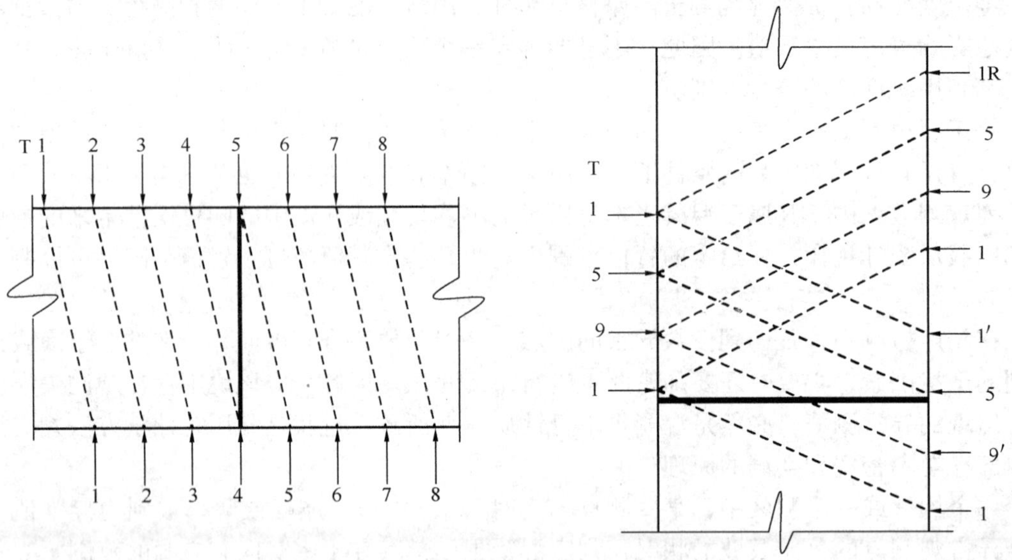

图 9-8　检测结合面的换能器布置

致，如果两次的混凝土结合良好，脉冲波通过与不通过施工缝的声学参数基本一致，可以认为这些数据来自同一个母体。因此，可以把过缝与不过缝的声时（或声速）、波幅或频率测量值放在一起，分别进行排列统计。当施工缝中局部地方存在疏松、孔隙或填进杂物时，该部位混凝土失去连续性，脉冲波通过时，其波幅和频率会明显降低，声时也有不同程度的增大。因此，凡被判为异常值的测点，查明无其他原因时，可以判定这些部位施工缝结合不良。

对于结构物被进行修补加固所形成的混凝土结合面，因两次浇筑混凝土的间隔时间较长，而且加固补强用的混凝土往往比结构物原来的混凝土高一个强度等级，骨料级配和施工工艺条件也与原来混凝土不一样。

所以，可以说两次浇筑的混凝土不属于同一母体，如果结合面两侧的混凝土厚度之比保持不变，通过结合面的脉冲波，其声学参数反映了该两种混凝土的平均质量。因此，可以通过结合面各测点的声时、波幅和频率测量值进行统计和差别。被判为异常值的测点，查明无其他影响时，可判定这些部位的新老混凝土结合不良。

第十章　土 工 试 验

第一节　概　　述

地基土中各土层的工程性质，是由土的物理性质、化学性质决定的；而土的物理性质和化学性质是通过其物理性质指标和化学性质指标反映出来的。而土工试验正是通过室内、室外两个试验方式，测定土的各项指标；在土工试验中，对土样的过筛、风干、击实、饱和、贮存以及土样的开启、切取等程序的正确与否都会直接影响其试验结果。因此，在进行试验时，应严格按照操作标准来执行，试验结果才有一定的可比性。

第二节　土样和试样制备

土样制备程序应视所需试验而定。土样取样标准，试样制备符合要求，就能达到试验目的，取得翔实的试验资料，为设计和施工提供可靠依据。

一、土样

根据国家标准 GB/T 50123—1999，土样应符合以下规定。

（1）原状土样应蜡封严密，保管和运输过程中不得受震、受热、受冻。土样取样过程不得受压、受挤、受扭。土样应充满取样筒。

（2）扰动土在试验前必须经过风干、碾散、过筛、匀土、分样、贮存及试样制备等程序。

（3）原状土样和需要保持天然湿度的扰动土样在试验前应妥善保管，并采取防止水分蒸发的措施（一般是放在温度 20 ±3℃、相对湿度大于 85% 的养护室内）。

（4）试验后的余土，应妥善保存，并做标记，如无特殊要求时，余土的贮存期为 3 个月。

二、试样制备

（一）试验仪器设备

（1）土样筛（孔径为 5mm、2mm、0. 5mm、0. 075mm）。

（2）台秤和天平：称量 10kg，分度值 5g；称量 5kg，分度值 1g；称量 1 000g，分度值 0. 5g；称量 500g，分度值 0. 1g 和称量 200g，分度值 0. 01g。

（3）环刀：内径 61. 8mm 和 79. 8mm，高 20mm；内径 61. 8mm，高 40mm。

（4）抽气机设备：应附真空表和真空缸。

（5）其他：击样器、压样器、切土刀、钢丝锯、碎土工具、烘箱、保湿缸、喷水设备等。

（二）扰动土试样的备样

（1）将土样从土样筒或包装袋中取出，对土样的颜色、气味、夹杂物和土类及均匀程度进行描述，并将土样切成碎块拌匀，取有代表性土样测定含水量。

（2）对均质和含有机质的土样，宜采用天然含水率状态下代表性土样，供颗粒分析、界限含水率试验。对非均质土应根据试验项目取足够数量的土样，置于通风处晾干至可碾散为止。对沙类土和进行比重试验的土样宜在 105 ~ 110℃ 温度下烘干，对有机质含量超过 5% 的土、含石膏的硫酸盐的土，应在 65 ~ 70℃ 下烘干。

（3）将风干或烘干的土样在橡皮板上用木碾碾散；对不含砂和砾的土样，可在土壤粉碎机内粉碎。

（4）根据试验所需土样数量过筛；物理性试验（如液限、塑限、缩限等）应过 0.5mm 的筛，水性及力学性试验应过 2mm 的筛，击实试验应过 5mm 的筛；过筛后的土样应用四分法进行缩分，取足够数量具有代表性的土样，分别装入玻璃缸内，并标明工程名称、土样编号、过筛孔径、用途、制备日期及制备人员等。

（三）扰动土试样的制样

（1）试样的制备数量应根据试验要求而定，一般应多制备 1 ~ 2 个试样。

（2）将碾散的风干土样通过孔径 2mm 或 5mm 的筛，取筛下足够试验用的土样，充分拌匀，测定风干土的含水率，装入保湿缸或塑料袋内备用。

（3）根据试验所需的土量与含水率，制备试验所需的加水量应按下式计算。

$$m_w = \frac{m_0}{1 + 0.01w_0} \times 0.01(w_1 - w_0)$$

式中 m_w——制备试样所需要的加水量（g）；

m_0——湿土（或风干土）质量（g）；

w_0——湿土（或风干土）含水率（%）；

w_1——制样要求含水率（%）。

（4）称取过筛的风干土样平铺于搪瓷盘内，将水均匀喷洒于土样上，充分拌匀后装入盛土容器内盖紧，润湿一昼夜，沙土的润湿时间可酌减。

（5）测定润湿土样不同位置处的含水率，应不少于两点。

（6）根据环刀容积及所需的干密度，试样所需的湿土量应按下式计算。

$$m_0 = (1 + 0.01w_0)\rho_d V$$

式中 ρ_d——试样的干密度（g/cm^3）；

V——试样体积（环刀容积）（cm^3）。

（7）扰动土试样可采用击样法和压样法。

1）击样法：根据环刀的容积及所求干密度、含水率计算出干土质量和所加水量制备湿土试样；将一定量的湿土分三层倒入装有环刀的击实仪内，用击实方法将土击入环刀内，击实到所需密度。

2）压样法：将制备好的湿土样倒入预先装好环刀的压样器内，拂平表面土样，以静压力将土压入环刀内，压至所需密度。

3）同一组试样密度差值应≤$0.02g/cm^3$，含水量差值应≤1%。

（8）取出带有试样的环刀，称环刀和试样的总质量，对不需饱和且不立即进行试验的试样，应存放在保湿器内备用。

（四）原样土样的制备

（1）将土样筒按标明的上下方向放置，剥去蜡封和胶带，开启土样筒取出土样。检查土样结构，当确定土样已受扰动或取土质量不符合规定时，不应制备力学试验的试样。

（2）根据试验要求用环刀切取试样时，应在环刀内壁涂一薄层凡士林，刀口向下放在土样上，将环刀垂直下压，并用切土刀沿环刀外侧切削土样，边压边削至土样高出环刀，根据试样的软硬采用钢丝锯或切土刀平整环刀两端土样，擦净环刀外壁，称环刀和土的总质量。

（3）从余土中取代表性试样测定含水率。

（4）切削试样时，应对土的层次、气味、颜色、夹杂物和土类及均匀程度进行描述，对低塑性和高灵敏度的软土，制备试样时不得扰动。

三、试样饱和

饱和土是指土的孔隙逐渐被水填充满时的土。试样的饱和方法可根据土的性质选择。

（1）粗粒土可直接在仪器内浸水饱和。

（2）渗透系数大于 10^{-4} cm/s 的细粒土，采用毛细管饱和法较为方便；渗透系数小于、等于 10^{-4}cm/s 的细粒土，采用抽气饱和法；若土的结构性较弱，抽气可能发生扰动，不宜采用此法。

（一）毛细管饱和法

（1）如采用重叠式饱和器，则在下板正中放置稍大于环刀直径的透水石和滤纸，将装有试样的环刀放在滤纸上，试样上再放一张滤纸和一块透水石，这样顺序重复，由下而上重叠至适当高度；将饱和器上板放在最上部透水石上，旋紧拉杆上端螺栓，将各个环刀在上下板间夹紧。

（2）如用框式饱和器，则在装有试样的环刀两面贴放滤纸，再放两块大于环刀的透水石在滤纸上，通过框架两端的螺栓，将透水石、环刀夹紧。

（3）将装好试样的饱和器放入装有洁净水的水箱中，水面不宜将试样淹没，使土中气体得以排除，盖上箱盖，使试样饱和，浸水时间不少于2d。

（4）取出饱和器，松开螺栓，取出环刀，擦干环刀外壁，吸去土样表面积水，取下滤纸，称取环刀加土样质量及环刀质量，计算饱和度。

（5）若饱和度小于95%，将环刀装入饱和器，放入水中延长其饱和时间。

（6）试样的饱和度应按下式计算。

$$S_r = \frac{(\rho_{sr} - \rho_d)G_s}{e\rho_d} \text{ 或 } S_r = \frac{w_{sr}G_s}{e}$$

式中 S_r——试样饱和度；

ρ_{sr}——土样饱和后的密度；

ρ_d——干土的密度；

e——土的孔隙比；

G_s——土的比重；

w_{sr}——土样饱和后的含水量。

（二）抽气饱和法

（1）将试样装入饱和器，将装好的饱和器放入真空缸内，缝盖内涂一层凡士林，以防漏气。

（2）关闭管夹，打开二通阀，将抽气机与真空缸接通，开动抽气机，抽除缸内及土样中的空气。当真空压力达到一个大气压（0.1MPa），稍微开启管夹，使洁净水慢慢注入真空缸内，在注水过程中，应调节管夹，使真空压力基本保持不变。

（3）待饱和器完全淹没水中后，停止抽气，将引水管从水缸中提出，打开管夹使空气进入真空缸内，待静置一定时间，借大气压使试样饱和；取出试样，称量计算饱和度。

第三节　试　　验

一、含水率试验

土的含水率是指试样所含水的质量占干燥（试样烘干至恒重）试样的百分率。含水率检测方法有多种，包括：烘干法、酒精燃烧法、炒干法和实容积法。

烘干法也是试验室的标准方法，适用于有电力设备的地方，试验简便，成果稳定。

酒精燃烧法是在土样中加入酒精，利用酒精能在土上燃烧，使土中水分蒸发，将土烤干。它是快速测定方法中较准确的一种。适用于没有烘箱的情况。

炒干法是利用电炉（或火炉）将试样炒干。适用于沙土或含沙砾较多的土。

实容积法是根据玻—马定律设计的速测含水量仪。它通过测定土中固相和液相的体积，按土的经验比重值换算出土的含水量。适用于黏性土。

烘干法

（一）试验仪器设备

（1）电热烘箱：应能控制温度为105～110℃。

（2）天平：称量200g，分度值0.01g；称量1 000g，分度值0.1g。

（二）试验步骤

（1）取具有代表性的土样15～30g或用环刀中的试样，有机质土、砂类土和整体状构造冻土为50g，放入已称好的称量盒m_0中盖好，用天平称重m_1（湿土加盒重）精确至0.01g。

（2）打开盒盖，放入烘箱中，在温度为105～110℃下烘至恒量。烘干时间对黏土、粉土不得少于8h，沙土不得少于6h，含有机质超过干土质量5%的土，应将温度控制在65～70℃的恒温下烘至恒量。

（3）取出称量盒，盖上盒盖，放入干燥器中冷却至恒温，放在天平上称其质量m_2（干土加盒重）精确至0.01g。

（4）按下式计算含水量：　$\omega = \frac{m_\omega}{m_s} \times 100\% = \frac{m_1 - m_2}{m_2 - m_0} \times 100\%$

（三）试验结果

本试验须进行两次平行测定，当两次测定值之差：不超过1.0%（土的含水率小于

40%时），或不超过2%（当土的含水率大于40%时），则取平均值作为试验结果。

二、密度试验

土密度的试验方法包括：环刀法、蜡封法、液体石蜡法和现场坑测法。

环刀法是利用一定体积的环刀切削土样，使其充满其中，测定单位体积土的质量。试验成果的正确性在很大程度上取决于环刀的高度与直径之比。若环刀太高，则切土时的摩擦甚大；若直径太大，又不易切成平面，而且土样过于薄弱，其结构也易被扰动。故一般以直径为6～8cm，高度2～2.5cm，壁厚0.15～0.2cm的环刀为宜，若在环刀内壁涂上聚四氟乙烯，则可减少土与环刀壁的摩擦。此法适用于一般黏性土，对坚硬易碎裂的土不适用。

蜡封法适用于各种黏性土及不能用环刀切取试样的坚硬、易碎或形状不规则的土，对于大孔性土，由于大量熔蜡会浸入土的孔隙中，故不宜采用此法。此法所测得土的密度值较其他方法的结果大，这是因为在任何情况下难以避免熔蜡浸入土内的缘故，因此在正常情况下不采用此法。

液体石蜡法适用于各种黏性土，尤其是对软土及坚硬易碎裂或形状不规则的土体，可用此法测定。

现场坑测法包括灌砂法和灌水法。此法常用于施工现场和山区含碎砾石地层的土的密度测定，可在探坑中用测量挖出的土的体积并同时称出土的重量的办法进行测定（土重不大于300kg）；对不规则的试坑体积测定，可用塑料薄膜袋放在坑内，然后测试塑料袋的容水量，来求试坑体积。

环刀法

（一）试验仪器设备

（1）环刀：内径61.8mm和79.8mm，高度20mm。

（2）天平：称量500g，分度值0.1g；称量200g，分度值0.01g。

（二）试验步骤

（1）试样制备

1）按工程需要取原状土。

2）制备扰动土试样：扰动土经风干碾散后，配制成天然含水量和所需状态的土样。

（2）将环刀内壁涂抹一层凡士林，刀口向下放在土样上，用手垂直将环刀按入土内，第一次只能按入环刀高度的1/3，然后将环刀周围的土用切土刀削掉；再将环刀按入1/3，最后土样两边的土要高于环刀。

（3）用切土刀将试样两边削去修平，擦净环刀外壁称量，精确至0.1g。

（三）试验结果

按下式计算土的密度：

$$\rho = \frac{m}{V} = \frac{m_1 - m_2}{V} (\text{g/cm}^3)$$

式中 m_1——湿土加环刀重（g）；

m_2——环刀重（g）；

V——环刀内净体积（cm^3）。

本试验须进行两次平行测定，当两次平行测定值之差≤0.03g/cm³时，取算术平均值作为试验结果。

三、相对密度试验

土颗粒相对密度是指土在100～105℃下烘干至恒重时的质量与同体积4℃纯水质量的比值。

根据土粒粒径的不同其采用的测定方法就不同：若粒径小于5mm的土，采用比重瓶法测定；粒径大于5mm的土，其中含大于20mm的颗粒小于10%时，用浮称法进行；含有大于20mm颗粒大于10%时，用虹吸筒法进行；粒径小于5mm部分用比重瓶法进行，取其加权平均值作为土粒的相对密度。

比重瓶法

（一）试验仪器设备

（1）比重瓶：容量100mL或50mL。

（2）天平：称量200g，分度值0.001g。

（3）恒温水槽：准确度为±1℃。

（4）砂浴：应能调节温度。

（5）其他：烘箱、纯水或中性液体（如煤油等）、温度计（量程为0～50℃，分度值为0.5℃）、2mm和5mm土样筛等。

（二）试验步骤

（1）一般土的相对密度用纯水测定，但如发现土中含有可溶性的盐、亲水性胶体或有机质的土，需用中性液体（如煤油）测定。

（2）将比重瓶烘干，将烘干土约15g装入100mL的比重瓶内（若用50mL的比重瓶，装烘干土约10g），称其质量，精确至0.001g。

（3）为排除土中空气，向装有烘干土的比重瓶中注入纯净水（或蒸馏水）至瓶的一半处，摇动比重瓶，并将比重瓶放在砂浴上沸煮。砂及砂质粉土沸煮时间不少于30min；黏土、粉土沸煮时间不少于1h。沸煮时比重瓶内的土液不能溢出瓶外。

（4）将纯净水注入比重瓶，注水至略低于瓶的刻线处；如是短颈比重瓶，应注水至近满。等瓶内悬液温度稳定及瓶的上部悬液澄清。若是长颈比重瓶，用滴管调整液面至刻线处；若是短颈比重瓶，则将瓶塞塞好，使多余水分从瓶塞毛细管中溢出；擦干瓶外和瓶内刻线以上部分的水，称其质量m_2（瓶＋水＋土）；并立即测定瓶内水的温度。

（5）用与试验相同条件的水（水质相同、水温相同），将水注入比重瓶中，测其质量m_1（瓶＋水）。

（6）用中性液体（如煤油等）代替纯水，测定含有可溶性盐、亲水性胶体或有机质土时，用真空抽气法代替沸煮法排除土中的空气。抽气时真空度需接近一个大气压，从达到一个大气压时算起，抽气时间为1～2h，直至悬液内无气泡溢出为止。其余步骤与上相同。

（三）试验结果

（1）采用纯水测定时，按下式计算土的相对密度。

$$G_s = \frac{m_d}{m_1 + m_d - m_2} \times G_{wt}$$

式中　G_s——土的相对密度；

m_d——干土质量（g）；

G_{wt}——t℃时纯水的密度（g/cm^3）。

（2）采用中性液体测定时，按下式计算土的相对密度。

$$G_s = \frac{m_d}{m'_1 + m_d - m'_2} \times G_{kt}$$

式中　m_d——干土质量（g）；

G_{kt}——t℃时中性液体的密度（g/cm^3）。

本试验须进行两次平行测定，当两次平行测定的差值≤0.02时，则以两次测定的算术平均值作为试验结果，精确至0.01。

浮称法

（一）试验仪器设备

静水力学天平，5mm和20mm的土壤筛，烘箱，温度计。

（二）试验步骤

（1）取粒径大于5mm具有代表性的土样500～1 000g，冲洗试样，至土粒表面无尘土和其他污物。

（2）向静水力学天平的盛水器中注入水，将天平调平。

（3）将试样在水中浸泡24h后取出放入静水力学天平的吊篮框内，缓缓浸没水中，并将其轻轻摇晃直到无气泡为止。

（4）称其试样在水中的质量m_2。

（5）取出试样烘干称其质量m_d。

（三）试验结果

（1）按下式计算土的相对密度。

$$G_s = \frac{m_d}{m_d - m_2} \times G_{wt}$$

式中　m_d——干土质量（g）；

G_{wt}——t℃时纯水的密度（g/cm^3）。

本试验须进行两次平行测定，当两次平行测定的差值≤0.02时，则以两次测定的算术平均值作为结果，以两位小数表示。

（2）按下式计算土粒的平均相对密度。

$$G_s = \frac{1}{\frac{P_1}{G_{s1}} + \frac{P_2}{G_{s2}}}$$

式中　G_{s1}——粒径大于5mm土粒的相对密度；

G_{s2}——粒径小于5mm土粒的相对密度；

P_1——粒径大于5mm土粒占总质量的百分率；

P_2——粒径小于5mm土粒占总质量的百分率。

虹吸筒法

（一）试验仪器设备

虹吸筒；台秤（称量1kg）；量筒（2 000mL）；烘箱；5mm和20mm的土壤筛，温度计等。

（二）试验步骤

（1）取粒径大于5mm具有代表性的土样700～1 000g，冲洗试样，至土粒表面无尘土和其他污物。

（2）将试样在水中浸泡24h后取出，擦干其表面水分称其质量m。

（3）在虹吸筒内注入清水至管口有水溢出时；待管口没有水流出时关闭管夹，将试样慢慢放入筒中，边放边搅，直至无气泡为止，搅动时不要使水溅出筒外。

（4）称其量筒的质量m_0。

（5）待筒内水平静时，开启管夹，让试样所排开的水通过虹吸管流入量筒中。称其量筒加水的质量m_1。测定量筒内水的温度。

（6）取出筒内的试样，烘干称其质量m_d。

（三）试验结果

（1）按下式计算土的比重。

$$G_s = \frac{m_d}{(m_1 - m_0) - (m - m_d)} \times G_{wt}$$

式中 m——擦干或晾干试样的质量（g）；

m_0——量筒的质量（g）；

m_1——量筒和水的总质量（g）；

m_d——干土质量（g）；

G_{wt}——t℃时纯水的密度（g/cm^3）。

本试验须进行两次平行测定，当两次平行测定的差值≤0.02时，则以两次测定的算术平均值作为结果，精确至0.01。

（2）按下式计算土粒的平均相对密度。

$$G_s = \frac{1}{\frac{P_1}{G_{s1}} + \frac{P_2}{G_{s2}}}$$

式中 G_{s1}——粒径大于5mm土粒的相对密度；

G_{s2}——粒径小于5mm土粒的相对密度；

P_1——粒径大于5mm土粒占总质量的百分率；

P_2——粒径小于5mm土粒占总质量的百分率。

四、击实试验

击实试验用于测定土的密度和含水率的关系，从而确定土的最大干密度与相应的最优含水率。击实试验分为轻型击实试验和重型击实试验两种方法，轻型击实试验适用于土粒的粒径小于5mm的土样；对于粒径大于5mm的土样，应用重型击实试验进行。

（一）试验仪器设备

击实仪；土样筛（5mm、20mm和40mm）；推土器；天平，称量200g，分度值0.01g；台秤，称量10kg，分度值5g等。

（二）试验步骤

（1）试样制备：试样制备分为轻型击实试验的试样制备和重型击实试验的试样制备。

1）轻型击实试验试样的制备：称取具有代表性的风干土样 20kg，用木碾在橡皮板上碾散，过 5mm 的筛，测定风干土的含水率，按土的塑限估计其最优含水率，并依次相差 2% 的含水率制备一组（不少于 5 个试样）试样其中应有两个大于塑限含水率，两个小于塑限含水率，一个等于塑限含水率；并按下式计算加水量。

$$m_w = \frac{m}{1 + w_0}(w - w_0)$$

式中 m_w——土样所需加水的质量（g）；

m——风干土的土样质量（g）；

w_0——风干土的含水率；

w——土样所要求的含水率。

2）重型击实试验试样的制备：称取具有代表性的风干土样 50kg，过 20mm 的筛，测定风干土的含水率，按土的塑限估计其最优含水率，并依次相差 2% 的含水率制备一组（不少于 5 个试样）试样，其中应至少有 3 个试样小于塑限含水率；并按下式计算加水量。

$$m_w = \frac{m}{1 + w_0}(w - w_0)$$

式中 m_w——土样所需加水的质量（g）；

m——风干土的土样质量（g）；

w_0——风干土的含水率；

w——土样所要求的含水率。

3）按预定含水率制备土样：取一定量土样（轻型击实取 2.5kg，重型击实取 5.0kg），平铺在不吸水的平板上用喷水设备在土样上均匀喷洒预定的水量，边喷边翻，稍静置一段时间后，装入塑料袋或密封在盛土器内静置 24h 备用。

（2）将击实仪放在坚实的地面上。击实筒底和筒内壁涂上少量润滑油。取制备好的试样一份（轻型击实试验分三层击实，每层需土样 600 ~ 750g，重型击实试验分五层击实，每层需土样 750 ~ 950g）装入击实筒内；平整其表面进行击实。

（3）若是轻型击实则每层击实 25 击，重型击实则每层击实 56 击，每层击实后应将其表面刨毛，再装入下一层土样；击实完成后，其超出击实筒的余土高度不大于 6mm。

（4）用削土刀沿套环内壁削挖后，取下套环，沿筒顶削平试样，拆除底板。若试样底面超出筒外，也应将其削平。擦净筒外壁，称其质量。

（5）用推土器，将土样从击实筒内推出，从上向下切开土样，并在土样中心处各取两个 15g 以上的土样测定其含水率。

（6）对不同含水率的试样依次击实。

（三）试验结果

（1）按下式计算土样击实后各试样的含水率。

$$w = \frac{m - m_d}{m_d} \times 100\%$$

式中 m——湿土质量（g）；

m_d——干土质量（g）。

（2）按下式计算土样击实后各试样的干密度。

$$\rho_d = \frac{\rho}{1 + w}$$

式中 ρ——土样的湿密度。

（3）按下式计算土的饱和含水率。

$$w_{sat} = \left(\frac{\rho_w}{\rho_d} - \frac{1}{G_s}\right) \times 100\%$$

式中 G_s——土粒的相对密度；

ρ_w——水的密度（g/cm^3）。

（4）绘图：以干密度为纵坐标，以含水率为横坐标，绘制干密度与含水率的关系曲线。曲线上峰值点的纵、横坐标分别表示土的最大干密度和最优含水率。若曲线不能给出峰值点，则须补点试验。

五、界限含水率试验

土的液限是指土体中水分减少，而由流动状态转向塑性状态时所保留的流体状态最低的含水量。土的塑限是指土自塑性状态蒸发水分，过渡到半固体状态时的含水量。

试验方法包括：锥式液限仪法、碟式液限仪法、液塑限联合测定仪法和滚搓法。

锥式液限仪法是采用顶角30°，重76g的圆锥仪，当土具有液限稠度时，锥体在15s内的入土深度为10mm，此时土的含水量为液限。此法的优点是：仪器和操作简单，标准易于统一，测量精度比碟式液限仪高。

碟式液限仪法的缺点是：在某些土中，尤其是含砂的土中，刮一个槽是困难的；低塑性土在杯碟中有滑动趋势而不像塑性体那样流动；某些低塑性粉质土，由于振动趋于液化而不像塑性体那样流动；测定手续烦琐，它不仅要有训练技能，而且还需用4～5个点的含水量决定下落次数。

液塑限联合测定仪法是用重76g的圆锥仪测定5s时土在不同含水量时圆锥下沉深度，在双对数坐标纸上绘成圆锥下沉深度和含水量的关系直线，在直线上查得下沉深度为17mm所对应的含水量为17mm液限；查得下沉深度为10mm所对应的含水量为10mm液限；查得下沉深度为2mm所对应的含水量为塑限。

滚搓法是将土块用手指捏成橄榄形，然后用手掌在毛玻璃板上轻压滚搓直至土条直径达3mm左右自然断裂成1cm左右的短条，即为塑限所对应的含水量。

液塑限联合测定仪法

（一）试验仪器设备

液塑限联合测定仪；天平，称量200g，分度值0.01g。

（二）试验步骤

（1）原则上应采用天然含水量的土样制备试样。当实际操作困难时，允许用风干土进行测定。

（2）当采用风干土时，将其土样放在橡皮板上用木碾碾散，过0.5mm的筛后，取其具有代表性的土样200g，放在橡皮板上用纯水调成土膏，放入调土皿中，静置24h。

（3）当采用天然含水量的土样时，取代表性土样250g。若土中含有大于0.5mm的颗粒时，应将土颗粒过0.5mm的筛（有机质含量不超过5%的黏性土）。如用过0.5mm的筛风干土。放在调土皿中加蒸馏水调成均匀土膏，用玻璃板盖住，静置一昼夜。天然含水量土样的静置时间，可按其含水量大小而定，甚至可以不静置。

（4）取已制备好的试样用调土刀充分调拌均匀，分层装入试杯中。填土时不要使土内留有空隙或气泡。再齐杯口刮去多余的土，把杯放在杯座上。刮土时，不得反复用刀在土面上涂抹，以免土面上含水率增大。

（5）用布抹净锥体并涂以薄层凡士林或润滑油，接通电源，使电磁铁吸稳圆锥仪。

（6）调节屏幕准线，使初始读数在零位刻线处，调节升降座，使圆锥仪锥尖刚好接触土面，圆锥仪在自重作用下沉入土内经5s后读出圆锥下沉深度。然后再取试杯中的试样10g左右测定其含水率。用同样方法对其余两个试样进行试验。

（三）试验结果

（1）按下式计算含水率。

$$w = \left(\frac{m}{m_d} - 1\right) \times 100\%$$

式中 m——湿土的质量（g）；

m_d——干土的质量（g）。

（2）绘图：绘制以含水率为横坐标，圆锥下沉深度为纵坐标的双对数坐标。在坐标上，将三个含水率与其相对应的圆锥下沉深度绘在坐标纸上，将其三点连成一条直线。如果三点不在一条直线上，则通过高含水率的一点与其余两点分别连成两条直线，在圆锥下沉深度为2mm处查得相应的两个含水率，如果差值不超过2%，用平均值的点与高含水率的点做一条直线；若查得的两个含水率超过2%，则应补做试验。

在坐标图上查得圆锥下沉深度为10mm时所对应的含水率为液限；查得圆锥下沉深度为2mm时所对应的含水率为塑限。

（3）按下式计算塑性指数和液性指数。

$$I_P = w_L - w_P \qquad I_L = \frac{w - w_P}{I_P}$$

式中 I_P——塑性指数；

I_L——液性指数；

w——土的天然含水率；

w_L——土的液限含水率；

w_P——土的塑限含水率。

六、相对密度试验

相对密度是无黏性土砂土处于最松状态的孔隙比与天然状态的孔隙比之差和最松状态孔隙比与最紧密状态孔隙比之差的比值。相对密度是无黏性土紧密程度的指标，对于土作为材料的建筑物和地基的稳定性，特别是在抗震稳定性方面具有重要的意义。

本试验适用于粒径小于5mm而能自由排水的无黏性土。最大孔隙比采用漏斗法和量筒法；最小孔隙比采用振动锤击法。

（一）试验仪器设备

（1）击锤：质量1.25kg，落距150mm。

（2）锥形塞杆：直径为1.5cm的圆锥体，焊接在铁杆上。

（3）砂面拂平器：十字形金属平面焊接在铜杆下端。

（4）电动相对密度仪。

（5）金属容器：1）容积250mL、内径50mm、高127mm；2）容积1 000mL、内径100mm、高127mm。

（6）振动叉。

（7）其他：量筒（容积500mL和1 000mL）、长颈漏斗（颈管内径为1.2cm，颈口应磨平）、台秤等。

（二）试验步骤

（1）土的最小干密度试验步骤

1）取具有代表性烘干或充分风干的土样约1.5kg，用木碾在橡皮板上碾散并拌和均匀。

2）将锥形塞杆从漏斗下口穿入并向上提起，使锥体堵住漏斗管口，一并放入体积为1 000mL的金属容器中。

3）称取土样700g，均匀倒入漏斗中，将漏斗与塞杆同时提高，移动塞杆使锥体略离开管口，管口应经常保持高出土面10～20mm，使土样缓慢且均匀分布地落入量筒中。

4）土样全部落入量筒后，取出漏斗与锥形塞杆，用砂面拂平器将土面拂平（勿使量筒振动，测出土样体积）。

5）用手掌堵住量筒口，将量筒倒转，再迅速转回，反复几次，测出其土的体积最大值。

6）用上述方法所测得的体积最大值，作为计算最大孔隙比的体积。

（2）土的最大干密度试验步骤

1）取具有代表性烘干或充分风干的土样约2kg，用木碾在橡皮板上碾散并拌和均匀。

2）将土样分三次装入金属容器进行振击。每次取土样600～800g倒入1 000mL的金属容器内，用振动叉以150～200次/min的速度敲打容器两侧，并同时用击锤在土样表面以30～60击/min的速度锤击直至土样体积不变形为止（5～10min）。敲打时要用足够的力量使土样处于振动状态。

3）若使用电动相对密度仪时，当土样第一次装入容器后，开动机器，进行振击。

4）若第三次装样时，应在容器上口安装套环。最后一次振荡完，取下套环，用削土刀将容器顶面多余的土样削去，称其质量，并记录试样体积，以计算其最小孔隙比。

5）最小与最大密度需进行两次平行测定，其平行差值≤0.03g/cm^{3}取算术平均值。

（三）试验结果

（1）按下式计算最小与最大干密度：

$$\rho_{dmin} = \frac{m_d}{V_{max}} \qquad \rho_{dmax} = \frac{m_d}{V_{min}}$$

式中　m_d——土样干质量（g）；

V_{max}——土样最大体积（cm^3）；

V_{min}——土样最小体积（cm^3）。

（2）按下式计算最大与最小孔隙比：

$$e_{max} = \frac{\rho_w G_s}{\rho_{dmin}} - 1 \qquad e_{max} = \frac{\rho_w G_s}{\rho_{dmax}} - 1$$

式中　ρ_w——水的密度（g/cm^3）；

G_s——土粒的相对密度。

（3）按下式计算相对密度。

$$D_r = \frac{e_{max} - e_0}{e_{max} - e_{min}} \qquad D_r = \frac{(\rho_d - \rho_{dmin})\rho_{dmax}}{(\rho_{dmax} - \rho_{dmin})\rho_d}$$

式中　e_0——土的天然孔隙比或填土的相应孔隙比；

ρ_d——土的天然干密度或填土的相应干密度（g/cm^3）。

七、地基压实填土质量检测

建筑物地基需换土时，在地基回填施工前，应检验所用原材料的质量状况，选用符合设计要求的原材料进行回填。检测人员在接受委托时需要了解施工现场施工情况及所用压实机具的性能，以使施工方法和施工工艺状况符合设计要求的质量控制标准。明确抽样检查的范围、检测方法和抽取样本的数量。

（一）取样要求

（1）取样部位应具有代表性，并且应在面上分布均匀，不得随意挑选。

（2）压实填土地基质量检测所用环刀体积为：细粒土不小于 $100cm^3$（内径 50mm），对砾质土和沙砾土应不小于 $200cm^3$（内径 70mm）。当含砾量较多或碎石土而不能用环刀取样时，应采用灌砂法或灌水法。对于施工现场一般采用灌砂法。

（3）环刀取样时，应在压实层厚的下部 1/3 处取样，若下部 1/3 的厚度不足环刀高度时，以环刀底面达到下层顶面时环刀取满土样为准。

（二）取样数量要求

（1）每层检测的施工作业面一般不小于一个开间的面积。

（2）地基回填时，每层填筑时在 1 $000m^3$ 以上时，每 $100m^3$ 至少取样一组；在 3 $000m^3$以上时，每 $300m^3$ 至少取样一组；基槽每 20 延长米应取样一组。对每层填筑量小于 $300m^3$ 的工程，每层取样最少 3 组。

（3）对压实质量可疑和地基特定部位抽检时，取样数量视具体情况而定。

（4）压实层经检验后，凡取样试验不合格的部位应根据取样样本所代表的填筑范围进行重新压实或作局部返工处理，并经复检合格后方可进行下一工序的施工。

（三）试验步骤（灌砂法）

（1）将风干洁净的砂通过 0.25mm 和 0.5mm 的筛，取 0.25 ~ 0.5mm 充分风干的砂装入容器内备用并同时测定砂的密度。

（2）在施工现场选取具有代表性的试点，将其表面未压实的土层铲除并铲平。挖一直径为 150 ~ 200mm，深度为 200 ~ 250mm 的试坑，将挖出的土放入容器内称其质量。

（3）将套环放在试坑中央，灌砂容器的漏斗对准套环，再将称取好一定质量的砂装入灌砂容器内。打开容器阀门，使容器内的砂进入试坑内，当容器内的砂不动时，关闭阀门，取下灌砂容器，称其灌砂器内剩余砂的质量。

（4）将挖出的土测其含水率。

（四）试验结果

（1）按下式计算土样的湿密度：$\rho = \frac{m_1}{m_2 - m_3} \times \rho_n$

（2）按下式计算土样的干密度：　$\rho_d = \frac{\rho}{1 + w}$

式中　m_1——从试坑中所取出的湿土的质量（g）；

m_2——灌砂容器中所装砂的总质量（g）；

m_3——灌砂容器内所剩余砂的质量（g）；

ρ_n——砂的密度（g/cm^3）；

w——土的含水率。

（3）计算压实系数（压实度）：　$\lambda_c = \frac{\rho_d}{\rho_{dmax}}$

式中　ρ_d——土样的干密度（g/cm^3）；

ρ_{dmax}——土样干密度最大值（g/cm^3）。

（五）压实填土的质量评价

压实填土的质量以压实系数 λ_c 控制，并应根据结构类型和压实填土所在部位按表10-1确定压实系数 λ_c。

表 10-1　压实填土的质量控制标准

结构类型	填土部位	压实系数 λ_c	控制含水率/%
砌体承重结构和框架结构	在地基主要受力层范围内	≥0.97	$w_{op} \pm 2$
	在地基主要受力层范围以下	≥0.95	
排架结构	在地基主要受力层范围内	≥0.96	
	在地基主要受力层范围以下	≥0.94	

注：地坪垫层以下及基础底面标高以上的压实填土，压实系数 $\lambda_c \geq 0.94$。w_{op}最优含水率。

附录　试验员主要岗位职责

一、严格按照取样规定进行材料取样、送样工作。

二、检查来样，正确进行分样，并妥善保管来样。

三、完成试验室下达的检测任务。

四、严格按照受检材料的技术标准、检验操作规程以及有关规定进行检验。

五、严格按照技术要求逐项做好记录。

六、严格按照标准要求正确处理检测数据，不得擅自取舍。

七、按规定出具《检测报告表》，对检测数据的正确性负责，并按规定程序送审。

八、严格按照操作规程使用仪器设备，做到事前有检查，事后有维护保养、清理、加油、加罩，并及时填写“使用记录”。

九、试验前，校对试验仪器设备量值，检查仪器设备运转是否正常，环境条件是否符合标准要求。

十、参与仪器设备的安装、调试及验收工作，复查办理交验手续。

十一、严格执行安全制度，做到文明检验。离开岗位时必须检查水电源，防止事故发生。

十二、在本检测机构允许的范围内，按照相关标准、规程参与结构或构件的无损检测，并在出具的《检测报告表》中承担相应的职责。

十三、认真钻研业务，学习新标准、新技术，提高检测水平。

参 考 文 献

1. 姜志青．道路建筑材料．北京：人民交通出版社．
2. 魏红汉．建筑材料．北京：中国建筑工业出版社．
3. 张建．建筑材料与检测．北京：化学工业出版社．
4. 王忠德．实用建筑材料试验手册．北京：中国建筑工业出版社．
5. 苻芳．建筑材料．南京：东南大学出版社．
6. 高琼英．建筑材料．武汉：武汉理工大学出版社．
7. 宋岩丽．建筑与装饰材料．北京：中国建筑工业出版社．
8. 沈春林．路桥防水材料．北京：化学工业出版社．
9. 四川省建筑质量安全监督总站．常用建筑材料检测简明教程．